Klaus Frühauf
Lautlos im Orbit

SPANNEND ERZÄHLT Band 211

Klaus Frühauf

Lautlos im Orbit

Wissenschaftlich-phantastischer Roman

Verlag Neues Leben Berlin

Illustrationen von Werner Ruhner

ISBN 3-335-00351-4

2. Auflage, 1989
Lizenz Nr. 303(305/246/89)
LSV 7503
Einband: Werner Ruhner
Typografie: Doris Ahrends
Schrift: 10 p Garamond
Gesamtherstellung: Karl-Marx-Werk Pößneck V 15/30
Bestell-Nr. 644 213 8
00730

Die Fänge des Adlers

Aus dieser Höhe wirkt die Erde wie ein von Meisterhand geschaffenes Kunstwerk. Es gibt Momente, da kann ihr Anblick dir den Atem stocken lassen, so schön ist sie. Sie ist wirklich ein Kunstwerk. Sie ist eine erstaunliche, vielleicht einmalige Schöpfung, an der die Künstlerin Natur jahrmillionenlang geformt und immer wieder verbessert hat, bis all die verschiedenen Komponenten so genau aufeinander abgestimmt waren, daß ein exakt funktionierendes System miteinander korrespondierender und einander bedingender Details entstanden ist.

Von hier oben, aus dem Orbit, erkennst du erst richtig, wie verletzlich dieser Planet ist.

Seltsam, du glaubst ganz deutlich wahrnehmen zu können, daß die Schale dieser von Pastelltönen übergossenen Kuppel da unter dir hauchdünn ist, nicht dicker als die Hülle eines Balls, mit dem Kinder spielen. Nur spröder ist sie, viel spröder.

Wirf einen Ball gegen die Wand, und es wird ihm nicht schaden, aber ritze nur die Schale der Erde, etwa dort, wo die graugrüne Randsteppe Brasiliens das Wasser des Amazonasdeltas trinkt, und sie wird aufreißen zu einer entsetzlichen Wunde, und das heiße Blut wird hervorströmen, Länder und Meere unter glühender Schlacke begrabend.

Ohne meinen Fingern bewußt einen Befehl erteilt zu haben, geben sie die Weisung in den Rechner, den Peilstrahl in Richtung Boden zu schwenken, und ich weiß, daß sich im selben Moment auch die Millionen haarfeiner Fäden des Facettenlasers in Bewegung setzen, sich ausrichten auf genau dieses handförmige Stückchen Flußmündung dort unten, daß im Hirn des Arsenals blitzschnell Potentiale bis unter die Ansprechschwelle steigen.

Gleich darauf, eine halbe oder eine Sekunde später, ertönt ein feines, vibrierendes Summen, das, obgleich kaum hörbar, so genau auf das menschliche Nervensystem abgestimmt ist, daß es fast körperlich spürbar wird. Gleichzeitig beginnt über dem Manual die rote Diodenzeile der Warnanlage zu blinken. Die Sicherheitsgrenze des Schwenkwinkels ist erreicht, doch die Reaktionen des Rechners gehen über die optischen und akustischen Hinweise nicht hinaus, die Mündung des Lasers senkt sich weiter.

Ein einziger Impuls würde jetzt ausreichen, und diese Hand dort unten wäre ein für allemal vom Körper des Planeten gehackt, und eine schwärende Wunde fräße sich mit der vielfachen Geschwindigkeit eines Steppenbrandes in das Herz des Kontinents.

Abermals spüre ich Unbehagen angesichts der Tatsache, daß sich unsere Forschungsstation von einer Tod und Verderben in sich bergenden Orbitalfestung nur durch dieses warnende Summen und die aufgeregt blinkende Leuchtzeile zu unterscheiden scheint.

Ist das, was ich fühle, wirklich nur Unbehagen? Ist nicht auch eine Spur von Triumph dabei, Genugtuung, daß ausgerechnet ich es bin, dessen Finger auf dem Manual des Richtrechners liegen?

Ein Schauer läuft mir über den Rücken, und ich frage mich, wie lange ein Mensch wohl Mensch bleiben kann, wenn ihm Gewalten wie diese zur Verfügung stehen, wenn ihm durch sie Macht gegeben ist über einen ganzen Planeten. Wie lange können sein Hirn gelassen und seine Hände ruhig bleiben? Ist das eine Frage des Charakters, der Erziehung, der Ideologie oder vielleicht doch nur der Größe dieser Macht? Oder all dessen zusammen?

Da unter mir schwebt sie, meine Erde, schimmernd in Grün und Gelb und leuchtendem Blau, die Heimat, die mich gebar. Und ich spüre die Kraft in meinen Händen, sie zu vernichten, die Macht, Mord zu begehen an der eigenen Mutter, an all den Müttern und Vätern, die mich aus dem Chaos des Anfangs auf diesen bequemen Sessel gehoben haben. Wie nur, frage ich mich, müssen jene beschaffen sein, die mir diese Macht leichtfertig verliehen? Ja, leichtfertig! Denn ich kann ermessen, wie wenig erforderlich wäre, diese Macht zu benutzen. Sie übt einen Sog aus, sie will sich äußern, denn sie weiß nichts von dem Entsetzen des Danach. Sie ist wertfrei wie die Traufe des Daches, die den Selbstmörder wie mit magischen Kräften anzieht.

„Captain McBruns!"

Verdammt, weshalb nur zucke ich jedesmal zusammen, wenn ich diesen Namen und diesen Dienstgrad höre? Es ist mein Name, mein Dienstgrad, und ich habe zu reagieren wie jeder andere, wenn man ihn ruft. „Sir?"

„Sie sollten sich endlich ablösen lassen. Vierundzwanzig Stunden am Laser sind mehr, als man einem Menschen zumuten kann. Halten Sie haus mit Ihren Kräften. Sie werden noch gebraucht, Phil."

„Es sind eben erst dreiundzwanzig Stunden, Sir. Ich möchte den Tag gern noch vollenden."

Commander Morris nickt. „Also gut, Phil! Noch eine Stunde. Aber dann legen Sie sich endlich schlafen." Er wirft einen schnellen Blick auf die Borduhr. „Punkt Mitternacht lassen Sie sich ablösen.

Und versuchen Sie ja keine Tricks. Mir ist ohnehin schleierhaft, weshalb sich jemand so um den Dienst reißt."

Ich hebe die Schultern, unvorschriftsmäßig schweigend, und ich spüre, wie sich der Commander angesichts des Zieles auf dem Monitor neben mir versteift. Das unangenehme Gefühl, bei verbotenem Tun ertappt worden zu sein, macht sich in mir breit.

Doch ich schiebe den Gedanken schnell beiseite. Vorerst gibt es Beunruhigenderes für mich als die Aussicht, einen Rüffel einstekken zu müssen. Denn nun haben sie bemerkt, daß ihr Laserleitoffizier seinen Platz nur ungern verläßt, nun zerbrechen sie sich die Köpfe, weshalb jemand Wert darauf legen könnte, vierundzwanzig Stunden lang ununterbrochen vor dem Schirm zu hocken, anstatt sich an den üblichen Dienstrhythmus zu halten und während seiner Freiwache zu schlafen, zu trinken, Big Boss zu spielen oder sonst irgend etwas zu tun, was weniger strapaziös ist als das andauernde Starren, Rechnen, Auswerten und Berichten.

Schlimm, wenn sie die wirklichen Gründe ahnten.

Der Hauptgrund ist die Angst. Die nackte Angst, jemand, Skelton oder Bergerson, oder vielleicht gar der Commander selbst, könnte versagen und dem Sog der Macht erliegen. Ein Gedanke, ein Druck des Zeigefingers, mehr wäre nicht erforderlich, und ein ganzer Kontinent würde in Feuer und Rauch vergehen. Und was ist schon ein Gedanke? Das geht im Kopf eines Menschen nicht anders vor sich als in den Chips der Rechner im Arsenal. Potentiale reichern sich an, überlagern sich, unmerklich, durch kein Gerät registriert und auf keinem Display ausgewiesen, tagelang, wochenlang, und dann, ganz plötzlich, angesichts eines unbekannten Satelliten vielleicht oder infolge einer verstümmelt eingehenden Meldung, wird die Schwelle überschritten, und der Anfang vom Ende beginnt.

Was zählt es da schon, daß sich der milliardenfache Tod nicht einer der üblichen Waffen, sondern eines Forschungsapparates bediente? Das Ergebnis bliebe dasselbe. Denn so oder so wäre es das Ende von allem, was Hunderter von Jahrmillionen bedurfte, um zu werden.

Ich aber, der ich mich heute Philipp McBruns nenne, hätte umsonst gelebt. Alles wäre ohne jeglichen Sinn gewesen, die inneren Kämpfe, die sich nach und nach steigernde Verachtung jener, die sich einst meine Freunde nannten, das Lavieren, Lügen und Intrigieren, die Gefahren, die Angst, mein ganzes Leben, denn aus nichts anderem hat es bisher bestanden. Nichts wäre in dieser Situation unvernünftiger, als den Kameraden nun auch noch Stoff zum Grübeln zu liefern. In einer Stunde werde ich mich ablösen lassen. Und dann wird die Angst zu mir zurückkehren.

Ich vermag nicht mehr daran zu glauben, daß es sich bei diesem riesigen Satelliten, der überdies den bezeichnenden Namen „Odin" trägt, wirklich um ein Laborgerät handelt. Aber … vielleicht wird, wer sein Leben auf eine einzige Aufgabe ausrichtet, mit den Jahren immer skeptischer, vor allem dann, wenn die Aussicht auf Erfolg in solch nebelhafter Ferne liegt wie in meinem Fall.

Übrigens halte ich es für unerheblich, ob man die Odin als Laborgerät oder als Waffensystem bezeichnet. Der Unterschied liegt ausschließlich in der Terminologie.

Der Commander steht noch immer neben mir. Sein Atem geht jetzt ein wenig schneller. Und ich warte auf den wohlverdienten Rüffel.

„Die Ostküste Brasiliens", stellt er da auch schon fest, „das Amazonasdelta." Er holt tief Luft, als wollte er gleich explodieren. „Du weißt, Phil, daß es gegen die Vorschrift verstößt, Ziele zu programmieren, die unterhalb des Horizonts liegen", sagt er dann unerwartet sanft. „Wir haben zu forschen und nicht zu kämpfen. Ist das klar?"

Das klingt absolut nicht wie ein Verweis, und als ich aufblicke, sehe ich, daß er einen mokanten Zug um den Mund hat. Die ironische Art, in der er über unsere Aufgabe spricht, macht mich betroffener als eine ernste Zurechtweisung.

Glenn Morris lächelt. „Und noch eins", setzt er hinzu. „Du hast dir da nicht gerade das lohnendste Ziel ausgesucht, mein Lieber. Die dort unten haben nämlich mit sich selbst genug zu tun."

Dann geht er, groß und massig in seiner enganliegenden rostroten Kombination und mit seltsam wiegenden Schritten, als befände er sich nicht an Bord einer Raumstation, sondern auf den schwankenden Decksplanken eines kleinen Fischkutters.

Ich aber wende mich wieder meinem Monitor zu und fühle mich dabei wie jemand, der eine in buntes Seidenpapier verpackte Bombe in der Tasche trägt.

Gegen Mitternacht stöbere ich Skelton im Spielsalon auf und bitte ihn, mich abzulösen.

Skelton, ein nicht sehr großer, aber breitschultriger Elektroniker aus Boston, ist angetrunken. Er flucht über die Störung wie ein irischer Kneipenwirt. Dann aber hält er sich die Hand vor den Mund und grinst entschuldigend. „Schon gut, Phil", sagt er. „Ich weiß, daß du die Stellung lange genug gehalten hast."

Der Lift bringt mich zum Außenring, um den die Kabinen angeordnet sind. Je weiter ich nach außen zu fallen scheine, um so mehr erhöht sich mein Gewicht. Ein Pseudogewicht, das durch die Rotation der Wohnsektionen hervorgerufen wird.

Ich mag diese niederdrückende Last meines eigenen Körpers nicht mehr sonderlich. Das Vierteljahr an Bord der Odin hat ausgereicht, um mich die Schwerelosigkeit im Zentrum der Station, im Leitstand vor allem, als angenehm empfinden zu lassen. Das ist ein zweiter Grund, wenn auch ein weit weniger triftiger als der erste, den Dienst über den Zeitplan hinauszudehnen.

Endlich erreicht die Kabine den Außengang, und ich gehe an einer langen Reihe von Türen vorbei, die sich nur durch einen Ziffernkode und die nachträglich angebrachten Namensschildchen voneinander unterscheiden.

Die Tür zur Kammer der Lokatorin ist nur angelehnt, und aus dem Inneren dringt das Geräusch strömenden Wassers. Auch Jane Blackwood hat also den Dienst beendet. Offenbar nimmt sie ein Duschbad.

Sie hat eine schöne Haut, die große, dunkelhaarige Jane, glatt und mattbraun, mit feinem, hellem Flaum, der ihrem Teint einen silbrigen Schimmer verleiht.

Ich versuche mir auszumalen, wie es wäre, Janes Haut zu berühren, und ich warte auf die Regung, die durch eine solche Vorstellung ausgelöst werden müßte. Doch nichts dergleichen geschieht. Wenn da wirklich etwas wäre, was mich zu dieser Frau zöge, mit Gefühlen hätte es nicht viel zu tun.

Das ist gut so, sage ich mir, denn nichts wäre in meiner Situation gefährlicher als unkontrollierbare Neigungen. Sie liegen jenseits dessen, was ich mir gestatten darf. Aus Gründen meiner eigenen Sicherheit.

Als das Rauschen drinnen in der Kammer verklingt und nackte Füße über weichen Teppichboden tappen, gehe ich weiter. Und die Türen, die ich passiere, sind wie geschlossene Zugänge zu fremden Welten.

Meine Gedanken beginnen, angeregt wohl durch die Vorstellung, Janes Haut zu berühren, um die anderen weiblichen Besatzungsmitglieder der Odin zu kreisen. Zwölf oder dreizehn mögen es sein, ausnahmslos Spezialistinnen, die sich in der Gemeinschaft mit den rund zweihundert Männern gut zu behaupten wissen. Ich überlege, ob es vielleicht angebracht wäre, zu der einen oder anderen persönliche Kontakte zu suchen. Eine derartige Verbindung könnte ganz gut als Mantel dienen, der verbirgt, was nicht an die Öffentlichkeit gelangen darf.

Aber wieso müßte ich suchen? Ich müßte nur nehmen, was sich mir bietet. Die Frauen hier an Bord sind zwar durchweg sehr selbstbewußt, übermäßig prüde scheinen sie jedoch nicht zu sein. Bei diesem Gedanken spüre ich deutlich, daß jetzt die erste Bresche in eine Mauer geschlagen ist, die ich selbst um mich errichtet habe.

Nein, ich glaube nicht mehr, daß man sich ständig verbergen kann. Nicht vor der Vergangenheit und auch nicht vor der Zukunft. Das Leben wird einen immer wieder einholen, wo man sich auch befinden mag. Es sei denn, man zöge es vor, nicht zu denken. Aber das hieße wohl auch, nicht zu leben.

In der Nähe meiner Kabine kommen mir zwei Zubringerpiloten entgegen, junge Männer in hautengen dunkelbraunen Kombinationen, auf deren linker Brustseite die Kokarde der Space Force leuchtet. Ihr Gruß wirkt ein wenig nachlässig.

Meine Kammer ist von spartanischer Kargheit. Bisher habe ich mich nicht dazu durchringen können, der Standardausrüstung etwas hinzuzufügen. Weil es sich als notwendig erwiesen hat, mir immer und immer wieder ins Bewußtsein zu rufen, daß ich hier an Bord ein Fremder bleiben muß.

Das ist nicht leicht. Denn trotz aller Einfachheit empfinde ich beim Anblick der kleinen Kabine, die ich seit einem knappen Vierteljahr bewohne, schon so etwas wie heimatliche Gefühle. Vielleicht da sie, obwohl bescheiden und unpersönlich, immer noch wie ein Palast wirkt im Verhältnis zu den Bedingungen, unter denen ich aufgewachsen bin. Daß ich so empfinde, macht mich betroffen.

Es mag der dritte und sicherlich nicht unwichtigste Grund sein, der mich länger als üblich in der angespannten Atmosphäre des Leitstandes ausharren läßt, daß dort die Erinnerungen keine Gelegenheit finden, aus den verborgenen Winkeln meines Bewußtseins hervorzukriechen und mich zu überschwemmen. Dort werden sie erstickt unter einer dicken Schicht ständiger und unabdingbarer Konzentration.

Daß allein der Anblick meiner Kabine ausreicht, diese Schicht aufzureißen und Erinnerungen heraufzubeschwören, finde ich äußerst besorgniserregend. Ich muß versuchen, das zu verhindern. Vielleicht wäre es vernünftiger, trotz der späten Stunde noch etwas zu unternehmen. Ich mag jetzt nicht allein sein.

Durch die Bullaugen fällt diffuses Licht, dessen Farbe und Intensität in gleichmäßigem, ermüdendem Rhythmus wechselt. Wir überqueren die Tagseite der Erde.

Ich esse langsam, ohne Appetit, es ist eine Tätigkeit, die weder Genuß bereitet noch der Regeneration dient, sondern die Vernichtung von Zeit zum Ziel hat.

Es wird mein an diesem Tag letzter Kampf gegen die Erinnerungen sein. Ich fürchte, daß ich ihn verlieren werde.

Ich mag dieses Weißbrot nicht. Es ist wie Schaumstoff. Wenn man es mit der Zunge gegen den Gaumen drückt, dann löst es sich auf zu einem geschmacklosen Brei, der sich zwischen den Zähnen festsetzt. Welch einen Genuß würde mir jetzt ein Kanten irischen Schwarzbrotes bereiten.

Verdammte Sentimentalität! Boshafte Erinnerung, die sich nun schon einer Scheibe Brot bedient, um hervorbrechen zu können.

„Hallo, Phil!“

Jane Blackwood! Ausgerechnet sie. Und gerade jetzt, da meine Stimmung den Wert guter Vorsätze auf Null reduziert hat.

„Hallo, Jane!“ sage ich, und ich spüre, daß mein Gruß halbherzig klingt.

Sie setzt sich mir direkt gegenüber, blickt mich an und hat dabei ein Lächeln um den Mund, als fände sie es amüsant, mich aus der Reserve zu locken.

Ich habe keine Ahnung, was in ihrem Kopf vorgeht, doch in diesem Augenblick, fürchte ich, hält sie mich für verklemmt. Im günstigsten Fall, sie könnte Schlimmeres denken. Und die anderen selbstverständlich auch.

Wieso eigentlich bilden die anderen Besatzungsmitglieder in meiner Vorstellung noch immer eine Gruppe, der ich allein gegenüberstehe? Gut, genau das ist die Situation, aber an die Realität dieser Konstellation auch nur zu denken kann sich schon als gefährlich erweisen. Ich bin einer von ihnen, Captain Philipp McBruns, meine Identität ist lückenlos, ich habe alle Prüfungen bestanden, und ich bin in keine einzige der Fallen getappt, die man mir, wie ich annehmen muß, in nicht geringer Anzahl gestellt hat.

Also gibt es keinen Grund, sich gegenüber Jane oder den anderen Frauen hier an Bord distanziert zu verhalten. Im Gegenteil. Du hast dich so zu benehmen, wie es den in dieser Situation üblichen Umgangsformen entspricht. Und deine Kameraden sind nicht gerade wählerisch, was ihre Ausdrücke und Gesten anbetrifft. Da wäre es doch wirklich nicht ungewöhnlich, daß sich eine Frau Gedanken zu machen beginnt, wenn unter den Männern an Bord einer ist, der im Gegensatz zu allen anderen nicht erkennen läßt, daß er gelegentlich gern mehr von ihr hätte als ein Lächeln oder einen Händedruck im Vorbeigehen.

Nun, denn, plaudere, Phil! Erzähle ihr Geschichten, wahre und erfundene, berichte aus deinem Leben, aus dem selbstverständlich, das du dir beschafft hast, aus diesem bunten, abenteuerlichen Leben. Aber sieh dich vor, daß du nicht ins Träumen kommst, bleib stets hellwach, sprich ihr nicht von den grünen Hügeln deiner Heimat, nicht von den Rasenbänken unter uralten Fichten, in deren

Wipfeln geheimnisvolle Geister leben, die nachts die einsamen Gehöfte um Calman's Edge heimsuchen. Und sag ihr um Himmels willen bloß nicht, daß du als Kind noch Gnomen und Hexen begegnet bist.

Nimm ihre Hand, Phil! Sie hat sie nicht von ungefähr neben deine gelegt. Und sieh ihr in die Augen, verdammt noch mal! Du mußt aussehen wie einer von denen, wenn sie ihre gewonnenen Chips zählen. Und plaudere dabei von ganz anderen Dingen, Philipp Barrymore!

„Ich nehme an, deine Familie stammt aus Irland."

O Gott! Da muß ich mich doch tatsächlich verquasselt haben. Wer weiß, was ich ihr alles erzählt habe, während ich in ihre dunklen Augen blickte.

„Das ist sehr lange her, Jane."

„Nicht mehr als zwei Generationen, nehme ich an."

Nehme ich an, nehme ich an! Was soll das? Will sie meine Gedanken sezieren, mich, meine Gefühle?

„Wie kommst du nur darauf, Jane?"

„Es ist ganz einfach. Ich habe irgendwo gehört, das Erbgedächtnis reiche nicht allzuweit zurück. Du wüßtest also nichts von diesen Dingen, wenn deine Familie die Inseln schon vor langer Zeit verlassen hätte."

Erbgedächtnis! Ich wäre wohl nie auf den Gedanken gekommen, eine Frau wie Jane Blackwood, sicherlich gebildet, bestimmt mit Lebenserfahrung und erheblichem Selbstbewußtsein, könne zu Mystizismus neigen.

Nein, das hat nichts mit dem ererbten Gedächtnisinhalt irgendeines nebelhaften Vorfahren zu tun, das ist mein Gedächtnis, meins ganz allein. Ich selbst habe sie gesehen, die samtgrünen Rasenbänke und die geheimnisvollen Felsen, die Höhlen, in denen es nachts umgeht, und die alten knorrigen Bäume, deren Stämme in der Finsternis zu leuchten beginnen. Und die Hexen. Jane würde aus allen Wolken fallen, wenn sie das erführe.

„Weißt du, Phil, wenn ich solche Geschichten höre, dann werde ich immer ganz ... Also, diese Geschichten, die könnten mich glatt umhauen."

Ich bemühe mich um ein Lächeln, ein feines, wie ich hoffe, mit einem Funken von Ironie darin. „Soso? Sie hauen dich um? Dann sollte ich dir wohl bei Gelegenheit mehr über mich erzählen, Jane. Ich kenne viele solcher Geschichten."

Ich sehe, wie bei meinen Worten ein blitzschnelles Lächeln über ihr Gesicht huscht, von dem ich nicht weiß, was sich dahinter verbirgt. –

Nein, ich glaube nicht, daß wir uns näherkommen werden, Jane Blackwood und ich. Etwas steht zwischen uns, was sich nicht beiseite schieben läßt. Vielleicht sind es die Gefahren, die sich aus einem gemeinsamen Leben auf so engem Raum für mich ergeben würden, sich ins unermeßliche steigernd durch Janes Art, diejenigen, mit denen sie umgeht, auszuforschen.

Sie habe das Gefühl, ich stamme nicht nur von den Iren ab, sondern sei selbst einer, hat sie mir dort in der Kantine gesagt, kaum daß wir uns länger als eine halbe Stunde unterhalten haben. Und vielleicht suche ich nur den Kontakt zu ihr, um etwas zu verdrängen, was ich nicht vergessen könne.

Wie recht sie mit ihrer Vermutung hat.

Nein, sie ist nicht die geeignete Partnerin. Denn da sie mich einmal so mühelos durchschaut hat, müßte ich ihre weiteren Erkundungen fürchten, ihre Versuche, mich tiefer und tiefer zu analysieren, um hinter das zu kommen, was sie als interessant oder gar geheimnisvoll empfindet. Gelänge ihr das in letzter Konsequenz, es könnte sich als tödlich erweisen. Für mich oder für sie.

Die Decke meiner Kabine besteht aus bläulich schimmernden, sehr regelmäßig angeordneten Metallplastplatten mit feinen mattgrauen Nähten an den Stoßstellen. Nun, da ich auf dem Rücken liegend lange genug auf dieses eintönige Muster gestarrt habe, beginnt es sich sacht mit belebten Figuren zu überziehen. Eine Landschaft taucht auf, zuerst noch schemenhaft, sich jedoch schnell verdichtend: sanft ansteigende Berglehnen, bedeckt von üppigen Wiesen, zartem sattgrünem Gras mit gedrungenen Halmen, wie es nur in meiner Heimat wachsen kann, und darüber die Wipfel uralter Kiefern, deren knotige Wurzeln sich über schmale Pfade hinwinden wie unordentlich ausgelegte Fußangeln. Dann ein Bach und endlich der Geruch feuchter Erde. Da weiß ich, daß es zu spät ist, der Erinnerung auszuweichen.

Traumsommer

Die Sonne lag flach und rot auf dem Horizont, der schwarz und zerklüftet war wie eine hochschwappende nächtliche Woge.

Der Junge saß auf dem Hexenstuhl, einem ungewöhnlich geformten, von Regen und unzähligen Jungenhintern ausgeschliffenen

Felsbrocken, der die glatte Grasnarbe durchstieß. Ein einsamer Junge auf einem einsamen Felsen. Im Tal gingen die verstreuten Lichter in den Häusern von Calman's Edge an. Es waren nur wenige Lichter, und es wurden von Jahr zu Jahr weniger.

Der Junge wandte keinen Blick von der Sonne. Sie war seine Uhr. Eine andere besaß er nicht.

Als die halbe Scheibe glühenden Rots hinter die Silhouette der Bäume getaucht war, glitt er geräuschlos von seinem Hochsitz und begann den Hang hinter dem Hexenstuhl hinaufzusteigen. Es wurde schnell dunkel, da die Bäume hier, oberhalb der Berglehne, näher zusammenstanden.

Der Junge stieg langsam und mit raumgreifenden Schritten, deren jeder von einem vorsichtigen Tasten des Fußes begleitet wurde. Der Weg war glitschig vom Tau, den der aus dem Tal heraufsteigende Nebel mit sich brachte. Außerdem war der Boden überall mit knorrigen Wurzeln überzogen, die wie dicke Adern auf der Haut der Erde lagen. Geräusche aber durfte der Junge nicht verursachen. Denn die dort oben verfügten über Horchgeräte, gegen die der Lauscher des Hochlandhasen nur ein tauber Löffel war. Die Ohren von denen dort oben waren überall. Man sagte, sie könnten das Rieseln des Sandes in den Trichtern der Ameisenlöwen auf einen Kilometer Entfernung orten.

In der Nähe des oberen Waldrandes verließ der Junge den Weg, trat unter den letzten der größeren Bäume und griff zwischen die Wurzeln am Fuß des Stammes. Er bekam eine Stofftasche zu fassen und zog sie vorsichtig aus dem Versteck. Sie war schwer von faustgroßen Steinen, die er im Tal zusammengelesen hatte. Seit mehr als einem Jahr sammelten die Jungen von Calman's Edge Steine und verbargen sie an geheimen Stellen im Wald. Es gab fast keine Steine mehr in der Nähe von Calman's Edge, die handlich genug gewesen wären, um gegen den Zaun von denen da oben geworfen zu werden.

Er nahm die Tasche sehr behutsam auf. Wenn man sie zu schnell anhob, dann konnte es geschehen, daß sich die Steine in ihrem Inneren verschoben und ein klapperndes Geräusch verursachten. Damit wäre die geplante Aktion verraten gewesen, und er hätte sich wochenlang nicht mehr vor den anderen Jungen sehen lassen dürfen.

Die Tasche war schwer und drückte hart gegen seine rechte Hüfte. Trotzdem bewegte er sich geräuschlos zwischen den niedrigen Büschen am Rand des freigepflügten Streifens hindurch, den sie Todeszone nannten. Er sah jetzt bereits den Zaun auf der anderen Seite, ein feines Netz, das sich über den letzten, dunkelroten Schimmer am Horizont spannte.

Sein Platz war zwischen Danny Clearwater und Brian Clarke. So mußte er sich, nachdem er die Tasche sacht hatte zu Boden gleiten lassen, zuerst nach links und dann nach rechts orientieren, um möglichst genau die Mitte zwischen den beiden zu bestimmen. Wegen Danny Clearwater machte er sich keine Sorgen. Danny war ein erfahrener Junge, derartige Angriffe hatte er schon hundertmal und öfter unternommen, Danny würde keinen Fehler machen. Bei Brian Clarke war er sich dessen nicht so sicher. Brian war einfach noch zu jung, elf oder zwölf, und sie würden ihm nicht gestattet haben, mitzumachen, wenn er nicht so gebettelt hätte.

Danny lag in einer flachen Senke, kaum fünf Meter vom Zaun entfernt. Beinahe wäre er mit dem Kopf gegen Dannys Steinhaufen geprallt. Sie sagten beide kein Wort, Danny hob nur den Arm, um anzudeuten, daß er bereit war.

Dann kroch der Junge hinüber nach rechts, wo der kleine Clarke liegen mußte. Sein Herz klopfte, er war ziemlich sicher, daß es dort nicht so glatt abgehen würde wie hier bei Danny.

Und tatsächlich warf sich dieser Kindskopf von Clarke mit einem leisen Aufschrei herum, als er ihn an der Schulter berührte. Der Junge sah die Augen des Kleinen nicht, aber er konnte sich denken, daß sie voll Angst und Schrecken waren.

„O Phil!" Clarke stöhnte, als er ihn erkannte.

Damit war alles verraten, und sie hätten die Aktion eigentlich abblasen müssen. Doch Philipp wollte bei seinem ersten Einsatz als Anführer unter keinen Umständen versagen. Also stieß er einen gellenden Pfiff aus und sprang durch die Büsche hinüber zu seiner Tasche. Noch während er die Steine ins Gras kippte, begann das Feuerwerk. Von allen Seiten flogen faustgroße Brocken gegen den Zaun, und gleichzeitig stimmten die rings um die Station verteilten Jungen von Calman's Edge ein Geschrei an, als sausten tausend Teufel aus der Hölle.

Der Zaun stieß meterlange elektrische Flammen aus, und in den zuckenden Blitzen sah Philipp die Schatten der Jungen, die sich, immer noch heftig ihre Steine schleudernd und schreiend, Meter für Meter zurückzogen.

Er war überzeugt, daß die Lauscher dort drinnen in den Baracken unter dem großen Parabolspiegel entsetzt von ihren Geräten aufgefahren waren, als die feinen Ohren, die einen Ameisenlöwen kilometerweit zu hören vermochten, vor Lärm fast explodierten. Was wußte ein Vierzehnjähriger damals schon von Lautstärkebegrenzung und Pegelmaxima? Er hielt die Aktion für gelungen und war sicher, daß die verfluchten Gunslinger in diesem Augenblick mit geplatzten Trommelfellen und schmerzverzerrten Gesichtern zu ihrem Medzentrum rannten.

Statt dessen gingen die Scheinwerfer an. Das Camp und die Umgebung ertranken in Tageshelle. Einen Moment lang sah er die niedrigen Baracken hinter dem noch immer Feuer speienden Zaun, den Sockel der Antenne in strahlendem Weiß und die Antenne selbst, über die Lichtreflexe flimmerten, als brenne dort ein Prachtfeuerwerk ab.

Da wandte er sich um und floh in den Wald. Doch die Wolke holte ihn ein. Er sah sie kommen. Gelegentlich blickte er sich im Laufen über die Schulter um, immer dann, wenn er bei der gespenstischen Beleuchtung erkennen konnte, daß der Weg vor ihm frei war von den Schatten der an den Boden geschmiegten Wurzeladern. Bei einem solchen Blick sah er, daß eine der Baracken eine Wolke bläulichen Rauches ausstieß. Zuerst spürte er ein Gefühl heftigen Triumphes, glaubte schon, einer der Steinwürfe habe mehr bewirkt als nur die Schutzreaktion des elektrischen Zaunes, doch dann mußte er sich sagen, daß die Wolke kein Zeichen von Beschädigung war, sondern ein neuer, unbekannter Trick der Gunslinger.

Während er talwärts hastete, begannen die Stämme der Bäume um ihn her zu leuchten. Er sah den kleinen Clarke rennen, und auch der leuchtete. Als er an sich herabblickte, sah er wehendes Licht in den Falten seiner Hose. Er hatte Angst. Das war der Augenblick, in dem er begriff, daß diese Steinwerferei nicht mehr war als das Spiel unreifer Kinder. Und während er weiterlief, nahm er sich vor, erwachsen zu werden. Der Kampf der Erwachsenen gegen die Gunslinger vollzog sich anders. Er konnte nicht ahnen, daß er diese Art von Kampf noch in derselben Nacht kennenlernen sollte.

Als er und Brian Clarke Calman's Edge erreichten, atmete er auf. Obwohl es dafür eigentlich keinen Grund gab, denn der Ort war nicht sicherer als seine Umgebung.

„Ich muß jetzt hier lang", sagte der kleine Clarke und deutete in eine schmale dunkle Gasse. Er stand mattglimmend vor der Silhouette eines Hauses, in dem kein einziges Fenster mehr erleuchtet war. Seine Stimme flatterte. Er war sehr schnell gelaufen, und außerdem hatte er wohl die Hosen gestrichen voll.

„Ja, geh nur", sagte Philipp. „Mach, daß du endlich zu Muttern kommst."

Im selben Augenblick wurden sie angerufen. Eine herrische Stimme bezeichnete sie als blutige Bastarde und forderte sie auf stehenzubleiben.

Philipp warf sich mit einem Hechtsprung in die Dunkelheit der Gasse, in der die leuchtende Figur des kleinen Clarke stand. Er biß die Zähne zusammen, als er auf das Pflaster schlug, schnellte sofort wieder hoch und trachtete einen der Hauseingänge zu erreichen. Erst danach begriff er, daß er genau das Falsche getan hatte, in dieser dunklen Gasse mußte er nicht schlechter zu sehen sein als die Flamme einer Kerze.

Plötzlich waren hinter ihm Geräusche, die wie das Zirpen übergroßer Grillen klangen, er sah Laserlicht durch die geschlossenen Augenlider und hörte das Knistern, wenn sich die Glut in die steinernen Hauswände fraß. Einer der Blitze blieb ohne Einschlag, und gleich darauf erfolgte ein Geräusch, als habe der alte Esterton aus dem Oberdorf seinen Sack mit Lumpen zu Boden fallen lassen. Phil lag ganz still in seiner Türnische.

Er hörte tappende Schritte, das Klappern eines Henderson-Lasers und dann einen Fluch. „Gott verdamm mich! Ein Kind!"

Dann entfernten sich die Schritte hastig.

Er lag lange still und fast ohne Atem. So lange, bis er ein Stöhnen vernahm. „Brian", flüsterte er da. „Brian!"

Ein weiteres Stöhnen war die Antwort. Und dann ein Schrei: „Ma! Hilf mir doch, Ma!" Und immer wieder: „Ma, Ma!" Bis plötzlich ein Röcheln die Stimme abschnitt.

Da schlich er sich hinüber zu dem hellen Fleck an der Hauswand. Brian Clarke war tot. Er lag leuchtend in einer leuchtenden Lache von Blut.

Und Philipp Barrymore rannte durch die schmalen Gassen von Calman's Edge und schrie den Tod seines Freundes Brian Clarke in alle Häuser und Pubs.

Später, gegen Morgen, lag er still in seinem Bett, und draußen auf den Gassen war hastiges Getrappel, hin und wieder ein Schrei und manchmal auch ein Schuß.

An diesem Morgen wurde Philipp Barrymore erwachsen.

Kurz vor Mittag fand eine Streife der Gunslinger am oberen Ortsrand zwei tote Kameraden. Jemand hatte ihnen die Schädel eingeschlagen. Man vermutete, der alte Jesse Clarke habe seine Hände im Spiel gehabt, doch fragen konnte ihn niemand, der alte Clarke war verschwunden.

Einen Tag später begann für Calman's Edge der Traumsommer.

Es fing damit an, daß die Leute Türen und Fenster verschlossen und daß Philipp eine Hexe sah, mitten in Calman's Edge und mitten auf der Straße, direkt gegenüber von Barnaby's Drugstore.

Die Hexe ging mit einer Einkaufstasche am Arm zwischen den Leuten hindurch, und seltsamerweise verblüffte Philipp nicht, daß sie hier mitten im Ort war, sondern daß die Leute sie überhaupt nicht beachteten. Dabei merkte man ihr ganz genau an, daß sie eine

Hexe war. Sie sah aus, als wäre sie soeben einem Märchenbuch entstiegen. Sie ging gebeugt und tastete mit einem Knotenstock vor sich hin, sie hatte eine mächtige Hakennase und trug ein Kopftuch von nicht bestimmbarer Farbe. Wenn Philipp sich näher herangewagt hätte, dann hätte er bestimmt auch die Warze auf ihrer Nase sehen können. Alle Hexen haben diese Warze. Und alle Hexen tragen schwarze Kater auf der Schulter. Auch diese. Es war ein geradezu gigantischer Kater, der ihr vorn und hinten bis fast auf den schäbigen Gürtel herabhing.

Philipp war furchtbar erschrocken. Er blieb stehen und starrte der Hexe nach, die seelenruhig die Straße hinabging. Die Passanten mußten einen Bogen um ihn machen. Manche streiften ihn, und andere schubsten ihn zur Seite. Doch niemand beschwerte sich oder schimpfte mit ihm. Sie liefen verbissen schweigend an ihm vorbei. Die Hexe beachteten sie nicht.

Schließlich blieb ein Mann stehen und berührte Philipp am Arm. „Was ist denn, Junge?"

„Da!" sagte Philipp. „Da!" Und er deutete auf die Hexe.

„Was siehst du dort?" fragte der Mann.

Phil blickte auf. Es war ein Arbeiter aus der Brauerei, in der auch Pa beschäftigt war. Phil kannte ihn eigentlich recht gut, aber er konnte sich nicht erinnern, ihn jemals mit so verstörtem Gesichtsausdruck gesehen zu haben.

„Die Hexe", flüsterte Philipp. „Sehen Sie denn die Hexe nicht, Sir?"

Der Mann stöhnte auf. Und dann sagte er etwas, was Philipp nicht sofort begriff. „Mein Gott!" sagte er. Und: „Du auch?" Danach beugte er sich noch weiter herab und redete leise und schnell. „Geh auf dem kürzesten Weg nach Hause, Junge. Und berichte deinen Eltern, was du gesehen hast. Du mußt sofort zu einem Arzt. Sag deinem Vater …"

„Pa ist in der Brauerei, Sir. Sie kennen ihn doch. Wissen Sie denn nicht, daß er den ganzen Tag …"

„Sag mir deinen Namen, mein Junge!"

„Philipp Barrymore, Mister Weyman."

„Ah ja. Du bist der kleine Barrymore", sagte Mister Weyman und blickte durch ihn hindurch. Dann gab er ihm einen Schubs. „Aber nun mach, daß du nach Hause kommst. Und bring deine Mutter dazu, mit dir zu einem Arzt zu gehen."

Phil beeilte sich auf dem Heimweg. Er hatte das sichere Gefühl, daß es wirklich dringlich war.

Als Ma hörte, daß er eine Hexe gesehen hatte, warf sie ihre Hausarbeit hin und sah ihm lange und forschend in die Augen. Aber sie sagte nicht: Erzähl mir keine Märchen, Junge!, sondern sie nahm ihn wortlos an der Hand und zog ihn mit sich zur Praxis Doktor Sheffields in der Landers Road. Sie vergaß sogar, ihre Schürze abzulegen, sie ging so auf die Straße, wie sie am Küchenschrank gestanden hatte.

Die Praxis Doktor Sheffields befand sich direkt über einem Pub, der um diese Tageszeit nur wenig besucht war, jedenfalls saßen im Wartezimmer mehr Patienten, als Gäste im Pub waren. Philipp befürchtete, stundenlang warten zu müssen, aber es ging erstaunlich zügig. Der Doktor rief immer fünf Patienten auf einmal ins Ordinationszimmer, und sie kamen einer nach dem anderen innerhalb von zehn Minuten wieder heraus.

Phil erinnerte sich nicht, daß es bei Doktor Sheffield jemals so schnell gegangen war.

Als er mit vier anderen, einem Mann und außer Ma noch zwei fremden Frauen, an der Reihe war, mußten sie sich nebeneinander aufstellen und erzählen, was sie gesehen hatten.

Der Mann war einem Löwen begegnet, ebenfalls mitten in Calman's Edge, einem Löwen, an dessen Schwanzende ein Schlangenkopf gezüngelt hatte, eine der Frauen war von einem ungeheuer häßlichen Gnom belästigt worden, der ihr unter die Röcke gekrochen war, und die andere hatte sich in ihrem Haus plötzlich einer mindestens dreißig Meter hohen Wendeltreppe gegenübergesehen, obwohl es sich bei diesem Haus um einen Flachbau handelte, in dem es nie eine Treppe gegeben hatte. Philipps Hexe war also nichts, womit er Doktor Sheffield hätte aus der Fassung bringen können.

Nur Ma sagte: „Ich habe lediglich meinen Jungen hierhergebracht, Doktor. Besonderes gesehen habe ich nicht."

Sie wollte gehen, um im Vorzimmer zu warten, aber der Doktor forderte sie auf, sich wieder in die Reihe zu stellen. Dann gab er jedem eine Spritze, auch Ma, und sagte, daß er damit alles getan habe, was menschenmöglich sei. Danach rief er die nächsten herein.

Unten im Pub war es unterdessen sehr laut geworden. Eine Schlägerei schien im Gange zu sein. Auch das war nicht normal. Meist wurde in den Pubs nur heftig diskutiert, denn da man sich über die Nachteile des derzeitigen Weltsystems weitgehend einig war, fiel niemandem ein, andere mittels handgreiflicher Argumente überzeugen zu wollen.

Doch an diesem Tag war in Calman's Edge nichts wie sonst. Auch der schwarze Vogel nicht, den sie während des Heimwegs über den Ort fliegen sahen, groß wie ein Strahljäger und mit mindestens ebensoviel Lärm. –

Ja, er war erwachsen geworden. Seine Einstellung zu den Dingen hatte sich über Nacht geändert.

Die Jungen von Calman's Edge brannten darauf, es den englischen Gunslingern heimzuzahlen. Der Tod des kleinen Clarke sollte furchtbar gerächt werden.

Am anderen Morgen paßte Danny Clearwater Phil vor der Schule ab. „Ich habe einen Plan, wie wir beim nächsten Mal ungeschoren davonkommen werden und trotzdem größere Wirkung erzielen könnten. Die sollen sich wundern, wenn sie niemanden von uns erwischen, diese verfluchten Hunde."

„Wir sollten nichts übereilen." Phil versuchte sich herauszuwinden.

„Was quatschst du da?" fuhr Danny auf. „Hast du die Hosen voll? Willst du, daß Brian gerächt wird oder nicht?"

„Er wird gerächt werden."

„So, wird er das? Und von wem, wenn ich fragen darf?"

„Die Rache ist mein, spricht der Herr!"

Danny sah aus, als habe ihn ein Blitz getroffen. Und natürlich mußte sich auch Philipp sagen, daß ihm eine blödere Ausrede wohl schwerlich hätte einfallen können.

Ein Lehrer hatte den Disput beobachtet. Gehört hatte er sicherlich nichts, aber es reichte aus, wenn zwei Leute zusammenstanden und diskutierten. Er trat aus der Tür, hob sich auf die Zehenspitzen und schrie: „He, Clearwater, Barrymore! Was soll das? Wißt ihr nicht, daß Zusammenrottung Strafe nach sich zieht? So sind die Gesetze. Und sie sind gut so. Herein hier mit euch, ihr Gesindel!"

Sie schlenderten nebeneinander zur Schultür.

„Der steht auch schon auf meiner Liste", flüsterte Danny. „Man sollte ihm lieber heute als morgen den Schädel einschlagen."

Philipp nickte. In diesem Moment hätte er jedem verbalen Mord zugestimmt. Er war heilfroh, daß die Auseinandersetzung mit Danny auf diese Art beendet worden war. Außer dem Gefühl, daß alles, was er bisher getan hatte, irgendwie Kinderkram gewesen war, hatte er kein einziges Argument gegen einen erneuten Angriff auf die Zäune des Camps.

Irgendwann würden ihm die anderen Jungen entgegenhalten, daß es notwendig sei, sich am Kampf gegen die Unterdrücker zu beteiligen, daß seit fünfhundert Jahren Kinder an der Seite der Erwachsenen gefochten und daß sie auch mit ihren Mitteln Erfolge erzielt oder den Tod gefunden hatten.

Trotzdem hatte er eingesehen, daß es dumm und überflüssig war, Steine gegen Zäune zu werfen oder die Gunslinger erschrecken zu wollen. Es gab Wichtigeres. Und er begann zu begreifen, was dieses Wichtigere war.

In diesem Sommer geschahen noch mehr sonderbare und bestürzende Dinge in Calman's Edge. So explodierte vor dem Drugstore des alten Barnaby, dem man nachsagte, er vermiete sein Hinterzimmer stundenweise an Gunslinger und deren Huren, eine Bombe, die in einem Kinderwagen versteckt worden war. Passanten begannen sich ohne erkennbaren Grund auf der Straße zu prügeln, es gab Schlägereien, die sich von denen, wie sie überall hin und wieder vorkommen, grundlegend unterschieden. Bei fast jeder dieser Auseinandersetzungen ging man mit unglaublicher Brutalität zu Werke, nicht selten blieben Schwerverletzte und manchmal sogar Tote auf den Straßen liegen. Philipp selbst sah an einem Tag dieses entsetzlichen Sommers, wie auf einen hilflos am Boden liegenden Mann eingeschlagen und getreten wurde.

Und nur in ganz wenigen Fällen griff die Polizei oder die Besatzungsmacht ein, deren Angehörige neuerdings Schutzmasken trugen, wenn sie auf Streife gingen. Zumeist beobachteten sie die Szenen nur aus sicherer Entfernung und räumten später, wenn alles vorbei war, die Toten und Verletzten weg. Immer öfter sah man Blutlachen auf den Straßen der Stadt. Und manchmal fluoreszierte das Blut in der Dunkelheit, wie er es damals bei Brian Clarke gesehen hatte.

Auch der Wald oberhalb des Hexenstuhls blieb verwandelt. Es sah beeindruckend aus, der ganze Berghang war nächtens in geisterhaftes, bläulich waberndes Licht getaucht.

Gegen Ende des Sommers begannen an mehreren Stellen des Ortes rötliche Grasbüschel aus den Dachrinnen zu sprießen, unbekannte Pflanzen, die so schnell wuchsen, daß sie bald wie lange rote Bärte über die niedrigen Fassaden herabhingen. Die Hausbesitzer weigerten sich, das Zeug zu entfernen, weil sie sich davor fürchteten, es zu berühren, und so sah sich die Ortsverwaltung gezwungen, Spezialtrupps in Schutzanzügen und mit mechanischen Leitern einzusetzen. Trotzdem wurde das magische Gras nicht seltener, denn wenn es von den Dächern der einen Straße entfernt worden war, tauchte es bald danach auf denen einer anderen wieder auf.

Im September startete Danny mit den ihm treu ergebenen Jungen einen erneuten, den letzten Angriff gegen das Camp der Gunslinger. Philipp weigerte sich, an der Aktion teilzunehmen, was ihm sehr ernst gemeinte Drohungen einbrachte. Danny sprach davon, ihn mit auf seine Liste setzen zu wollen.

Übrigens war der Lehrer, der sie Gesindel genannt hatte, Ende

Juli unter ziemlich seltsamen Umständen ums Leben gekommen. Man hatte ihn an einem sehr heißen Tag am Rand des Geröllfeldes unterhalb des Hexenstuhls gefunden. Es war die Rede davon, daß er wohl auf dem Weg zu den Gunslingern gewesen sei, vielleicht um ihnen Bericht über die Vorgänge im Ort zu erstatten. Wahrscheinlich hatte er im Hexenstuhl Rast gemacht, war infolge der großen Hitze ohnmächtig geworden und schließlich den Hang hinabgestürzt. Ein wenig kränklich war er schon immer gewesen. Jedenfalls hatte er sich schwere Schädelverletzungen zugezogen. Er mußte wohl noch einige Stunden gelebt haben, aber da er niemanden über sein Vorhaben informiert hatte, konnte keiner auf die Idee kommen, sich zu fragen, wo er geblieben sein mochte.

Den Jungen um Danny machte der Tod ihres Lehrers nichts aus, sie versammelten sich auch zu ihrem letzten Angriff in der Nähe des Hexenstuhls.

Von den sechs Jungen kam nur einer zurück, Lester Morgan, ein langer, dümmlicher Schlaks, aus dem nicht herauszubekommen war, was mit den anderen geschehen sein konnte. Morgan behauptete, sie seien von großen, metallisch glänzenden Bienen attackiert worden, als sie eben die Kanonade eröffnen wollten. Er sei in den Wald gerannt und auch gleich durch ihn hindurch. Wohl habe er ab und zu einen der anderen rennen oder schreien hören, gesehen habe er jedoch keinen mehr.

Als nach zwei Tagen noch immer niemand von den fünf vermißten Jungen zurückgekehrt war, machte sich eine Gruppe beherzter Männer auf den Weg zum Camp. Trotz der großen Hitze trugen die Männer lange Mäntel, und bei einigen von ihnen ragten die Kolben von Gewehren unter den Säumen hervor.

Die Männer kamen vollzählig und, wie sie behaupteten, unverrichteterdinge zurück, und niemand von ihnen verlor ein Wort über das, was sie gesehen oder gehört hatten.

Am nächsten Morgen aber rückte eine Kompanie maskierter Gunslinger auf gepanzerten Fahrzeugen in den Ort ein. Sie verhafteten den Bürgermeister und transportierten ihn ab. Seither war Calman's Edge ohne Bürgermeister.

Gegen Ende des Sommers erreichten die rötlichen Grasbüschel an verschiedenen Stellen des Ortes das Pflaster auf den Gassen. Manche der Häuser sahen aus wie überwucherte Felsenhänge. In dieser Zeit entschlossen sich viele der alteingesessenen Familien, Calman's Edge für immer zu verlassen.

Ritter des Orbits

In meiner Jugend, zu einer Zeit also, die so weit hinter mir liegt, daß sie mir fast wie ein anderes Leben erscheint, habe ich hin und wieder unter schlimmen Träumen gelitten.

Es gab nur eine wirksame Methode, diese Alpträume zu vertreiben: Das waren Schmerzen, die ich mir im Bedarfsfall durch heftiges Ummichschlagen selbst zufügte. Auch jetzt hat sich dieses Verfahren als erfolgreich erwiesen, der stechende Schmerz im Handrükken, wahrscheinlich Folge eines Schlages auf die Schrankkante neben meiner Koje, nimmt mir augenblicklich den Druck von der Brust.

An- und abschwellendes Heulen schüttelt die Odin wie ein plötzlich ausgebrochenes Fieber und läßt das Geschirr in den Einbauschränken klingeln. Es ist das entsetzlichste Geräusch, das ich mir vorzustellen vermag, dieser Alarm könnte die Zerstörung aller Dinge einleiten.

Doch soweit muß es noch nicht sein, ebensogut kann es sich um einen Probealarm handeln. Trotzdem zittern meine Hände, als ich den Helm an der Manschette meines Skaphanders befestige.

Als ich meine Kabine verlasse, sehe ich Jane Blackwood vor mir den Gang zum Expreßlift fünf entlanghasten. Ich überhole sie wortlos, als hätten wir nicht noch vor wenigen Stunden miteinander über sehr persönliche Dinge plaudernd beisammengesessen, und betrete weit vor ihr die gleich darauf anfahrende Kabine.

Skelton sitzt im Sessel des Leitstandes, der in einer Lage wie dieser unversehens zum Feuerleit- oder gar Kampfstand werden kann. Er bewegt sich unruhig, wahrscheinlich hat er mich mit Ungeduld erwartet, es ist der erste Rotalarm, mit dem wir hier an Bord der Odin konfrontiert werden.

Und wie fast immer in letzter Zeit schwebt hinter ihm Liliana, die zierliche blonde Liliana, eine der Frauen an Bord, bei deren Anblick einem Mann warm ums Herz werden kann. Eine der wenigen vielleicht, für die auch ich eine romantische Dummheit begehen könnte. Nur, welche Dummheit sollte einem an Bord einer Raumstation schon einfallen?

Überdies, Howard Skelton ist sicherlich weder ein Romantiker, noch wirkt er wie ein Held. Eher schon wie ein Fuchs. Das deutet nicht zuletzt sein Blick an, als er jetzt aufatmend den Leitstand verläßt, ein kurzer, unter gesenkten Lidern hervorstechender Blick, der sowohl Genugtuung wie auch listigen Scharfsinn verrät.

Mein Gott, kann diese Liliana lächeln!

„Captain McBruns! Sehen Sie zu, daß Sie unverzüglich in den Leitstand kommen! Ist Ihnen entgangen, daß wir Alarmstufe rot haben?“ Die Stimme des Commanders ist hart und schneidend.

Und Liliana hat immer noch dieses Lächeln um den Mund, das mehr als zweitausend Jahre alt ist, das Lächeln der Helena. Was sie nur Bemerkenswertes an diesem Skelton findet?

Na, wenigstens bin ich diesmal nicht zusammengezuckt, als ich meinen Namen hörte.

Die Situation ist ernster, als ich gehofft, aber nicht ganz so kritisch, wie ich befürchtet habe.

Wir befinden uns über der riesigen Wasserwüste des Pazifiks, über einem leuchtendblauen Spiegel, der die Bilder von Sonne und Wolken reflektiert. Und das so exakt, daß kein Unterschied zu den Originalen zu erkennen wäre, brächte man beide zur Deckung. Der Standort beruhigt mich ein wenig, zum Schlimmsten wird es jetzt nicht kommen.

Immerhin ist Gefahr im Anzug. Der Lokator hat einen künstlichen Flugkörper in weniger als vierhundert Meilen Entfernung geortet. Einen zunächst noch unbekannten Körper, aber da seine Kennung ausbleibt, ist zu vermuten, daß es sich um keinen des eigenen oder eines verbündeten Landes handelt.

„Ziel aufgefaßt!“ Newmans Stimme, dumpf und ein wenig träge.

„Ziel“ hat er gesagt. Sie nennen alles „Ziel“, was sie mit ihren verdammten Ortungsgeräten anzumessen vermögen, die Erde, Satelliten, die Sterne und – Kinder, die Steine werfen. Nennt der Astronom den Aldebaran „Ziel“, nur weil er ihn durch das Fernrohr beobachtet?

Die Trägheit in Newmans Stimme ist allenfalls äußerlich. Wenn man genau hingehört hat, konnte man ein kleines Vibrieren vernehmen, das Spannung verrät. Und daß es ausgerechnet dieser hünenhafte Newman ist, der ihr Ausdruck verleiht, das allein schon wirkt bedrohlich.

Da ist er, der fremde Satellit, langsam rotierend auf dem Röntgenschirm des Kennrechners.

„Zivilsatellit vom Typ Bola. Katalogbezeichnung Trianon.“ Wieder die Stimme Harold Newmans, doch ruhig und beherrscht jetzt, von einer Station der Bola-Serie kann kaum Gefahr ausgehen. Zumindest für einen Großkomplex wie die Odin nicht.

Als Forschungssatelliten verfügen die Raumflugkörper der Bola-Reihe über eine beachtliche Besatzungsstärke, etwa vierzig schätzt man, wovon mindestens die Hälfte eine solide militärische Ausbildung absolviert haben dürfte. Auch das ist selbstverständlich nur eine Vermutung, es ist jedoch eine, der internationale Gepflogenheiten und Absprachen zugrunde liegen.

Die Originalbezeichnung „Bola“ ist übrigens zutreffender als der Begriff „Trianon“, unter dem Körper dieser Baureihe im Katalog der Space Force geführt werden. Es handelt sich nämlich um Dreispeichensatelliten mit außenliegenden Arbeits- und Aufenthaltsräumen, die in Einzelsektionen von der Form riesiger, flachgedrückter Quader untergebracht sind. Die Bewaffnung beschränkt sich laut Register auf zwei weitreichende Antimeteoritenlaser. Was nichts besagen will, denn letzten Endes ist selbst ein Hammer als Mordwaffe verwendbar.

Es ist wie ein Trauma, daß viele technische Entwicklungen Produktionsinstrument und Vernichtungspotential in einem sind. So verfügt die Odin über einen Facettenlaser, der immense Energieströme nicht nur über weite Strecken zu übertragen vermag, sondern mit ihrer Hilfe auch gegebenenfalls große Mengen fester Materie in den gasförmigen Zustand umwandeln kann. Daß wir außerdem hochsensible, mit Kernfusionsköpfen bestückte Meteoritenjagdraketen an Bord haben, entspricht den international vereinbarten Normen.

Die Spannung in der Zentrale bleibt also erhalten. Und ich übernehme die Standortdaten der Bola in meinen Leitrechner, um nicht einen erneuten Anpfiff zu riskieren. Ganz wohl ist mir dabei nicht.

Glenn Morris richtet sich auf. „Volle Kraft auf die Laserbatterien!“

Ein leichter Druck auf eine rosa Taste. So einfach ist das. Durch einen einzigen Tastendruck, nicht stärker, als zerquetsche man eine Fliege an der Fensterscheibe, wird aus der Forschungsstation ein Feuerschlund, in dem tausendfacher Tod lauert, wird die Odin selbst zum Tod, zur furchtbarsten Vernichtungsmaschinerie, die je von Menschen geschaffen worden ist.

Blitzschnell, für kaum eine Sekunde, blicke ich mich um. Obwohl ich die Veränderungen, die sich in solchen Momenten mit dem Commander vollziehen, schon mehrfach erlebt habe, muß ich ihn auch jetzt wieder ansehen. Ich kann nicht anders. Und vielleicht ist das gut so, vielleicht muß man das Grauen hautnah erlebt haben, um es angemessen hassen zu können.

Glenn Morris schwebt aufrecht in der Mitte der Zentrale. Es hält ihn nicht mehr in seinem Sessel, wenn zwischen dem Jetzt und der Katastrophe nur noch ein Hauch von Zeit liegt, eine einzige Bewegung, ein Nichts. Er hat sich noch mehr gestrafft. Ist seine Haltung auch sonst sehr gerade, sind seine Schultern auch sonst so weit wie nur möglich durchgedrückt, jetzt ist sein Körper angespannt wie der Stab eines Hochspringers im Moment der höchsten Belastung, kurz vor dem Absprung. Sein Gesicht wirkt noch schmaler, noch kantiger, seine Wangenknochen scheinen die straff gespannte Haut durchbrechen zu wollen. In solchen Augenblicken existiert für ihn wohl nichts als das Abbild des Zieles auf dem Sichtschirm, sind Menschen nur noch durch eine hauchdünne Folie von der Vernichtung getrennt.

„Jetzt könnten wir sie einfach wegpusten", sagte Harold Newman mit leiser Stimme, und mir kommt der wahnwitzige Gedanke, dieser kurze Satz könne die Folie endgültig zerreißen. Was dann?

Doch das Gegenteil geschieht. Durch den Commander scheint ein Ruck zu gehen. Die Sohlen seiner Magnetstiefel knallen auf den Metallplastboden, dann sinkt er um eine Winzigkeit zusammen. „Kleine Feuerkraft!" weist er an.

„Feuerkraft" hat er gesagt. Aber er spürt wohl nicht, daß allein der Gebrauch dieses Wortes einer Enttarnung seiner wirklichen Einstellung gleichkommt. Er wendet sich langsam Harold Newman zu. „Merken Sie sich, Captain", sagt er schleppend, „daß wir nicht hier sind, um jemanden oder etwas zu vernichten, sondern um die Mittel kennenzulernen, mit denen man Vernichtung verhindern kann." Sein Mund ist schmal, aber der mokante Zug hat sich diesmal nicht eingestellt. Vielleicht war Morris dem Äußersten näher, als er sich eingestehen will. Dann deutet er auf den Monitor. „Und wenn wir irgendwann einmal gezwungen sein sollten, uns unserer Haut zu wehren, dann darf es uns immer nur um die Vernichtung von Material gehen, nie um die von Menschen. Wir könnten ‚ihn' wegpusten, hätten Sie demzufolge sagen müssen. Ich hoffe, Sie haben das verstanden, Captain Newman."

„Aye, aye, Sir!" Newman salutiert, ohne sich aus seinem Sessel zu erheben, und nach einem verständigenden Blick brechen beide in Gelächter aus.

Dieses Lachen macht mich betroffener als Newmans Bemerkung, zeigt es mir doch einmal mehr, daß ich meine derzeitigen Kameraden mit anderen als den gewohnten Maßstäben zu messen habe. Aggressivität empfinden sie nicht als verwerflich, sondern als eine zum Überleben notwendige Verhaltensweise.

So besteht die nahezu einheitliche Reaktion der anderen auch in nichts als einem verständnisinnigen Grinsen. Sie sind sich ihrer Stärke bewußt, sie hätten die Bola einfach „wegpusten" können.

Nur bei zwei der Anwesenden vermag ich Spuren von Unbehagen zu erkennen, bei Dora Taylor, der Navigatorin, einer der Frauen an Bord, die durch reserviertes Verhalten deutlich zu machen verstehen, daß sie nicht zu ihrem Vergnügen im Orbit herumfliegen, und bei Howard Skelton.

In den dunklen Augen der Navigatorin steht deutlich Ablehnung, und Skeltons Grinsen ist alles andere als echt. Ich registriere seinen verkniffenen Gesichtsausdruck mit Interesse. Aber ich gehe nicht soweit, dahinter menschenfreundliche Gründe zu vermuten, nein, ich bin ziemlich sicher, daß diese kaum merkliche Variante seines Verhaltens etwas mit dem Maß an Angst zu tun hat, die sicherlich jeder in dieser oder einer ähnlichen Situation empfindet.

Übrigens ist die Navigatorin, die den Commander noch immer mit dem Ausdruck forschenden und gleichzeitig distanzierten Interesses mustert, vielleicht die Frau hier an Bord, die mich innerlich am meisten beschäftigt. Wie sie zu uns anderen einen bestimmten Abstand hält, ohne dabei überheblich zu wirken, imponiert mir und reizt mich zugleich, diese Distanz zu überwinden.

Mein zweiter Blick gilt Liliana. Sie ist plötzlich wie erstarrt, das warme Lächeln in ihren Augen ist erfroren.

Aber ich habe keine Zeit mehr, mich nach ihren ureigensten Gründen zu befragen, denn Jane Blackwood hebt den Kopf und deutet auf ihren Meßschirm. „Dort!" flüstert sie. „Seht doch nur dort!" Und auch auf den anderen Gesichtern gefriert das Lächeln.

Es spricht für die Selbstbeherrschung des Commanders, daß er Haltung bewahrt. „Sergeant Blackwood! Exakte Meldung! Sofort!"

Janes Stimme ist noch immer ohne Klang: „Zweiter Flugkörper auf dem Schirm, Sir! Typ nicht gespeichert. Ansprache ohne Ergebnis. Nähert sich mit hoher Geschwindigkeit ..., exakt ... einsnullvierzig!"

Wieder geht diese erstaunliche Veränderung mit Glenn Morris vor sich. Aufstehen, sich straffen, Schultern zurück, Stahlblick. Dann kommen seine Befehle, laut und genau: „Beide Objekte auf Zielrechner. Volle Feuerkraft auf Orbitalwaffen. Bordversorgung auf Minimum. Schotte schließen. Schutzanzüge anlegen. Dies ist die Alarmstufe rot!"

Es gibt keine Hektik, kein Durcheinander, alles ist hundertmal trainiert worden und läuft nun mit höchstmöglicher Präzision ab, denn Nachdenken ist nicht erforderlich, selbst Konzentration ist überflüssig, sie führen Bewegungen aus, die längst im Unterbewußtsein verwurzelt sind, automatisiertes Zusammenspiel der Komponenten einer exakt funktionierenden Maschinerie. Und dann dazwischen wieder Jane Blackwoods Stimme, die, nun über Bordfunk, eine eigentlich absolut unverständliche Beobachtung meldet: „Der unbekannte Raumkörper ist nicht zu fixieren, Sir!"

„Holen Sie ihn, verdammt noch mal, auf den Rechnerschirm, Sergeant!" zischt der Commander. Jetzt zum erstenmal scheint der Panzer seiner Selbstbeherrschung durchbrochen. Jetzt ist die Gefahr, die von ihm ausgeht, unermeßlich.

Und du sitzt, hast die Hände auf die Tastatur des Facettenlasers gelegt und wartest auf den Befehl, der dein Leben zur Farce machen oder dich entlarven wird. Früher hast du in solchen Situationen gebetet, Philipp Barrymore. „Herrgott, laß es nicht zu. Gib mir Zeit, lieber Gott! Laß es nicht jetzt geschehen, nicht, wenn ich hier an diesen vermaledeiten Sessel gefesselt bin."

Glaubst du denn immer noch an Gott, Phil? Darf jemand wie du überhaupt an Gott glauben?

„Ich bekomme ihn nicht auf den Schirm, Commander. Nicht auf diesen Rechnerschirm. Keine Spur von ihm!" Abermals die Stimme Janes, aus der jetzt trotz dieser bestürzenden Feststellung keinerlei Unsicherheit mehr klingt. Auch Jane ist ein Teil der Maschinerie geworden.

Die folgenden Minuten – oder sind es Stunden? – erlebst du wie in einem Traum. Zuerst, gleich nachdem du begriffen hast, was Janes Worte bedeuten, ist da der Gedanke, deine Bitte könnte wirklich erhört worden sein, ein schmerzlicher Gedanke.

Der Mensch als Spielball unerkennbarer Mächte, als hilfloses Objekt des Fatums vielleicht gar? Nein! Denn das wäre das Ende aller Vernunft, wäre die Negation jeglichen menschlichen Wertes. Und auf der Nutzenseite deines Lebens, Philipp Barrymore, stünde eine riesige, nackte Null.

Der unbekannte Satellit ist nach wie vor nicht mit dem Zielgerät anzumessen. Dort auf dem Schirm Janes rotiert lediglich das Abbild der Bola, gleichmäßig und unbeeindruckt. Ansonsten ist die mäßig gewölbte Fläche leer. Als gäbe es den auf Kollisionskurs laufenden Körper nicht. Und auch nicht die Gefahr einer Katastrophe, ob sie nun beabsichtigt sein mag oder nicht.

Dabei zeigt er sich auf den Direktsichtschirmen provozierend deutlich. Ein langgestreckter Zylinder mit weit ausladenden Sensorflächen, der ein wenig schräg im Raum hängt. Diese unkonventionelle Lage erhöht den Eindruck drohender Gefahr. Durch sie wirkt der Satellit wie ein sein Opfer beschleichendes, reißendes Tier, das den Anschein zu erwecken versucht, es interessiere sich nicht im mindesten für seine potentielle Beute.

Plötzlich und ohne nachzudenken, bin ich sicher, daß dies nicht der Angreifer sein kann. Dieser kleine, auf keinem unserer Meßschirme ausgewiesene Satellit fungiert höchstens als das Stereoauge des eigentlichen Jägers.

Dann erst setzt das rationale Denken ein, und ich bin entsetzt über die tiefen Spuren, die sich in den vergangenen Jahren in mein Unterbewußtsein gegraben haben. Da bin ich doch drauf und dran, diese irrsinnige Theorie zu akzeptieren, nach der zwei unterschiedliche Gesellschaftsordnungen nicht imstande sein sollen, in Frieden nebeneinander zu leben, da mache ich mir diese abgedroschenen Sprüche zu eigen, daß sich die Menschheit in Jäger und Gejagte, sprich: in Mörder und Opfer, unterteilt. Er oder ich, jeder entscheide sich, denn zwischen mehr ist nicht zu wählen!

Entsetzlich, wenn man derartiges in sich entdeckt. Und schlimm, wenn es erst des Nachdenkens bedarf, um sich solch primitiven Denkstrukturen zu entziehen.

Wieder einmal spüre ich, daß mich unkontrollierter Haß zu überschwemmen droht. „Den dort werden wir nicht so ohne weiteres wegpusten können", sage ich. Die Worte sind mir unwillkürlich herausgerutscht, und selbst wenn ich mir jetzt die Zunge zerbeißen würde, ich könnte den Fehler nicht mehr ungeschehen machen.

Nun, zumindest Glenn Morris scheint den hämischen Unterton nicht bemerkt zu haben. „Das werden wir noch sehen", sagt er hinter mir, und ich spüre seinen stoßweisen Atem im Nacken.

Seine Befehle kommen, als zitiere er aus der Dienstvorschrift: „Luk vier öffnen! Laser auf maximalen Fächer horizontal und vertikal! Vorbereitung auf maximale Energieemission über eine Sekunde Dauer! Direktsicht auf den Zielsucher!"

Nein, so schnell gibt er nicht auf. Der Satellit existiert und nähert sich mit hoher Eigengeschwindigkeit. Das ist sicher, auch wenn ihn der Rechnerschirm nicht zeigt, und wenn es sich auch als unmöglich erwiesen hat, ihn mit der Automatik des Lasers anzumessen. Er ist da. Dort draußen im Dunkel des Kosmos. Also wird man ihn irgendwann kommen sehen. Und zwar durch das geöffnete Bullauge vier. Glenn Morris hofft auf die Zielkünste seines Laserleitoffiziers. Oder auf einen Glückstreffer.

Nur gibt es da zwei entscheidende Hindernisse: Der Satellit wird, wenn überhaupt, erst im letzten Moment für das bloße Auge sichtbar werden, vielleicht erst Sekunden vor dem Zusammenprall. Und auch das nur, wenn er, von der Odin aus gesehen, im Licht der Sonne laufen sollte. Das ist das eine. Doch selbst wenn wir ihn sichten sollten, wird es unmöglich sein, die Koordinaten schnell genug in den Rechner zu laden, um zu einem wirklich gezielten Schuß zu kommen. Es wird sein, als versuche ein Blinder, einen Hasen nach Gehör zu schießen. Oder nach Gefühl, denn er wird erst abdrücken können, wenn der Hase bereits seine Beine berührt. Selbst ein Schrotschuß würde zur Selbstverstümmelung führen.

Vor dem Bullauge vier wandert der Horizont vorüber, eine dunkelblaue Linie, die mit den angedeuteten Farben des Regenbogens in samtige Schwärze übergeht. Lieutenant Dora Taylor dreht die Station in die Flugbahn des Unbekannten. Die Schwärze ist konturenlos und tot, ein unbeleuchteter Tunnel, in dem sich ein Tiger zum Sprung duckt.

„Sag nicht, es sei Wahnsinn, Phil!“ Die Stimme des Commanders ist ruhig wie eh und je, aber sein Atem geht schneller als sonst. Dieser Mann hat Nerven wie Schiffstaue. „Die oder wir“, fährt er wie im Selbstgespräch fort. „Und weil wir die Pflicht haben, der Welt zu demonstrieren, daß noch immer wir die Stärkeren sind, wirst du sie vernichten. Ist dir das klar geworden, Philipp McBruns?“

Ich weiß nicht, was ich darauf entgegnen soll. Und frage mich, wie er wohl reagieren würde, wenn ich ihm sagte, daß ich die da drüben gut genug kenne, um zu wissen, daß sie niemals den ersten Schlag führen würden, daß dieser Satellit dort wahrscheinlich den Status Forschungsgerät weit eher verdient als die Odin. Ich glaube, er bekäme einen Tobsuchtsanfall.

So sitze ich und starre in die Dunkelheit vor Bullauge vier, und ich habe keine Vorstellung, wie diese Situation enden wird. Eins nur scheint mir sicher zu sein: Es ist unmöglich, den fremden Satelliten zu vernichten, ohne dabei Selbstmord zu begehen.

Vielleicht, Philipp Barrymore, ist das deine Chance. Alles wird sich wie von selbst ergeben. Du mußt nur sitzen und in die Dunkelheit starren, bis dort draußen, irgendwo inmitten dieses wunderschönen Regenbogens, dessen zarte Farben sich wie liebkosend an die Erde schmiegen, ein heller Funke auftaucht. Dann mußt du die Facette schwenken, nach Gefühl, versteht sich, denn genaugenommen bist du blind wie ein Grottenolm, und während der heranrasende Punkt dort draußen zu einem Brocken zerstrahlbarer Materie wird, mußt du den roten Knopf drücken. Feuer! Einmal. Zweimal, wenn es hoch kommt, zu mehr wird die Zeit nicht reichen. Wahrscheinlich wirst du ihn erst beim zweiten Schuß erwischen, und er wird euch dann schon so nahe sein, daß sich die Odin an seinem Feuer entzündet. Wären damit nicht all deine Probleme gelöst, Philipp Barrymore?

Aber es wäre auch eine Chance für den Commander. Denn es wäre das Feuer der Odin, das den anderen vernichtet. Ein teuer erkaufter Beweis seiner Überlegenheit, gewiß, der letzte Beweis, den er erbringen könnte.

Na und? Tausende und aber Tausende haben im Verlauf der Menschheitsgeschichte solche Beweise um den Preis ihres Lebens erwirkt! Millionen! Also beweise die Stärke des freiesten Landes der Erde, indem du das Feuer eher entzündest als die anderen, Philipp.

Auch wenn es dasselbe Feuer sein wird, derselbe Tod. Und hoffe, daß es der letzte derartige Beweis sein wird.

Hinter dir ist kein Atem mehr, Philipp!

Sie sind erstarrt in Erwartung des Endes.

Und in der eben noch absoluten Stille das Geräusch schneller Finger, die über Sensoren huschen. Jane Blackwoods Finger. Ein Stakkato an der unteren Grenze des Hörbaren.

„Commander! Der Satellit müßte uns doch längst ...!“ Ihre Stimme, gepreßt aus zugeschnürter Kehle. „Sehen Sie, Commander!“

Sie hat die Koordinaten der Odin und des vermeintlichen Angreifers auf einem Display übereinandergeschaltet. Die Kurskurven treffen sich zwar, aber sie kreuzen sich nicht. Das Ganze sieht wie ein stilisiertes Y aus, die Flugbahn des fremden Satelliten trifft die der Odin und endet an ihr, während die Odinbahn sich fortsetzt. Ein unerklärlicher Vorgang, wenn nicht ...

„Er ist verschwunden, Sir“, sagt Bergerson mit Grabesstimme. „Bei Gott, er ist weg!“

Der Visoschirm zeigt nur noch die provozierend gemächlich rotierende Bola. Sonst nichts. Was bedeutet, daß sich der andere Satellit in Luft aufgelöst haben muß. Ach was? In Nichts! Selbst Luft wäre tödlich gewesen bei Addition der Geschwindigkeiten, mit denen die Odin und der Fremde aufeinander zugerast sind.

Aber er ist nicht angekommen, der Fremde. Nicht ganz. Wenn man den Kurven auf Janes Bildschirm vertraut, und es gibt keinen Grund, das nicht zu tun, dann hat er die Odin erreicht und sich im selben Moment in Nichts verwandelt, eine einmalige, eine unmögliche Begebenheit, ein Vorgang, an den zu glauben ein hohes Maß an Phantasie oder technischer Ignoranz voraussetzt.

„Die vierte Dimension!“ sagt jemand hinter mir mit so tonloser Stimme, daß mir unklar bleibt, ob es Newman oder Brake war. Ich kann mir gut vorstellen, daß sie allein die Möglichkeit, die anderen hätten sich einen technischen oder gar waffentechnischen Vorsprung verschafft, in ein fürchterliches Dilemma stürzen muß. Zumindest für den Augenblick. Später, bei einigermaßen klarer Überlegung, werden auch sie zu der Schlußfolgerung kommen, daß ein Übergang in eine andere Dimension einfach nicht stattgefunden haben kann. Erkenntnisse von solch gewaltigem Format lassen sich nicht mehr geheimhalten, das Netz der gegenseitigen Überwachung ist in den letzten Jahren überaus eng geworden.

Die Einsicht wächst langsam. Dann baut sich Spannung auf. Da ist etwas geschehen, für das sie keinen Namen haben. Das allein wäre schon frustrierend genug. Aber es ist ja viel schlimmer. Denn sie haben auch Angst gehabt, nackte Angst um das eigene Leben, aus unbesiegbaren Helden sind sie für Minuten unversehens zu hilflosen Kindern geworden. Das werden sie denen da drüben nie vergessen. Einen solchen Schimpf tut man ihnen nicht ungestraft an.

Und die Bola rotiert nach wie vor mit stoischer Gleichförmigkeit. Die Bola! Um Himmels willen! Diese Stille in der Zentrale ist wie ein Schrei nach Rache. Und an wem sonst sollte diese Rache vollzogen werden, wenn nicht an diesem boshaft unbeeindruckten Zivilsatelliten dort drüben? Ich spüre deutlich, wie sich die Spannung der einzig möglichen Form ihrer Entladung nähert. Plötzlich, will mir scheinen, ähneln sich die Gesichter um mich her in erschrekkender Weise.

„Schott vier schließen! Laser auf minimalen Fächer! Maximale Emissionsstärke beibehalten! Ziel auffassen!"

Da ist sie also, die Stimme des Commanders, ohne Emotionen, wie es den Anschein hat, und doch ein wenig atemlos, der Anfang einer Befehlskette, die mit der Weisung zur Vernichtung enden wird. Ich hatte lange genug Gelegenheit, ihn zu studieren, diesen Glenn Morris, um beurteilen zu können, daß es weder Bedenken noch gar Besorgnisse sind, was ihm den Atem verschlägt. Es ist der Zorn, nichts anderes. Und sein Zorn wird genau die Reaktion auslösen, die ich befürchtet habe, ohne sie doch ganz für möglich zu halten.

Meine Finger hasten über die Sensoren der Leitanlage, gelenkt von einem Hirn, das mir nicht mehr zu gehören scheint, das funktionelles Detail der Maschinerie geworden ist. Ich sehe keinen Ausweg, ja nicht einmal mehr die Möglichkeit, Bedenken zu äußern. Nicht ohne Grund sind die Befugnisse an Bord dieses angeblichen Forschungssatelliten militärisch geordnet, über Befehle darf frühestens nach deren Ausführung diskutiert werden.

Mir ist klar, daß ich bis zum Äußersten zu gehen haben werde, aber ebenso sicher bin ich, daß ich mich weigern werde, das Äußerste zu tun. In welcher Weise, das werde ich erst im letzten Moment entscheiden können. Jetzt, meine Finger beobachtend, die ein eigenes, von mir unabhängiges Leben zu führen scheinen, bin ich außerstande, eine klaren Gedanken zu fassen.

Zweimal muß ich die Einstellung auf dem Manual korrigieren, ich habe den Eindruck, in meinem Hirn beginne sich ein Vakuum auszubreiten, das den letzten, den alles entscheidenden Befehl herbeisaugt. Da!

„Was ist, Captain? Angst?"

Eine Galgenfrist, diese Frage. Verlängere sie, Philipp Barrymore. Zögere den letzten Moment hinaus.

„Möglich, Sir. Denn wenn wir die Bola vernichten, kann das unabsehbare Folgen haben."

Blick dich um, Phil! Sieh ihn an, du gewinnst vielleicht abermals einige Sekunden. Es wären Sekunden für die Erde.

Glenn Morris steht fest auf maximalem Magnetfeld, ein wenig vorgeneigt, mit eckigen Schultern und scharf gezeichneten Wangenknochen, die Hände in die Lehne meines Sessels verkrallt.

„So ist es, Captain. Allerhand Folgen. Aber sie sind nicht unabsehbar. Demonstrationen, Proteste, eine Verurteilung im Weltsicherheitsrat, Abbruch der Verhandlungen, das alles könnte Amerika verkraften. Meinen Sie nicht?"

Zehn Sekunden.

„Wenn es nur das wäre, Sir. Ich glaube aber, daß wir damit den Krieg auslösen würden. Den dritten Weltkrieg, den letzten, wenn Sie mich fragen. Denn wir würden denen dort drüben das Recht ..."

„Den letzten Krieg, sagten Sie, Captain? Sie meinen, daß es danach nie wieder einen Krieg geben würde? Sind Sie sich denn unserer Überlegenheit so sicher? Glauben Sie auch, daß wir sie einfach wegpusten könnten, wie sich Mister Newman auszudrücken beliebte?"

Zwanzig Sekunden.

„Nein, Sir! Ich bin Realist. Und wenn ich das auf der Erde vorhandene Vernichtungspotential in Rechnung stelle, dann muß ich mir sagen, daß es nach einem dritten Weltkrieg keine Menschen mehr geben würde, die einen Krieg führen könnten. Hier nicht und dort nicht. Das ist alles!"

„O Phil!" Das war Janes Stimme, mit einem Unterton, als hätte ich ihr soeben angekündigt, den Präsidenten ermorden zu wollen.

Dreißig Sekunden.

„Sagen Sie, Captain McBruns, unterhalten Sie vielleicht geheime Verbindungen zu den Kommunisten?"

Etwas Besseres fällt ihm nicht ein, kann ihm nicht einfallen, denn seine Welt präsentiert sich in einfacher und vor allem überschaubarer Form. Wer anderen als seinen Denkstrukturen folgt, der steht auf der falschen Seite, auf der Seite des Kommunismus. So einfach ist das. Die Welt ist unterteilt in hier und dort, in gut und böse.

„Nicht daß ich wüßte, Sir. Aber ich kann rechnen. Und seit mehr als einer Minute weiß ich, daß die da drüben über Dinge verfügen, von denen wir keine Ahnung haben. Soweit ich mich erinnere, hatte Amerikas Stärke immer auch mit der Klugheit seiner ..."

„Ach, hören Sie doch auf, Mann! Sie reden wie ein Demagoge. Ich sollte tatsächlich ..."

Fast eine Minute ist die Welt älter geworden ... Jetzt ist die Minute um, die Spannung zusammengesunken zu dumpfem Brüten.

„Ich will diesen Unsinn nicht gehört haben, Captain!" Ein letztes Aufbegehren. Und dann leiser: „Rotalarm aus! Minimales Emissionspotential! Anzüge ablegen! Sollen sie doch weiterfliegen, diese gottverd... Minimale Besetzung der Geräte."

Einen Moment lang herrscht in der Zentrale absolute Stille, die durch das leise Summen der tausendfach verzweigten Systeme hinter den Wänden eher unterstrichen als gemildert wird. Dann ein Aufatmen, etwas, womit ich nicht gerechnet habe, ich glaubte Enttäuschung erwarten zu müssen.

Noch vermag ich nicht ganz zu glauben, daß ich gewonnen habe. Trotzdem spüre ich die Erleichterung wie einen Strom belebenden Sauerstoffs in mich eindringen.

Ich blicke auf. Und sehe Dora Taylors Augen auf mich gerichtet. Dunkle Augen, aus denen ich etwas wie Erstaunen und eine deutliche Spur von Anerkennung lesen kann. Es tut gut, zu wissen, daß zumindest sie mich nicht für einen Kommunisten oder gar für einen Feigling hält.

Am späten Abend nach Bordzeit, hoch über dem nächtlichen Atlantik auf der Breite der Azoren stehend, führen wir einen unserer routinemäßigen Tests durch. Wir versorgen einen unsere Bahn auf höherer Trajektorie kreuzenden Antimateriefänger mit neuer Ladeenergie. Das Manöver ist weit komplizierter als beispielsweise der Andockvorgang zweier autonomer Raumstationen, weil die Bahnparameter nicht übereinstimmen. Allein die Programmierung der Richtautomatik unseres Facettenlasers ist ein äußerst komplexes, mathematisches Vorhaben. Über eine Minute lang sticht schließlich der Lichtbalken über uns in den schwarzen Himmel, dem unsichtbaren Fänger folgend, als sei er an ihm befestigt. Nachdem die Emission verloschen ist, bricht in der Zentrale verhaltener Jubel aus. Neben dem Beweis hoher Zielsicherheit haben wir auch den unserer absolut friedlichen Mission erbracht.

Die Feuersäule

Die Barrymores waren nach Iverton gezogen, einem kleinen Ort in der Nähe von Ballycastle, ganz im Norden der Insel. Vor allem, weil es in Iverton eine Brauerei gab, in der Pa Arbeit zu finden hoffte. Aber in Iverton gab es weder tariflich abgesicherte Arbeitsplätze noch Wohnungen, deren Mieten sie sich leisten konnten. So nahm Pa eine Stelle als Hilfskraft in der Brauerei an, ohne daß ihm ein Mindestlohn garantiert war, und die Unterkunft der Familie Barrymore bestand in jener Zeit aus einem nicht heizbaren Holzschuppen, dessen Rückwand sich an den Zaun des einzigen größeren Betriebes im Ort, der Brauerei, stützte.

Immerhin war das Leben in Iverton wesentlich ruhiger als das in Calman's Edge. Der Ort hatte seine erste wilde Zeit längst hinter sich. Das war damals, in den fünfziger Jahren, als das Schnapsbrennen durch die Zentralregierung in London untersagt worden war, um den Absatz der Betriebe des Mutterlandes zu sichern. Damals wurde nach allen Regeln der Kunst schwarzgebrannt und ebenso heftig geschmuggelt, obwohl die Gunslinger jeden, der einen Destillator besaß, einsperrten und jedes Boot beschossen, das ihre Anrufe nicht unverzüglich beantwortete. In Iverton sprach man von jener Zeit mit einem gewissen nostalgisch verbrämten Unterton, wie man etwa von einer verlorenen Geliebten spricht, mit der man heute nichts mehr anzufangen wüßte.

Die zweite wilde Zeit hatte der Ort noch vor sich. Denn auch in Iverton regierten die Gunslinger, und auch dort gab es eine Bodenstation des Internationalen Energieprojektes, wie sich das Versorgungssystem der neuentwickelten Forschungssatelliten nannte.

Wie Philipp seinen Vater kannte, würde der sich nicht allzu lange ruhig verhalten. Und Zündstoff lag auch in Iverton an allen Ecken. Was den Ort von Calman's Edge unterschied, war, daß er eine Vergangenheit hatte, in der seine Bewohner schwelgen konnten, wenn sie sich in den Pubs trafen, und daß es deshalb noch niemand für erforderlich gehalten hatte, sich für eine ähnlich attraktive Gegenwart einzusetzen. Aber die Lunte brannte bereits, als die Barrymores nach Iverton kamen.

In den Schulen von Iverton sang man morgens vor Beginn der ersten Stunde noch „God save the Queen". Dazu mußte man aufstehen, die Hände an die Oberschenkel legen und den Blick auf den Union Jack richten, der an der Stirnwand des Klassenzimmers, direkt hinter dem Pult des Lehrers, hing. Wahrscheinlich glaubte die Zentralregierung an eine Bewußtseinsprägung durch ständige Wiederholung. Einen anderen Grund für das Gesinge konnte sich Philipp kaum vorstellen, die Vermutung, irgend jemand könne glauben, diese Hymne werde aus Überzeugung gesungen, hätte er weit von sich gewiesen. In den ersten Stunden hatte er erhebliche Schwierigkeiten, da er weder Text noch Melodie kannte, später schloß und öffnete er wenigstens des Mund hinreichend synchron.

Stets aber kam er sich, wenn die anderen sangen und er tat, als ob er singe, wie ein Verräter vor.

So bestand der größte Teil seines Lebens in Iverton aus Geschehnissen und Vorgängen, denen er nur sehr wenig oder überhaupt keine Freude abzugewinnen vermochte. Daheim, falls man den mühsam abgedichteten, in allen Fugen knarrenden Bretterschuppen als Heim bezeichnen konnte, den ewig unruhigen und oftmals nörgelnden Vater, den die Eingewöhnungszeit in Iverton zur Untätigkeit verdammte, Ma von einer Geschäftigkeit, die spätestens nach zwei Stunden gewohnter Hausarbeit ins Leere stieß, weil alles getan war, was an einem Tag getan werden konnte, und in der Schule äußerliche Loyalität, die sich wie eine alles erstickende Decke über die Schüler breitete. Dies eigentlich hielt ihn aufrecht, daß er ganz genau spürte, sich in einer Gemeinschaft wenigstens annähernd Gleichgesinnter zu befinden, daß er genau wußte, seine Mitschüler fühlten nicht viel anders als er. Ihre Auflehnung konnte seinem geschulten Gespür für Renitenz nicht entgehen, auch wenn sie sich kaum jemals äußerte.

So kam es, daß er häufig in den Klippen der Bloody Rocks saß, hinaus auf den Nordkanal starrend, wo man linker Hand, wenn es nicht gerade sehr dunstig war, die alte Schmugglerinsel Rathlin Island und drüben auf der anderen Seite des Kanals bei guter Sicht den Strand von Kintyre erkennen konnte.

Hin und wieder blickte er sich auch mit erhobenem Kopf um, und dann sah er oben auf den Klippen eine Andeutung des Drahtzaunes, hinter dem sich die Gunslinger verschanzt hatten. Manchmal hörte er ihre Befehle bis herunter in die Klippen oder das Trappeln ihrer schweren Stiefel und das Geräusch der sich drehenden Antenne. Dann ballte sich unwillkürlich seine Hand zur Faust.

In solchen Momenten wünschte er sich seine alte Stofftasche voller Steine herbei, aber gleich darauf nahm er sich ganz fest vor, sich von der erzwungenen Untätigkeit nicht unterkriegen zu lassen.

Als er sechzehn war, traf er sich zum erstenmal mit Sandy in den Klippen. Nicht daß er sich mit ihr verabredet hätte. Sie um ein Stelldichein zu bitten, hätte er nicht gewagt. Denn Sandy galt als ebenso arrogant, wie sie hübsch war, man sagte, wenn sie einen Freund habe, was hin und wieder der Fall zu sein schien, dann handele es sich immer um wesentlich ältere Jungen, eigentlich schon um Männer. So hielt er sich zurück, denn das letzte, was er riskieren mochte, war ein Korb von ihr.

Er kreiste sie quasi ein, verabredete sich mit dieser oder jener seiner Mitschülerinnen, trieb sich mit ihnen in den Klippen herum und hoffte, daß sie über ihre Abenteuer schwatzen würden. Er war überzeugt, daß Mädchen untereinander viel mehr über Liebesdinge redeten als Jungen.

Als er Sandy durch die Klippen heraufsteigen sah, fühlte er sich wie ein Feldherr nach einer gewonnenen Schlacht. Er war überzeugt, daß er ihre Anwesenheit nur seiner Taktik zu verdanken hatte.

Sie trug eine helle Bluse und einen roten Rock, der nur bis zwei Handbreit oberhalb der Knie reichte. Ihre Schuhe waren so leicht, daß sie eigentlich schon das Pflaster der Straßen von Iverton zu fürchten hatten, ganz zu schweigen von den scharfen Kanten der Klippen. Er stand auf und half ihr über die letzten Steine hinweg.

„Mein Gott!" sagte sie atemlos. „Weshalb verkriechst du dich an einem solchen Ort?" Dann sah sie das Meer, dessen Weite an diesem Tag durch den bläulichen Streifen Kintyres begrenzt wurde. „Ah, ist das schön. Jetzt begreife ich. Du bist ein Romantiker, nicht wahr?"

Mädchen mögen Romantiker, sagte er sich, und deshalb unterließ er es, ihr zu widersprechen.

Sie redeten wenig, saßen nur nebeneinander und schauten auf das Meer hinaus. Nur ganz selten blickten sie einander an. Sandy hockte ein wenig unglücklich auf dem Taschentuch, das er ihr über die Steine gebreitet hatte, die Füße angezogen und die Hände vor den Knien verschränkt, eine Haltung, die man erfahrungsgemäß nicht länger als zehn Minuten ertragen kann, wenn man kein Fakir ist. Sie hielt länger durch, als er geglaubt hatte, nur hin und wieder bewegte sie den Kopf ein wenig, um den Wind in ihrem langen Haar spielen zu lassen oder um ihn anzublicken.

„Du kannst nicht besonders gut singen, stimmt's?" fragte sie bei einer solchen Gelegenheit.

Er witterte einen bevorstehenden Ausbruch der Arroganz, die man ihr nachsagte. „Wieso?" fragte er zurück.

„Morgens in der Schule, beim Singen der Hymne, machst du nur den Mund auf und zu, wenn ich mich nicht irre."

Er brummte etwas, was ebenso Zustimmung wie Ablehnung sein konnte. Das Thema behagte ihm nicht. Er sang erstens nicht mit, weil er nicht singen konnte, und zweitens nicht, weil er diese Hymne nicht singen mochte. Aber das ging sie nichts an, das war ganz allein seine Sache.

„Mein Gott!" fuhr sie ihn an. „Sag doch etwas."

Er lehnte sich zurück, die Hände im Nacken gefaltet. Über dem Kanal, der blau war wie der Abendhimmel, traten die ersten Sterne aus dem Dämmer.

„Glaubst du an ihn?“

Sie beugte sich weit zu ihm herüber. Er spürte ihre Brust an seinem Arm. „An wen?“ fragte sie.

„An Gott. Du hast zweimal ‚Mein Gott‘ gesagt.“

Sie blickte ihm lange und forschend ins Gesicht. Dann schob sie sich von ihm ab und stand auf.

„Sieh dich um!“ rief sie und drehte sich, einen Arm ausstreckend, auf dem winzigen Plateau des Steines. Es sah so halsbrecherisch aus, daß er aufsprang und sie festhielt.

„Das ist Gott!“ rief sie in seinen Armen. „Das Meer, die Klippen, du, die ganze Erde, das alles ist Gott. Ist es nicht wunderbar?“

Da er sie nun einmal in den Armen hielt, blieben sie lange so stehen und küßten sich von Zeit zu Zeit. Schließlich gingen sie ein Stück seitwärts in die Klippen, bis sie einen flachen Hang fanden, der mit typisch irischem Gras bewachsen war.

Sie erlebten kein Wunder auf diesem Hang, dazu waren sie viel zu aufgeregt. Auch Sandy. Was ihn an der Glaubwürdigkeit der Gerüchte über ihre Männerbekanntschaften zweifeln ließ.

Obwohl man ihn daheim nie fragte, wo er gewesen sei, auch nicht, wenn er ziemlich spät nach Hause kam, diesmal hatte er kein gutes Gefühl, denn als sie „ihren“ Hang verließen, lag drüben über dem dunklen Streifen von Kintyre bereits ein heller Schimmer. Hier im Norden waren die Sommernächte sehr kurz.

Ma war nicht schlafen gegangen. Da sie nicht mit Hausarbeit beschäftigt war, sondern lesend in ihrem Sessel saß, mußte er sich sagen, daß sie auf ihn gewartet hatte. Er wollte sich entschuldigen, weil er sie um ihren Schlaf gebracht hatte, aber sie winkte nur ab, legte das Buch zur Seite und ging hinüber in die Küchenecke, wo sie am Herd zu hantieren begann.

Es hatte keinen Sinn, jetzt noch zu Bett zu gehen.

„Warst du mit deinem Vater zusammen?“ fragte sie irgendwann.

Er schüttelte schweigend den Kopf und kaute weiter lustlos an seiner Scheibe Schwarzbrot herum. Er war müde und noch immer ungewöhnlich erregt.

Dann fiel ihm auf, daß Pa nicht daheim war, die Liege in der Nische war unbenutzt.

Ma sah seinen Blick. „Versammlung“, sagte sie. Und dann: „Ich bin sicher, daß er wieder damit anfängt.“

In ihren Worten war keine Kritik, nur tiefe Besorgnis. Er wußte, daß sie weder Pa noch ihn in irgendeiner Weise zu beeinflussen suchte, aber er wußte auch, daß sie unter diesem Leben, dieser anhaltenden Ungewißheit litt. –

Vor dem Schulgebäude traf er auf Sandy. Er war zuerst ein wenig unsicher, wie er sich nach dem, was zwischen ihnen geschehen und nicht geschehen war, verhalten sollte, aber da er den Eindruck hatte, sie habe auf ihn gewartet, ging er auf sie zu und gab ihr die Hand.

Sandy lächelte, und trotz der Spur von Müdigkeit um ihre Augen schien sie ihm hübscher als jemals zuvor. Sie trat ganz nah an ihn heran, hob sich auf die Zehenspitzen und küßte ihn auf die Wange. Als er sich, ebenso verblüfft wie glücklich über diese öffentliche Geste, verstohlen umblickte, lachte sie hell auf. „Ich glaube, das mußte sein", sagte sie. „Damit du weißt, woran du mit mir bist."

Vor dem Klassenzimmer hielt sie ihn am Arm fest und bedeutete ihm, sich zu ihr herabzuneigen. „Heute morgen habe ich deinen Vater kennengelernt", flüsterte sie. „Bei uns zu Hause. Sie sitzen zusammen und schmieden Pläne. Die ganze Gruppe."

Es durchfuhr ihn siedendheiß. Die Zeit der Untätigkeit ging offenbar ihrem Ende entgegen. Pa hatte endlich Freunde gefunden, Gleichgesinnte. Und er selber? Sollte er wieder Steine werfen? Mit sechzehn Jahren Steine gegen Zäune werfen? Kinderkram! Mit sechzehn war man so gut wie erwachsen.

„Das nächste Mal werde ich dabeisein", raunte er zurück.

Sie lächelte ihn an.

Jemand schob sie ins Klassenzimmer. „Als ob ihr dafür nicht nach der Schule genügend Zeit hättet."

Von diesem Tag an war Pa wie ausgewechselt. Zwar war er jetzt häufig unterwegs, aber in den wenigen Stunden, die er seiner Familie widmete, strahlte er eine fast heitere Gelassenheit aus, er benahm sich wie einer, der sich seiner Aufgabe ebenso bewußt ist wie der unumstößlichen Gewißheit, daß er sie lösen wird.

Manche der Dinge, die in jener Zeit in Iverton geschahen, trugen unverkennbar seinen Stempel. An einem Freitagabend explodierte vor dem Eingang des Dragons Palace, einer Bar, in der sich vor allem englische Soldaten zu amüsieren pflegten, eine Autobombe. Die Druckwelle riß die halbe Vorderfront des Erdgeschosses ein. Es gab Tote und Verletzte, wobei die Opfer nicht nur unter den Gunslingern zu suchen waren. Eine nächtliche Streife geriet drei Tage später in eine Gaswolke und mußte mit schweren Vergiftungen in das Lazarett von Belfast gebracht werden, und ab und zu verschwanden Leute spurlos, von denen man wußte, daß sie mit den Engländern zusammenarbeiteten.

Philipp fühlte sich bei diesen für Iverton neuen Aktivitäten nicht ganz wohl, er rechnete damit, daß eines Tages Wolken unbekannter Stoffe in den Ort driften würden, ähnlich wie es damals in Calman's Edge geschehen war.

Aber das waren nicht seine einzigen Bedenken. Diese spontanen Einzelaktionen erschienen ihm nicht besonders sinnvoll, es war, als versuche man, einen Eisenbahnwaggon mit Faustschlägen in Bewegung zu setzen.

Mit seinem Vater sprach er darüber nicht. Er hatte mehrmals angedeutet, ihm sei sehr an einer Teilnahme an den nächtlichen Beratungen gelegen, doch Pa hatte nur den Kopf geschüttelt und erklärt, daß er damit noch ganz gut ein Jahr warten könne. Mut sei zwar eine feine Sache, aber jugendlicher Übermut könne sich als schädlich erweisen. Und nicht nur für den Übermütigen selbst. Hätte er Pa Vorhaltungen über dessen anarchistische Auffassung von Opposition gemacht, dann konnten aus dem einen Jahr leicht zwei oder drei Jahre werden. Pa ließ sich nicht gern belehren.

So verbrachte Philipp einen Großteil seiner freien Zeit mit Sandy. Ihr bevorzugter Treffpunkt blieben die Klippen gegenüber von Kintyre, unterhalb der englischen Energiestation.

Es war an einem der ersten kühlen Herbstabende, als sie die Säule sahen. Das Meer war an diesem Abend dunkelgrau, fast schwarz, ein kühler Ostwind trieb es gischtend gegen die Klippen unterhalb des Hanges. Die Luft war angefüllt mit seinem an- und abschwellenden Brausen und dem Lärm der Wellen.

Sie hielten sich an den Händen und blickten hinaus auf das Wasser, jenseits dessen nichts war; ausgelöscht von der Dunkelheit Kintyre und Rathlin Islands, verschwunden wegen der schießwütigen Gunslinger die Boote der Schmuggler und die Kähne der Fischer. Hoch über den Klippen zog ein Seeadler seine Kreise, hin und wieder heftig attackiert von einzelnen Krähen und Möwen.

„Wie stolz dieser Adler dort oben kreist. Ist es nicht ein herrlicher Anblick, Phil?"

„Er weiß, daß er der Stärkste ist. Da fällt es nicht schwer, stolz auszusehen."

„Aber die Krähen mögen ihn nicht."

„Sie werden wissen, weshalb."

„Weil er stärker ist, nicht? Man ärgert sich, wenn einer stärker ist."

„Ich weiß nicht, ob es daran liegt. Ich glaube, es ist, weil er in ihren Brutrevieren räubert."

„Mag sein! Aber stolz sieht er trotzdem aus."

„Die Krähen werden ihn schon vertreiben."

„Bestimmt werden sie das. Sie sind in der Überzahl."

„Und sie wollen, daß er ihre Brut in Ruhe läßt. Es ist ganz genau, wie mit … Was ist das?“

Über ihnen war plötzlich ein hohles Röhren. Es kam durch die Geräusche des Wassers und des Windes zu ihnen herab wie etwas ganz Fremdes, Gefahrverheißendes, wie etwas, was nicht in ihre Welt gehörte. Gleichzeitig fiel ein diffuses weißes Licht auf den Hang und warf einen bleichen Schimmer auf ihre Gesichter. Und auch dieses Licht war anders als jedes, das sie kannten, gehörte nicht in ihre Welt.

Sie fuhren herum, blickten nach oben, und sie sahen eine gewaltige Säule aus weißem Licht. Sie war wie ein gigantischer, grellglühender Pfahl, den ein sagenhafter Riese auf der Kuppe der Klippen senkrecht in den Fels gerammt hatte. Sie konnten das Licht bis hinauf in die Wolken verfolgen, nein, noch höher hinauf, denn der Pfahl schien einen Tunnel in den Dunst gebohrt zu haben. Und sie beobachteten, daß die Wolken und die Vögel von diesem Tunnel mit geheimnisvollen Kräften angezogen wurden.

„Flieg weg!“ schrie Sandy. „Flieg weg, stolzer Adler!“

Sturm kam auf. Er blies aus der Tiefe der Klippen mit immer größerer Heftigkeit herauf, riß an ihren Haaren und an ihrer Kleidung und war bald so stark, daß sie fürchten mußten, in die Höhe getragen zu werden.

Sie suchten Schutz unter einem überhängenden Felsen, und Philipp sah im Rennen, wie der Adler, obgleich er sich mit mächtigen Flügelschlägen zur Wehr setzte, in den Sog der Säule geriet, immer höher und höher getragen wurde und schließlich als glühender Funke in der ringförmigen Öffnung zwischen Wolken und Licht verschwand. Danach war der Himmel wie leer gefegt, denn seine Gegner waren bereits Minuten vor ihm verglüht.

Die Säule verlosch ebenso unvermittelt, wie sie entstanden war. Kurz bevor sie verschwand, wandelte sich das röhrende Geräusch zu einem überlauten Zischen, wie es, wenn auch viel leiser, für einen Lichtbogen, etwa beim Elektroschweißen, typisch ist. Als sie erloschen war, flaute der Sturm schnell ab, die Wolken schlossen sich wieder, und es begann zu regnen. Lauwarmer Regen im kalten Ostwind einer Oktobernacht.

Am anderen Morgen berichtete er Pa von dem Ereignis. Pas Reaktion war sehr ungewöhnlich. Zuerst schien er zu erstarren. Dann, nach einer langen Sekunde absoluter Bewegungslosigkeit, lief er mehrmals schnell durch die kleine Kammer, die Hände öffnend und schließend. Endlich blieb er mitten im Raum stehen und blickte zu den Wasserflecken an der niedrigen Decke hinauf.

„Mein Gott!" stöhnte er. „Haben sie es endlich geschafft. Nichts ist ihnen wahnsinnig genug, um es nicht auszuprobieren." Er wandte sich Ma und Philipp zu. Sein Gesicht war jetzt ganz ruhig. Nur seine Brust hob und senkte sich in schnellen Atemzügen. „Wenn es ihn gibt", flüsterte er und deutete mit dem Daumen zu den Wasserflecken hinauf, „wenn es ihn denn wirklich gibt, dann, verdammt noch mal, muß er sich wohl lustig machen über uns. Wie könnte er das sonst zulassen?"

Soweit Philipp sich erinnerte, hatte Pa nie von Gott gesprochen. Was nicht ausschloß, daß er an ihn glaubte. Doch wenn, dann mit der naiven Gläubigkeit eines Kindes, wie man an einen fernen, guten oder bösen, auf alle Fälle aber steinreichen Onkel denkt, der irgendwann auftauchen und Glück oder Unglück über einen bringen kann.

„Setzt euch und hört mir zu", sagte Pa und zog sich einen Stuhl an den Tisch.

Er besann sich eine Weile. Dann begann er langsam und jedes Wort abwägend zu sprechen: „Sie haben das Mittel geschaffen, das die Welt vernichten wird. Aus dem Kosmos heraus werden sie alles Leben auf der Erde auslöschen. Mit einem einzigen Fingerschnippen, wenn sie wollen. Sie glauben, sie selbst würden es überleben. Aber sie irren sich, wie sie sich immer geirrt haben. Niemand wird diesen letzten, großen Krieg überstehen, niemand. Denn selbst wenn es ihnen gelänge, sich vor dem Inferno zu verbergen, wovon sollten sie danach leben, und wie sollten sie existieren? Auf einer Erde, die verseucht ist von Strahlen und künstlichen Krankheiten, die Hitze ausstrahlt wie ein gigantischer Backofen und auf der die ewige Finsternis angebrochen ist. Sie würden jämmerlich krepieren, jämmerlicher als wir, langsam verhungernd und verdorrend in der Hitze um sie her und bedeckt mit schwärenden Wunden. Und an jedem Tag, der wird und den sie doch nicht sehen könnten, würden sie ihr Unglück, am Leben geblieben zu sein, hundertmal verfluchen."

Wieder schwieg er eine Weile. Als er später seinen Faden wieder aufnahm, klang es wie ein Selbstgespräch: „Es wäre der Gipfel der Unvernunft, setzte jemand in dieser Situation ein Kind in die Welt, glatter Irrsinn wäre das." Dann blickte er auf und fixierte Philipp. „Hast du das begriffen, mein Junge?"

„Selbstverständlich, Pa. Aber ich ..."

„Man sieht dich jetzt sehr oft mit Sandy Pherson, Junge. Ihr werdet nicht nur Sterne zählen oder Laserstafetten beobachten, denke ich. Du solltest dir meine Worte zu Herzen nehmen."

„Ja, Pa."

Er redete noch ziemlich lange. Und wie bei allem, was er in letzter Zeit erklärte, bestand seine Rede fast ausschließlich in der Darlegung absoluter Zustände. Er sah nur Extreme. Und diese Waffe, von der er da erfahren hatte, war nach seinem Empfinden die Waffe an sich. Er war sicher, daß sie eingesetzt werden würde. Darüber, daß Waffen längst nicht mehr nur produziert wurden, um sie anzuwenden, sondern vor allem, um die anderen zu Anstrengungen zu zwingen, die Nutzen und Attraktivität ihres Systems reduzierten, machte er sich keine Gedanken. Und schon gar nicht darüber, daß Rüstung nicht nur Werte verschlang, sondern auch neue technologische Möglichkeiten erschloß und den Kapitalfluß verstärkte, für das Wirtschaftssystem, in dem er lebte, also in gewisser Weise lebensnotwendig war. Seine Weltsicht war unkomplizierter. Er sah nur die Anhäufung von Waffen und fürchtete, daß sie über kurz oder lang eingesetzt würden. Dabei lehnte er jedwede Unterscheidung ab. Für ihn war es unerheblich, ob diese Waffen als Angriffs- oder als Verteidigungsinstrument konzipiert worden waren. Die einen waren für ihn so schlecht wie die anderen. Theoretische Erwägungen oder gar Verständnis für politisch notwendige Schritte lagen jenseits dessen, was ihn das Leben in diesem seit Jahrhunderten innerlich und äußerlich unterdrückten Land gelehrt hatte.

Etwa eine Woche nachdem Philipp und Sandy die Lasersäule gesehen hatten, fiel in ganz Iverton die Energieversorgung aus. Als das geschah, saß er gerade mit Ma beim Abendessen.

Er sah den Blick, mit dem sie die erloschene Glühlampe betrachtete, und er erkannte darin eine Mischung aus Triumph und Angst. Da wußte er, daß es sich um keinen der normalen Stromausfälle handelte. Er rannte nach draußen und kletterte auf das Schuppendach. Die morschen Bretter knarrten unter der ungewohnten Last.

Iverton lag in tiefer Dunkelheit. Und auch drüben, wo die sich zum Meer hin senkende Ebene mit der oberen Klippenkante den Horizont bildete, war jetzt kein Lichtschimmer, war nichts, was auf die Anwesenheit der Gunslinger hätte hindeuten können. Erst als er sich bereits wieder an den Abstieg machte, glomm dort drüben ein mildes Licht auf, das sich wie eine milchige Glocke über den Rand der Ebene legte.

Als er das Zimmer wieder betrat, hatte Ma Tränen in den Augen. „Wir werden ihn nicht wiedersehen", sagte sie. „Lebend bestimmt nicht."

Er versuchte sie und sich zu beruhigen. „Wir sind hier nicht in Calman's Edge, Ma. Mach dich jetzt nicht verrückt. Er wird zurückkommen. Heute nacht vielleicht noch. Spätestens aber morgen früh."

Sie schüttelte den Kopf. „Wird er nicht. Glaub deiner Mutter, Junge. Sie haben ihn umgebracht. Du weißt, daß ich in solchen Fällen schon oft ..."

Abermals lief er nach draußen. Er mochte jetzt nichts von ihren dunklen Ahnungen hören. Gerade weil er zugeben mußte, daß sie sich hin und wieder als erstaunlich zutreffend erwiesen hatten.

Anfangs rannte er einfach nur weg. Hinaus in die Ebene mit der Richtung zum Meer, ohne einen Gedanken an irgend etwas. Später aber faßte er sich und begann zu überlegen. Da nicht nur die Energieversorgung des Camps, sondern auch die Ivertons ausgefallen war, konnte sich die Havariestelle nicht zwischen Ort und Lager befinden, vielmehr in der Gegend westlich der Verbindungslinie zwischen beiden, an irgendeinem Punkt des Tiefenkabels, das, wie Sandy beiläufig erwähnt hatte, vor zwei Jahren von englischen Arbeitern verlegt worden war.

Er wandte sich also nach Südwesten und stieg die sanfte Schräge der Ebene wieder hinan. Iverton ließ er rechts liegen, er sah den Ort wie einen Scherenschnitt vor dem dunklen Nachthimmel.

In unmittelbarer Nähe der Straße nach Trostan, vielleicht eine Meile vor dem Kreuzstein des Erlösers von Londonderry, wurde er mit barscher Stimme angerufen. Er ließ sich ins taunasse Gras fallen und glitt zur Seite unter den Schutz eines überhängenden Ginsters. Lange lag er still und lauschte auf die Geräusche der Nacht. Dann hob er vorsichtig den Kopf und spähte hinüber in die Richtung, in der er die Straße vermutete. Doch er vermochte nichts zu erkennen. Wenn da nicht hin und wieder leise Geräusche gewesen wären, die ihm nur schwer in das Wispern des Windes, das Rascheln welker Blätter und das kaum hörbare Aneinanderreiben trockener Grashalme zu passen schienen, er hätte annehmen müssen, der Anruf wäre lediglich seinen überreizten Nerven zuzuschreiben und außer ihm befände sich hier weit und breit kein Mensch.

Schließlich war er sicher, daß der, der ihn angerufen hatte, eine Entdeckung kaum weniger fürchtete als er selber und ebenso entschlossen war, sich nicht als erster zu zeigen.

Da erhob er sich und ging aufrecht durch die Nacht hinüber zur Straße.

Sie fielen über ihn her wie ein Rudel hungriger Wölfe. Ehe er ein Wort sagen oder sich gar zur Wehr setzen konnte, lag er am Boden. Jemand hielt seine Arme fest, ein anderer hockte auf seinen Beinen, und ein dritter preßte ihm den Atem ab. Obwohl er in der Dunkelheit ihre Gesichter nicht erkennen konnte und obwohl sie kein

Wort sprachen, wußte er sofort, daß es Leute aus der Brauerei waren, Kollegen von Pa also, und vielleicht war Pa sogar unter ihnen. Nicht auszudenken, wenn ausgerechnet sie ihn hier umbrächten.

Die Angst und ein gut Teil Zorn verliehen ihm Kräfte. Er zog die Beine, trotz der Last, die sie zu Boden drückte, an, streckte sie danach wieder mit einem Ruck, und als wenigstens ein Fuß freikam, trat er heftig um sich. Er hörte ein Stöhnen, und für einen Augenblick kam der Menschenhaufe durcheinander. Auch der Griff an seiner Kehle lockerte sich.

„Aufhören!" schrie er und rollte sich zur Seite.

„Das ist Philipp!" sagte jemand. „Barrymores Philipp. Stellt euch vor ..."

Aus der Art, wie das gesagt wurde, schloß er, daß Pa nicht in der Nähe war. Er stand auf. Es waren Pherson, McBarnett und der alte Pickett. Die anderen Männer, die bei ihnen waren, kannte er nicht.

„Was mußt du dich auch in der Nacht hier draußen herumtreiben, Gott verdamm mich!" fuhr ihn Pickett an.

„Ist ja nichts Schlimmes passiert", wehrte Philipp ab. „Wo ist mein Vater?"

Schweigen.

„So sagt es mir doch! Was wißt ihr von ihm?"

Sie antworteten nicht. Aber einer, den er nur vom Ansehen kannte, nahm ihn beim Arm und zog ihn von der Straße. „Komm weg hier, Junge! Laß uns gehen. Hier sind wir nicht sicher. Nach dem Anschlag auf die Energieleitung wird bald der Teufel ..."

„Wo ist die Stelle?"

Der Mann wies mit unbestimmter Geste in Richtung Trostan. „Etwa eine Meile in ..."

Mehr hörte Philipp nicht. Er lief los in die Richtung, die man ihm gezeigt hatte. Um die Rufe der Männer kümmerte er sich nicht.

Es war ein Riesenloch gleich neben der Straße, ein Trichter von fast fünf Meter Durchmesser. Am Grunde der Kuhle glitzerten die Abbilder der Sterne auf einer Pfütze schwarzen Wassers, das blasenschlagend langsam höher stieg. Mehr war nicht zu sehen, kein Mensch und keine Geräte, nur dieses Loch, in das blasiges Wasser sickerte. Einen Augenblick lang quälte ihn die fürchterliche Vorstellung, das Gesicht seines Vaters tauche aus der dunklen Brühe auf, mit gedunsenen Wangen und weit aufgerissenen, glasigen Augen, dann begann er an einer flachen Stelle in den Trichter zu steigen.

Jemand riß ihn zurück, und er hörte einen Fluch in einer Sprache, die englisch, aber nicht irisch war.

Von da an ging eine Zeitlang alles sehr schnell. Viel zu schnell, als daß er Gelegenheit zum Nachdenken gehabt hätte.

Da war der Griff an Arm und Nacken, ein harter, brutaler Griff, der Schläge oder Kolbenstöße oder beides erwarten ließ, und zwei, drei Meter hinter ihm war das Summen eines Laserladers. Er wußte, daß der zweite Engländer die Waffe auf ihn gerichtet hielt.

So nutzte er den Schwung, mit dem man ihn aus dem Trichter riß, warf sich auf die andere Seite der Straße, hörte den englischen

Fluch zum zweitenmal und spürte den Griff nicht mehr. Im Liegen sprang er ein weiteres Stück zur Seite, da hörte er es zischen und sah einen blendendweißen Strahl, der unmittelbar über ihm in das Gebüsch fuhr, Zweige und Blätter prasselnd teilte und weit vorn auf die Straße sengte. Er spürte Hitze im Gesicht, als presse jemand seinen Kopf auf ein heißes Blech.

Als nächstes kamen das Rattern einer alten MPi und das Zirpen von Geschossen. Jemand schrie gellend auf, eine Waffe polterte nicht weitab auf das Pflaster. Der Mann, der ihn eben noch am Kragen gepackt hatte, fuhr herum. Diese eine Sekunde genügte Philipp. Er riß den Mann zu Boden, hörte und spürte, wie dessen Kopf schwer auf das Pflaster schlug, und bekam irgendwie die Vorderkante des Helms zu fassen. Sein Denken setzte aus, Angst und ohnmächtiger Zorn beherrschten ihn.

Er kniete auf dem bäuchlings liegenden Mann und zog die Helmkante mit all der Kraft, die ihm die Todesangst verlieh, in die Höhe, zog und zog und ließ nicht los. Das Röcheln unter ihm verklang.

Pherson kam als erster. Er warf die MPi zur Seite und riß Philipp von dem Mann weg.

„Junge", er stöhnte, „willst du dir schon in diesem Alter einen Toten auf dein Gewissen laden? Komm zu dir, Junge!"

Der Mann auf der Straße war beunruhigend still.

Schließlich kamen die anderen herangekeucht.

„Den dort drüben hast du aber sauber erwischt, Pherson", sagte der alte Pickett mit seiner Stimme, aus der Grauen und Hochachtung klangen. „Und was ist mit dem da? Hat den etwa dieser grüne Junge …? Mein Gott! Überall Tote. Diese Welt scheint voll Toter zu sein. Mein Gott! Welch eine Welt!"

„Hör auf!" schrie Pherson. „Wer sagt dir, daß er tot ist? Der ist nur bewußtlos. Vom Sturz auf die Straße, verstanden?"

„Quatscht nicht soviel", rief jemand heiser. „Haut lieber ab. Hier wird nämlich gleich die Hölle los sein. Haut so schnell wie möglich ab, sage ich euch!"

Sie schlugen sich seitwärts in die schwarzen Büsche. Die beiden stillen Soldaten ließen sie liegen. Auch deren Waffen. Sie hätten ihnen nichts genützt, da es in Iverton keine Möglichkeit gab, die Batterien nachzuladen. Sie sahen noch die Lichter der Fahrzeuge, die von Iverton herüberkamen, vier Mannschaftswagen, die auf der leeren Straße mit Sirenengeheul heranfegten.

Von diesem Tag an wurde in der Gruppe darüber gesprochen, daß man Philipp Barrymore an einem sicheren Ort verbergen oder außer Landes bringen müsse. Und von diesem Tag an sah Philipp seine Sandy öfter mit Tränen in den Augen als mit einem Lächeln auf ihrem hübschen Gesicht, das von Tag zu Tag schmaler zu werden schien.

Von diesem Tag an stand etwas zwischen ihnen, von dem er nur ungenau wußte, was es war.

Doktor Haskett

Der Präsident hat auf die Herausforderung durch den Wundersatelliten des Ostblocks augenblicklich und erwartungsgemäß reagiert. In einer Rede vor beiden Häusern, die über alle Sender des Landes verbreitet wurde und durch Eindringlichkeit und Emotionalität bestach, hat er die flagrante Verletzung der bestehenden Verträge über den Austausch militärwissenschaftlicher Erkenntnisse durch die Gegenseite gebrandmarkt, die Forcierung des FDI-Programms (Fourth Dimension Initiative) verkündet und gleichzeitig die Bereitstellung der dafür notwendigen finanziellen Mittel in Höhe von vorläufig einhundertsiebzig Milliarden Dollar gefordert.

Senat und Repräsentantenhaus, erheblich verunsichert durch sich widersprechende Gutachten ungefragt urteilender Wissenschaftler, haben diese Forderung zwar in erster Lesung mit knappen Mehrheiten abgelehnt, sich jedoch bereit erklärt, die Hälfte der Summe für bereits in Arbeit befindliche biologische Detailprojekte zu bewilligen. Erst nachdem sich die Beratergruppe des Präsidenten mit einem persönlichen Appell an das Konsortium der Space-Craft-Konzerne gewandt hatte, wurden die FDI-Mittel in zweiter Lesung genehmigt, mit großer Mehrheit nun und zusätzlich zu den ersten. Ein glänzender, wenn auch ein wenig verzögerter Erfolg.

Auch danach hat der Präsident sofort reagiert und die Außerdienststellung des acht Jahre alten Abfangmuttersatelliten Challenger II verfügt, ein brillanter Schachzug, mit dem er die Verpflichtung, neue Abrüstungsvorschläge zu unterbreiten, an die Gegenseite delegierte. Ein weiterer Erfolg war, daß die eben in Brüssel anlaufenden Verhandlungen unterbrochen werden mußten, da sich die Gutachter der westeuropäischen Verbündeten angeblich nicht über die Nutzungsmöglichkeiten der vierten Dimension zu einigen vermochten.

Der Präsident äußerte sein Bedauern über diese Entwicklung der Dinge, obwohl man überall in eingeweihten Kreisen wußte, daß er die Unterbrechung als persönlichen Erfolg verbuchte.

Eine der ersten Auswirkungen der Detailpläne von Senat und Repräsentantenhaus ist die Delegierung Doktor Edward Hasketts in die Stammbesatzung der Forschungsstation Odin.

Der planmäßig verkehrende Transporter bringt also diesmal außer der Post, den obligatorischen Zeitschriften und Videobändern sowie einer erheblichen Anzahl von Containern nicht näher bezeichneten Inhalts auch ein neues Besatzungsmitglied, den Mikrobiologen Edward Haskett, einen nicht eben großen, auf den ersten Blick sogar unscheinbaren Mann, der eher an einen zufriedenen Privatier oder Frührentner als an einen hochkarätigen Wissenschaftler erinnert.

Im allgemeinen werden Neuankömmlinge an Bord einer Langzeitstation mit Freudenausbrüchen, Umarmungen und Schulterklopfen begrüßt. Sie sind Boten aus der Heimat, sie bringen einen Hauch von Sommerwind und Herbstregen mit in die sterile Atmosphäre dieser Kunstwelt, ein paar Krumen des Bodens, auf dem man selber gewachsen ist und von dem sich das Leben nie ganz wird lösen können. Denn unser Aufenthalt hier an Bord hat etwas Lebenshemmendes an sich, wie der in einer Kühlkammer, und deshalb ist jemand von der Erde dem ersten Sonnenstrahl nach einem langen, öden Winter vergleichbar. Dementsprechend fällt seine Begrüßung aus.

Das gilt, urteilte man ausschließlich nach dem äußeren Anschein, auch für den Empfang dieses kleinen Doktors. Und doch scheint sich diesmal eine Unsicherheit eingeschlichen zu haben, das Lachen ist weniger spontan, das Schulterklopfen weniger herzlich. Vor allem seitens des Commanders. Das kann natürlich am Charakter unseres Chefs liegen, der Freude noch weniger zeigt als Erregung, der immer ein wenig unterkühlt wirkt, selbst dann, wenn Dinge geschehen, die ihn eigentlich aus der Ruhe bringen müßten. Doch mit diesem Doktor Haskett geht Commander Glenn Morris um wie mit einer offenen Flamme. Obwohl er ihm beide Hände drückt, ihn sogar ganz spontan umarmt, bleibt eine augenscheinliche Distanz zwischen den beiden.

Und als dann die anderen den kleinen Doktor begrüßen, ist es ähnlich, wenn auch nicht unbedingt so deutlich.

Allen scheint also klar zu sein, daß da jemand an Bord gekommen ist, den man nicht leicht einzuordnen vermag, ein Mann, der über Kräfte gebietet, die jenseits dessen liegen, was man gewohnt, was vorstellbar ist. Ein Laserfächer verbrennt, ein Sprengsatz zertrümmert, ein Neutronenschauer tötet, ihre Wirkungen sind absehbar, gewissermaßen in die gebräuchliche Mechanik einzuordnen, die Waffen dieses kleinen Doktors aber werden im geheimen agieren, still und ohne Aufsehen werden sie aus einem Hinterhalt kommen, der weder mit normalen Mitteln aufzuspüren noch durch Kenntnis zu vermeiden sein wird. Es sind Waffen, gegen die bekannte Abwehrmechanismen versagen, der Begriff Hinterhalt gewinnt unversehens die Bedeutung hinterhältig, es ist der Punkt, an dem etwas zu wirken beginnt, was an schwarze Magie grenzt. Dieser Umstand verschafft dem kleinen Doktor eine Sonderstellung, aber er isoliert auch. –

Anfangs ist die Tätigkeit Doktor Hasketts an Bord der Odin auch entsprechend undurchsichtig. Sie erfolgt meist im Alleingang, hin und wieder in Zusammenarbeit mit dem Commander und ganz selten unter Einbeziehung Dora Taylors, der Navigatorin. Doch von Dora ist nichts über die Art der Arbeiten zu erfahren, und sie schweigt nicht etwa, weil man sie zur Geheimhaltung verpflichtet hätte, sondern weil sie nichts weiß, weil sich ihr Anteil offenbar auf ausschließlich navigatorische Belange beschränkt.

Und doch! Irgendwann werden sich für Dora diese winzigen, formlosen Splitter zu einem Mosaik zu ordnen beginnen, das kann gar nicht ausbleiben, auch wenn sich Haskett weiterhin in absolutes Schweigen hüllen sollte. Die wissenschaftlichen Disziplinen sind längst über Kenntnis und Vermögen des einzelnen hinausgewachsen, die Technologien so sehr miteinander verzahnt, daß Zuarbeiten anderer Bereiche unabdingbar sind. Zuarbeit aber bedeutet auch Informationsfluß, und zwar immer in beiden Richtungen.

Es gibt Beispiele, die das belegen.

Etwa zu jener Zeit, als die ersten, zumeist ablehnend kommentierten Meldungen über die Entwicklung sogenannter Hormonwaffen um die Erde gingen, brach im Norden Namibias eine Seuche aus, die unter der farbigen Bevölkerung dieses Landes schlimmer wütete als die Pest im Europa des Mittelalters, das Windhoek-Syndrom, ein tödlicher Hautzerfall, der sich ausschließlich auf die Epidermis Farbiger beschränkte. Als die Krankheit die Grenze nach Angola übersprang und sich im Süden des Landes auszubreiten begann, gingen internationale Teams in die Offensive. Kassanjan und Berger isolierten den Erreger, ein Virus, das die dunkel pigmentierten Zellen der Oberhaut anfiel und deren genetische Struktur deformierte, vor allem, was die Teilungsrate anbetraf. Dem Franzosen Flasheur war es vorbehalten, die künstliche Herkunft des Erregers nachzuweisen. Es handelte sich um eine gleichsam am Reißbrett konstruierte Krankheit, und das Virus war dementsprechend aggressiv und resistent.

Die erste Spur führte nach Südafrika. Doch dann, als man bereits annahm, den Hauptverantwortlichen, nämlich den südafrikanischen Geheimdienst, ermittelt zu haben, meldete sich ein Mikrobiologe aus Fort Duran, Colorado, zu Wort und gab eine aufsehenerregende Erklärung ab. Er behauptete, im Auftrag der Firma Biologic Instruments ein ganz ähnliches Virus konstruiert und synthetisiert zu haben, allerdings mit Verwendungsbindung zur Eliminierung von Pigmentstörungen wie Leberflecken und ähnlichen Abweichungen im Hautbereich.

Flasheur ging auch dieser Spur nach und fand heraus, daß sie von

Fort Duran über die Biologic Instruments zur CIA und von dort auf kürzestem Weg über das Bio-Center in Kapstadt zum südafrikanischen Geheimdienst führte. Der Franzose trug Steinchen um Steinchen zusammen, und was dabei herauskam, war ein Mosaik, angesichts dessen die Welt von einer Woge des Zorns überschwemmt wurde. Seitdem ist die bis dahin partielle Isolation der Weißen Südafrikas vollständig. Sogar der Präsident der USA sah sich gezwungen, auf Anraten des Senats alle Beziehungen zu Südafrika abzubrechen, ein Schritt, den zu vollenden es allerdings mehr als eines halben Jahres bedurfte.

Nur die CIA konnte man nicht zur Verantwortung ziehen, es gelang den Anwälten, dem Nationalen Gerichtshof glaubwürdig zu machen, daß das Windhoek-Virus natürlicher Herkunft sei. Sie legten Gutachten vor, in denen dieser Erreger als in breiten Kreisen der Eskimobevölkerung Alaskas vorkommend erklärt wurde, allerdings ohne dort Schaden anzurichten, da ihm die Hautfarbe der Befallenen keinen Angriffspunkt biete.

So gingen einige der Hauptverantwortlichen vorerst straffrei aus, und das mit Begründungen, die niemanden, der mit der Materie auch nur annähernd vertraut war, zu überzeugen vermochten. Aber in einer Zeit intensiver Kommunikation und erhöhter Aufmerksamkeit lassen sich Vorgänge, die sich gegen das allgemeine Interesse oder gar gegen humanistische Grundsätze richten, auf die Dauer nicht geheimhalten. Auch die sorgfältigste Abschirmung wird in einem solchen Fall nach und nach porös. Heute ist niemand mehr von denen, die damals diesen schrecklichen Angriff auf das menschliche Leben starteten, in leitender Position tätig. Sie verschwanden einer nach dem anderen aus dem Licht der Öffentlichkeit.

Als eins der Löcher in Hasketts Abschirmung könnte sich die Navigatorin Dora Taylor erweisen. Über kurz oder lang wird sie sich ein Bild von dem machen können, womit sich dieser kleine Doktor in Wirklichkeit beschäftigt, und vielleicht wird sie dann ihr Schweigen brechen. Es gibt Dinge, die ein Mensch aussprechen muß, weil er anderenfalls an ihnen ersticken würde.

Du kannst den Blick nicht vergessen, Philipp Barrymore, mit dem sie dich nach deiner Auseinandersetzung mit Glenn Morris musterte. Das ist es. Du läufst Gefahr, einer Wunschvorstellung zu erliegen. Du hoffst, daß sie sich dir anvertraut. Aus Gründen, die wahrscheinlich nicht das geringste mit Hasketts Arbeiten zu tun haben. Deine Gedanken beschäftigen sich schon viel zu lange und vor allem viel zu intensiv mit dieser Frau.

Sieh dich vor, Philipp Barrymore! Die Falle, in der du Haskett zu sehen hoffst, könnte eines Tages auch dir zum Verhängnis werden.

Rechne nicht mit dem Wohlwollen von Menschen, die du kaum kennst. Was ist schon ein Blick wert?

Knapp vier Wochen nach der Ankunft Doktor Hasketts setzen wir die ersten Sonden ab. Kleine Behälter im Kopf automatisch gesteuerter Raketen, die zumeist gegen die Bewegungsrichtung der Station gestartet werden. Die Manöver erfolgen stets über den schier endlosen Weiten der beiden großen Ozeane, jedoch ist ziemlich sicher, daß die Flugkörper dort nicht niedergehen werden. Die Automatik könnte sie an jeden beliebigen Punkt der Erde bringen.

Ein solcher Startvorgang erinnert immer ein wenig an eine Geburt. Und diesem natürlichen Ereignis ganz ähnlich, lassen sich die damit verbundenen Begleitumstände nur schwer geheimhalten. Da ist die Drehung der Station bis zum Stillstand abzubremsen, danach die genaue Lage im Raum zu bestimmen und die zum Start notwendige einzunehmen, eine Prozedur, die manchmal mehr als dreißig Minuten präziser Navigations- und Steuerarbeit erfordert. Danach tritt dann zumeist eine kleine Pause ein, bis die Odin den errechneten Punkt über Boden erreicht hat und sich schließlich die Sonde wie ein spielerisch rotierender Fisch aus dem Starttunnel schiebt. Dann, nach einem kurzen Zögern, schleudert ein blendender Blitz das Projektil hinaus in den zarten, regenbogenfarbenen Schleier über dem Horizont der Erde.

Sechs Starts in sechs Tagen. Sechs Manöver, die keinem hier an Bord verborgen bleiben konnten. Es ist ein leichtes, die Positionen der Starts festzustellen und zu speichern, aber aus ihrer Verteilung ist keine Tendenz zu ermitteln, abgesehen von der Tatsache, daß sie niemals über festem Boden erfolgt sind.

Und doch bin ich mir absolut sicher, daß sich hinter der Verteilung der Sonden ein wohlüberlegtes Muster verbirgt, und sei es nur eins, das die Aufgabe hat, die eigentlichen Absichten und Ziele zu verschleiern. Nur ist dieses Muster nicht zu ermitteln, allein der Versuch käme der Entschlüsselung eines komplizierten Geheimkodes gleich.

Und nichts deutet darauf hin, daß Dora Taylor, in deren Händen die Ausführung der Startmanöver liegt, etwas Ungewöhnliches oder gar Verurteilenswertes an den Aktivitäten des kleinen Doktors findet. Sie verrichtet ihre Arbeit mit gewohnter Umsicht und der üblichen Distanz zu denjenigen, die sie dabei unterstützen.

Und du, Philipp Barrymore, bist du ihr endlich nähergekommen?

Nein, keinesfalls! Der Abstand zwischen dir und ihr scheint sich eher vergrößert zu haben. Ein hingeworfenes, stets durch die Tätigkeit begründbares Wort zuweilen, ein orientierender Blick ohne innere Anteilnahme, mehr nicht.

Vielleicht nimmt sie an, hinter deinen Versuchen, mit ihr ins Gespräch zu kommen, verberge sich mehr als nur der Wunsch nach Kontakt, nach Wärme.

Und hätte sie damit nicht recht? Nein?

Vielleicht wirklich nicht. Vielleicht bist du dabei, dich zu verlieren, Philipp Barrymore. Womit die Gefahren für dich unermeßlich würden.

Die Vorbereitungen zum siebenten Start sind angelaufen, die Drehung der Station ist gestoppt. In der Zentrale hängen die Mannschaften teilnahmslos in den Gurten, wartend, daß die Odin endlich den Abschußpunkt erreicht. Nur Haskett und die Navigatorin tauschen leise verschlüsselte Daten aus. Die geschwungene Linie auf dem Lokationsschirm reiht träge Punkt an Punkt und nähert sich stetig dem Kreuz, das die Position Null markiert.

Da reißt eine konvulsivische Bewegung Jane Blackwood herum. Janes Stimme ist hell und sehr laut: „Commander! Fremder Raumflugkörper auf Parallelkurs! Position ..."

Morris schwingt sich mit seinem Sessel an ihre Seite. Sein Fluch, der mehr wie ein unterdrücktes Stöhnen klingt, schneidet die Angaben über die Bahnparameter ab.

„Sehr nahe", stellt der Commander nach einer kleinen Pause fest. Das klingt eigentlich schon wieder ganz gelassen, aber ich höre das feine Vibrieren. „Zu nahe! Wie konnte das geschehen, Sergeant?"

„Wenn sie plötzlich verschwinden können, weshalb sollten sie nicht ebenso plötzlich wieder auftauchen?" sagt Newman träge. Es ist keine Frage, wohl eher eine Feststellung, ohne Emotionen getroffen. Vielleicht deshalb beschränkt sich die Reaktion des Commanders auf einen schnellen Seitenblick.

„Feuerbereit am Laser! Ziel: der auf Parallelkurs fliegende unbekannte Körper. Fächer auf Minimum! Energiedichte ..."

„Startvorbereitungen abbrechen! Rotation ein! Ausweichfenster zwei in ..."

Die Befehle des Commanders und Hasketts Anweisungen überlagern sich, sekundenlang Schaltgeräusche, eine leichte Erschütterung, Drift der Körper gegen die Rückenlehnen der Sessel, die Station beginnt wieder zu rotieren, Normalität bis auf den Fremden in kaum einem Kilometer Entfernung, einen winzigen automatischen Körper offenbar, einen Spion aus dem Nichts, dessen Abbild jetzt schnell in das Zentrum des Zielsuchers rückt.

Ich bin sicher, daß es diesmal geschehen wird. Diesmal wird sich der Commander nicht eines Besseren besinnen. Denn nun ist die Grenze dessen, was ein Mann wie er zu ertragen vermag, überschritten. Er ist ein Spieler, dem niemand ungestraft in die Karten blicken darf. Und genau das hat dieser winzige, automatische Spion dort drüben getan.

Wir werden ihn also vernichten. Denn auf nichts anderes kann das Alibi, das sich Glenn Morris im Handumdrehen gebastelt hat, hinauslaufen. „Unbekannter Körper" hat er gesagt, das da drüben ist für ihn kein Satellit, ein Meteorit ist es, was denn sonst?

Wer will ihm verdenken, daß er einen Brocken toter Materie aus dem Weg räumen läßt? Und wer, wenn er sich vielleicht geirrt hat, weil der da drüben die Kennung verweigerte?

Schon jetzt ist dieser Satellit da drüben nicht einmal mehr das Material wert, aus dem er besteht. Und ich, Philipp McBruns, werde es sein, der den vernichtenden Schuß abfeuert. O nein, bei dem da drüben werde ich das Risiko einer Weigerung nicht eingehen, ich bin der beste Feuerleitoffizier der Staaten, und der werde ich bleiben. Das, glaube ich, kann ich verantworten, denn bei einem solchen Winzling kann es sich wirklich nur um eine Anhäufung toter, wenn auch zugegebenermaßen hochorganisierter Materie handeln.

Ein kurzer Blick hinüber zu Glenn Morris. Der steht hinter Dora Taylors Sessel, die Hände locker auf die Lehne gelegt. In seinem Gesicht wetterleuchtet es. Dann krallen sich die Finger in den weichen Stoff, ein Rucken des Kopfes, die Stimme ist kühl und ohne Timbre: „Doktor Haskett! Hören Sie mir jetzt bitte gut zu! Die Befehle hier an Bord erteilt nur einer. Und das ist der Kommandant. Ich hoffe, daß ich Sie nicht ein zweites Mal darauf hinweisen muß." Ein kurzes, seufzendes Einatmen. „Feuer!"

Der Klang eines zerspringenden Glases, tausendfach verstärkt. Die Laseremission taucht den Zielschirm in eine plötzliche Flut gleißenden Lichtes.

Du hast also gefeuert, Philipp McBruns! Gefeuert, ohne zu überlegen. Hättest du es auch getan, wenn zu vermuten gewesen wäre, daß sich in diesem kleinen Raumkörper, der eben noch dort drüben war, Menschen befanden? Ein fürchterlicher Gedanke! Kann ein Mensch denn die eigene Persönlichkeit so schnell an eine blinde Maschinerie verlieren, kann er zum Mörder werden infolge eines bedingten Reflexes, automatisch, als funktionelle Komponente eines höheren Organismus, der die ehemalige Individualität zugunsten absoluter Zweckmäßigkeit assimiliert hat? Allein die Möglichkeit läßt dich fürchten, du könntest dich bereits auf dem besten Weg befinden, Teil dieses Organismus zu werden, wesentlicher Teil eines Vernichtungsapparates, den du noch vor wenigen Monaten haßtest, wie man nur etwas hassen kann. Und den du heute, da du sein wahres Wesen erkannt hast, eigentlich noch mehr hassen müßtest.

Der Bildschirm des Zielsuchers ist leer wie ein eben geschaufeltes Grab.

Müßtest du dich nicht selber hassen, Philipp Barrymore?

„Analyse!"

Schweigen.

„Die Analyse! Geben Sie mir, verdammt noch mal, die Meßwerte, Sergeant Blackwood! Ich will endlich wissen, woraus dieses Ding da drüben gemacht war, was es enthielt und wie ..."

Glenn Morris bricht ab, als er Janes Gesicht sieht, in dem nichts als ein ungeheures Staunen zu erkennen ist. Diesmal aber bewahrt sie die Ruhe, eine fast unnatürlich anmutende Ruhe. Vielleicht ist der Schock zu groß, um einen normalen Menschen aus der Fassung zu bringen. Ja, das ist es, eine Übersprungreaktion. Etwas Wesentliches ist in Jane Blackwood zerbrochen.

„Sie mögen fluchen, soviel Sie wollen, Commander, da ist nichts zu messen, überhaupt nichts!"

„Ah so?" zischt Glenn Morris. „Nichts zu messen? Würden Sie uns das bitte erläutern, Sergeant."

„Im Zielgebiet ist lediglich die Restenergiekonzentration des Lasers nachweisbar, Sir. Keinerlei Rudimente von Materie. Und das Energiepotential ist viel zu gering, als daß man annehmen könnte, der Satellit ..."

„Das ist unmöglich, Sergeant Blackwood! Unmöglich, sage ich!" Und nach einer Pause von mehr als einer Sekunde Länge: „Überprüfen Sie das Gerät, Sergeant! Danach abermalige Analyse. Ich muß wissen, was mit diesem Ding geschehen ist."

Auch das kann nur eine Übersprungreaktion sein. Glenn Morris ist klug genug, um zu begreifen, daß sie abermals ein Gefecht verloren haben. Sie werden genarrt durch diese Satelliten, die sich einmal sehen lassen und dann wieder nicht, die kommen und gehen, ohne die geringsten Spuren zu hinterlassen. In diesem Moment gleicht der Commander einem geprügelten Hund, der seinen Ärger an einem Stock abzureagieren versucht.

„Der Lokator ist intakt, Commander. Denn alle anderen Werte werden ausnahmslos angezeigt. Vor allem aber ist das Havariesignal ausge..."

Glenn Morris winkt ab. Mit einer Spur von Resignation, die er nicht eingestehen will, weder uns noch sich selber. Den Schlag aber hat er hinnehmen müssen. Er hat zweimal verloren.

Kurze Zeit später zieht er sich in seine Kabine zurück. Sicherlich wird er nun ein langes Gespräch mit dem Ministerium führen. Ich nehme an, daß es kein sehr erfreuliches Gespräch sein wird.

In den nächsten Tagen setzen wir keine Raketen ab. Wir unternehmen überhaupt nichts, treiben nur so dahin über das stetig wechselnde Panorama der Erde, über grüne Ebenen, gelbgraue Wüsten und tiefblaue Meere, wir schieben den dünnen Regenbogen des Horizonts vor uns her und warten. Wir sind zum Warten verurteilt worden.

Denn es hat abermals eine längere Debatte vor der UNO-Vollversammlung gegeben, und die ist, wenn man das Ergebnis vom Standpunkt des Commanders aus beurteilt, in keiner Weise zufriedenstellend verlaufen.

Professor Marilyn Larkin, diese steinharte Asketin aus Denver, hat der Sowjetunion Einsätze nichtregistrierter und obendrein verbotener Waffensysteme vorgeworfen. Es handele sich um einen doppelten Anschlag auf die in vielen Jahren ausgehandelten Verträge, was folgerichtig die Annullierung aller bisherigen Verhandlungsergebnisse der Gespräche von Brüssel seitens der USA nach sich ziehen müsse.

Daß der Präsident diesen letzten, endgültig trennenden Schritt noch nicht vollzogen habe, sei ausschließlich seiner Langmut und seinem unbedingten Willen zur friedlichen Lösung des Problems zu verdanken. Er verlange jedoch kategorisch die Verurteilung der Herstellung solcher Waffen als völkerrechtswidrig und bestehe auf dem Beschluß, die bereits existierenden Systeme unverzüglich außer Dienst zu stellen und innerhalb weniger Wochen zu verschrotten. Von den USA sei in diesem Fall selbstverständlich keine Gegenleistung zu erwarten. Sie sei berechtigt, zu erklären, daß sich ihr Land, sollte sich die Vollversammlung wider Erwarten weigern, den von ihrem Präsidenten aufgezeigten Weg einzuschlagen, selbst zu helfen wissen werde. Im Verständnis der Regierung, die sie hier zu vertreten habe, stehe nämlich die Pflicht zum Frieden durchaus nicht über dem Recht auf Freiheit und Menschenwürde.

Während und nach der Rede Frau Professor Larkins kam es im Auditorium zu erheblichen Mißfallenskundgebungen, doch als nach ihr Roshtor Mensan, der indische Delegierte, an das Pult trat, zog augenblicklich wieder Ruhe im Saal ein. Es war die Stille der Erwartung, denn Mensan galt als ebenso scharfsinnig wie unterhaltend.

Er enttäuschte seine Zuhörer nicht. In einer sehr komplex angelegten Rede deutete er unter anderem an, daß bisher noch niemand, auch Frau Professor Larkin nicht, den Waffencharakter der genannten Systeme auch nur annähernd habe nachweisen können. Außerdem sähe er sich veranlaßt, die Vertreterin der USA auf einen Grundsatz der Vereinten Nationen hinzuweisen, der besage, daß die Delegierten allein ihr Land zu vertreten hätten, woraus doch wahrhaftig nicht das Recht herzuleiten sei, das Gremium mit der Meinung von Regierungsoberhäuptern zu konfrontieren.

Nach Mensan meldeten sich sechs weitere Delegierte zu Wort. Wie zu erwarten, blieben die Meinungen geteilt. Trotzdem war abzusehen, daß man sich nicht zu einer Verurteilung entschließen würde.

Die geheime Abstimmung ergab dann auch eine Ablehnung des Antrags der USA mit einfacher Mehrheit.

Die anschließende Rede des Delegierten der Union der Sozialistischen Sowjetrepubliken, Gennadi R. Kusnezow, trug durchaus sensationellen Charakter. Auf die vor der Abstimmung dargelegten Meinungen und Behauptungen sowie auf das Ergebnis der Abstimmung selbst ging Kusnezow nur mit wenigen Worten ein, was seine Erklärung, bei den, wie er sie nannte, „Parasatelliten" handele es sich keineswegs um Waffensysteme, sondern lediglich um zivile Forschungsobjekte, eher unterstrich als in Frage stellte. Im Hauptteil seiner Rede verwahrte er sich dann mit energischen Worten gegen Angriffe seitens des US-amerikanischen Großsatelliten, den er als „Kampfstern" bezeichnete, und vor allem gegen das Absetzen nichtregistrierter Testsonden, über deren Aufgaben und Bedeutung man, wie er polemisch erklärte, nur Vermutungen anstellen könne, und zwar Vermutungen schrecklichsten Inhalts. Im Namen seines Landes und dessen Bevölkerung verlange er die uneingeschränkte Verurteilung dieser Aktivitäten.

An dieser Stelle seiner Darlegungen zeigte Frau Professor Larkin deutlich Unbehagen, das sie jedoch, ein dem Auditorium nicht unbekannter Vorgang, augenblicklich in Aggressivität umsetzte. Sie sprang auf und schrie etwas von haltlosen Verdächtigungen, von Zwecklüge und Diffamierung, eine Taktlosigkeit, die ihr eine Verwarnung wegen Mißachtung des Gremiums und Übertretung der Tagesordnung einbrachte.

Kusnezow aber erklärte, ohne auch nur mit einem Wort auf die Anwürfe der Larkin einzugehen, daß er selbstverständlich in der Lage sei, seine Behauptungen Punkt für Punkt mit Hilfe unmißverständlicher Aufzeichnungen zu beweisen.

Die Vorführung des Beweismaterials fand auf Antrag Professor Larkins unter Ausschluß der Delegationen unbeteiligter Nationen statt, ein, wie Kusnezow vor der Presse äußerte, sehr unkluger Schritt, den er aufgrund der Satzung der UN jedoch leider nicht zu korrigieren vermochte. Der Antrag auf Geheimhaltung erwies sich denn auch nicht nur als unklug, sondern sogar als verhängnisvoll, zumindest für Frau Professor Larkin.

Bereits während der Vorführung empfingen die Vertreter Portugals und Griechenlands, die zu den Ausgesperrten zählten, verschlüsselte Depeschen ihrer Regierungen. Nach der Filmvorführung im kleinen Kreis, die, wie Gerüchte besagten, sowohl das Absetzen unregistrierter Raumsonden und die Attacke seitens der US-Raumstation Odin wie auch das unbeschädigte Abtauchen des sowjetischen Parasatelliten zweifelsfrei bewiesen, soll die Vertreterin der USA in einem ziemlich desolaten Zustand gewesen sein.

Am darauffolgenden Tag erklärte der Vertreter Griechenlands den Austritt der Balkanrepublik aus der AASU, der Allatlantischen Verteidigungsunion, und Portugals Präsident verkündete über alle Sender seines Landes die Stornierung sämtlicher Verträge zwischen Portugal und den USA, die sich auf Stationierungsfragen bezogen. Von einem Austritt aus der Westeuropäischen Union sahen beide Staaten aus wirtschaftlichen Gründen ab.

Trotzdem kam es zu keiner Verurteilung der US-amerikanischen Aktivitäten, da die Larkin einmal mehr von ihrem Vetorecht Gebrauch machte. Danach reiste sie zur Berichterstattung nach Washington ab, und das Gremium vertagte sich.

Ein aus der Sicht des Commanders, und vor allem wohl aus der Hasketts, sehr unerfreulicher Zustand hat sich eingestellt. Man sieht ihnen an, daß sie mit tiefgreifenden Veränderungen rechnen. Und wohl auch damit, daß sie selbst davon betroffen werden könnten.

Bereits am Abend nach der UNO-Vollversammlung treffen von der Erde äußerst beunruhigende Nachrichten ein. Einige der Medienstationen berichten über massive Demonstrationen der Rüstungsgegner und internationaler Friedensvereinigungen in fast allen Ländern.

Auch um das Weiße Haus und das Pentagon sollen sich erneut Massen hartnäckig schweigender, schwarzgekleideter Menschen versammelt haben. Sämtliche Zugänge dieser beiden Gebäudekomplexe seien blockiert gewesen.

Besonders die amerikanische UNO-Delegierte habe unter dieser Blockade zu leiden gehabt, ihr Wagen sei, als sie das Weiße Haus zur Berichterstattung habe aufsuchen wollen, bereits weit vor dem Tor zur Sicherheitszone von Demonstranten aufgehalten und stundenlang an der Weiterfahrt gehindert worden. Aktive Gewaltmittel seien dabei allerdings nicht angewendet worden.

Erst als die Sicherungskräfte des Inneren Ringes den Befehl erhielten, den Zugang notfalls mit Waffengewalt zu erzwingen, habe Frau Professor Larkin ihre Fahrt fortsetzen können.

Der Präsident, ungehalten über die Demontage seines Zeitplans und betroffen über die Niederlage der Larkin vor der UNO-Vollversammlung, behalte sich ihre Abberufung vor, da durch ihr Verhalten dem Ansehen der USA Schaden zugefügt worden sein könne.

In den folgenden Tagen ist es, als leide die Raumstation Odin unter partiellen Lähmungserscheinungen, als sei man an Bord in eine Art Kältestarre verfallen.

Doch das Pentagon hüllt sich in Schweigen, und so beginnt das Eis langsam wieder zu schmelzen. Als nach Ablauf einer Woche noch immer nichts geschehen ist, als deutlich wird, daß sich in der UNO-Vollversammlung Anträge und Gegenanträge paralysieren, das Verteidigungsministerium also keinerlei Veranlassung hat, mittels Umbesetzungen oder Abberufungen Loyalität zu beweisen, kehrt das Leben an Bord allmählich zur Normalität zurück.

Schließlich werden auch die Tests wieder aufgenommen. Doktor Haskett bezeichnet die neue Versuchsreihe als den zweiten Schritt, wobei er andeutet, daß er ihn für weit wichtiger hält als den ersten. Seine Weisungen erteilt er mit einer solch gelassenen Überlegenheit, daß man meinen könnte, er habe weder den Rüffel des Kommandanten noch den Verurteilungsantrag vor der UNO-Vollversammlung zur Kenntnis genommen.

Diesmal dürfte ich eine gute Chance haben, einen Blick hinter die Kulissen zu werfen, denn diesmal werde ich mit von der Partie sein. Ich habe den sehr pauschal gehaltenen Auftrag erteilt bekommen, die abgesetzten Sonden mit mir anheimgegebenen Mitteln zu eliminieren. Und Doktor Haskett hat es sogar für nötig gehalten, mir einen Zeitplan der ersten beiden Tests zur Verfügung zu stellen. Er scheint sicher zu sein, daß ich die Flugkörper verfehlen werde. Worauf sich diese Sicherheit allerdings gründen könnte, vermag ich nicht zu sagen. Eigentlich kann ich mir keinen Umstand vorstellen, der mich hindern sollte, sie sofort nach Erreichen des Sicherheitsabstandes in Glutbälle zu verwandeln. Das gelänge selbst meinem Kollegen Skelton ohne besondere Mühe.

Nun, ich werde sehen. Heute abend werde ich die Pläne studieren. Ich jedenfalls werde vorbereitet sein.

Wachschluß. Der Außengang zu den Unterkünften, schwach gebogen, eine mäßig ansteigende Röhre, Türen mit kleinen Schildchen, wandernde Lichtreflexe.

Damals, als ich an Bord kam, habe ich mehr als vierzehn Tage gebraucht, ehe ich mein irdisch geprägtes Gleichgewichtsgefühl davon überzeugt hatte, daß visuelle Sinneseindrücke keine Kriterien für die Lage eines Körpers im Raum sind. Anfangs habe ich die Augen schließen müssen, wollte ich mich nicht durch das wandernde Licht verwirren lassen. Jetzt aber habe ich mich längst an das alles gewöhnt, jetzt gehe ich diesen Weg so sicher wie im Traum, und wenn ich die Augen schließe, dann verändert sich in mir und um mich her nicht mehr das mindeste.

Hinter mir liegen wieder einmal knapp vierundzwanzig Stunden Wache, und mir scheint, daß mich die Untätigkeit im Sessel der Leitanlage mehr ermüdet als die Hektik an den Tagen zuvor. Schlafen will ich jetzt, mindestens sechzehn Stunden lang nichts als schlafen.

Hörst du die Schritte, Phil, die leichten, schnellen Schritte hinter dir? Blick dich nicht um, du bist viel zu müde, um dich durch ein Gespräch aufhalten zu lassen.

Doch die Schritte kommen näher.

Und dann eine Berührung am Arm, geflüsterte Worte, nah, ganz nah: „Schieß sie ab, Philipp McBruns! Du mußt sie vernichten! Alle! Hörst du? Eliminiere sie!“ Und die Navigatorin Dora Taylor geht an dir vorbei, hocherhobenen Hauptes, als sei nichts gewesen, als seist du Luft für sie, Philipp, ihr Blick ist starr geradeaus gerichtet.

Da hältst du sie an der Hand fest. „So nicht, Navigatorin!“

Sie wendet gemessen den Kopf, fixiert dich aus ihren dunklen Augen, bleibt nicht stehen, aber tief im Inneren dieser Augen glimmt ein verlorenes Lächeln. „Wie bitte?“

„Hören Sie!“ sagst du und gibst ihre widerstrebende Hand nicht frei. „Nach einer solchen Andeutung können Sie nicht so einfach an mir vorüber …“

„Schweigen Sie, Captain McBruns! Ich habe Sie für wesentlich klüger gehalten.“

„Was hat das mit Klugheit zu tun? Schließlich waren Sie es, die mich …“

„Ich bat Sie zu schweigen, Captain! Und wenn Sie schon nicht begreifen sollten, daß man sich an Bord einer Station wie dieser nicht über jedes Thema unterhalten darf, dann versuchen Sie wenigstens die Bitte einer Frau zu respektieren. Sind Sie dazu imstande, Captain Philipp McBruns?“

Das nun ist genau der Ton, der dir unter die Haut geht. Auf diesen leicht vibrierenden Klang in ihrer Stimme hast du lange gewartet. Und du spürst, wie die Distanz zwischen euch zu schrumpfen beginnt. Deshalb läßt du ihre Hand nicht los. Und du genießt diesen Satz: Versuchen Sie wenigstens die Bitte einer Frau zu respektieren. Nicht etwa die einer Kollegin, nein, die einer Frau.

„Einverstanden“, sagst du. Und weil dir das zuwenig scheint, setzt du hinzu: „Vorerst wenigstens", und bist enttäuscht, daß sie dir nun doch ihre Hand mit einem überraschenden Ruck entzieht.

Dieses „Vorerst wenigstens" kann alles verderben. Kopf hoch und weitergehen, das sähe Dora Taylor ähnlich.

Doch sie reagiert anders. Sie bleibt stehen, blickt dich an und nimmt nun ihrerseits deine Hand. „Na gut, Philipp McBruns", flüstert sie. „Dann komm schon mit."

Und dein Herz hämmert, daß du fürchtest, sie müßte es hören.

Doras Verhalten erinnert an Konspiration. Sie hat mich mit sich gezogen, an meiner und ihrer Kabinentür vorbei, mit einem hintergründigen Lächeln auf den Lippen, da ihr meine Hoffnungen nicht verborgen bleiben konnten, und nun sitzen wir in der Messe, stochern mit den Bestecken in irgend etwas herum, von dem ich später nicht sagen könnte, was es war, unterhalten uns über alles mögliche, nur nicht über das, was an Bord dieser Station geschieht oder noch geschehen könnte, und schon gar nicht darüber, was in ihrem Lächeln war, als sie mich an den Türen ihrer und meiner Kabine vorüberzog. Wir vermeiden alle Themen, von denen wir glauben, sie könnten von gemeinsamem Interesse sein.

Die Navigatorin Dora Taylor vermag sehr anregend über die alles durchdringende Präsenz der Mathematik zu plaudern, in der Musik zum Beispiel, rückführbar auf eindeutig zu kalkulierende Strukturen und Zusammenhänge, handele es sich nun um die leichten Etüden Mozarts, die schwermütigen Heldengesänge Miroshnins oder den Donner einer Wagneroper. Musik, Biologie, Genetik, Malerei, Soziologie, das alles und noch viel mehr ist für sie Mathematik, und wenn sie über dieses ihr Steckenpferd referiert, dann scheint sie sich in einen anderen Menschen zu verwandeln, dann ist es, als versachliche sich ihr Gesicht.

Ist es ein Wunder, daß meine Müdigkeit zurückkehrt?

Sehr spät erst, zu spät fast schon, erkenne ich, daß sich hinter ihrer Metamorphose Absicht verbirgt.

Das geschieht zu dem Zeitpunkt, an dem ich, überzeugt, daß sich an diesem Tag, in dieser Nacht, weder meine Wünsche noch meine Wege mit den ihren kreuzen werden, beschließe, meiner Abgespanntheit nachzugeben und endlich schlafen zu gehen.

Genau in diesem Augenblick sagt sie: „Komm!" und nimmt meine Hand.

Und wieder gehe ich mit ihr den Gang entlang, vorbei an fremden Türen und über wandernde Lichtreflexe hinweg, und obwohl sie mich noch immer an der Hand hält, bleibt auch sie mir fremd. In ihrem Gesicht zeigt sich keine Regung. Sie läuft neben mir her wie eine mechanische Puppe. Oder wie jemand, der sich unter dem Druck der Ereignisse entschlossen hat, etwas sehr Unangenehmes, aber eben auch Notwendiges schnellstens hinter sich zu bringen.

Was aber könnte eine Frau wie Dora Taylor als so wichtig empfinden, daß sie sich entschließt, die selbsterrichtete Mauer niederzureißen? Ich rufe mir die Art, in der sie mich aufgefordert hat, die Sonden zu vernichten, ins Gedächtnis. War es da nicht, als sei plötzlich ein Stück der dicken Kruste, die sie bisher umgeben hat, geborsten? Dort auf dem Gang, als sie mir ganz nah war, als sie meinen Arm berührte, da hat sie mir einen Blick in ihr Inneres gewährt.

Weshalb? Was war der Anlaß, der Auslöser? Trägt sie sich etwa mit ähnlichen Gedanken wie ich? Verfolgt sie gar die gleichen Ziele?

Um Himmels willen, Philipp Barrymore! Auf welch abwegige Einfälle bringen dich die Augen dieser Frau? Überlege dir nur, welch ein ungeheurer Zufall es wäre, befänden sich an Bord dieser Station zwei Menschen, die sich mit der Absicht tragen, sie zu vernichten. Nein, Phil! Verstricke dich nicht in derart unsinnige und gefährliche Spekulationen.

Es ist, als bewegten sich deine Gedanken in einem zähflüssigen Brei. Und dabei weißt du doch, daß für dich nichts lebenswichtiger ist, als klaren Kopf zu bewahren. Was, fragst du dich immer aufs neue, könnte diese Frau veranlassen, sich dir in dieser Weise zu nähern, wenn es nicht die gleiche Sorge wäre, wie auch du sie empfindest. Und dabei willst du doch nichts anderes als ihre Nähe.

Ist es vielleicht wirklich Zuneigung?

O Phil! Versteig dich nicht in solch unüberschaubare Regionen. Versuche nicht, die Handlungen Dora Taylors zu interpretieren, die Navigatorin ist kein aufgeschlagenes Buch, in dem du lesen könntest. Laß die Finger von ihr, Philipp Barrymore!

Da ist die Tür deiner Kabine. Laß endlich ihre Hand los und verabschiede dich. Mit einer kleinen spöttischen Verbeugung vielleicht. Laß sie merken, daß sie durchschaut ist. Nun mach schon, Phil, geh endlich!

„Bitte, Phil, laß uns zu mir gehen. Bei dir wäre es mir …, es ist …, in fremder Umgebung fühle ich mich zu unsicher, weißt du?“

So leicht ist es also, dich umzustimmen. Man braucht dir nur ein wenig Verwirrung vorzuspielen, und all deine guten Vorsätze schmelzen dahin wie Eis in der Sonne. Du weißt nicht, was du willst, Philipp McBruns. Gestern maltest du dir aus, wie wunderbar ein Leben an ihrer Seite sein müßte, vor einer Minute noch warst du entschlossen, dich nicht an sie zu verlieren, und nun gehst du doch mit ihr. Nimm dich in acht, Philipp Barrymore! –

Gemeinsames Frühstück am Morgen. Der Morgen nach einem langen Traum. Aber war es ein Traum, der über Alltägliches hinausreichte? Gibt es das überhaupt, was du dir erträumst?

Da begegnet dir eine Frau, die auf dich wirkt, als verspräche ein Leben mit ihr alle Freuden dieser Welt, da vermutest du Glut, die nur eines Anlasses bedarf, um ungehemmt hervorzubrechen, dunkle Augen und heiße Haut. Und wenn sie dann endlich in deinen Armen liegt, dann hast du das Gefühl, daß trotz allem ein Abstand geblieben ist, daß etwas fehlt, der letzte Funke, die Totalität, der Sturz ins Absolute, und du fürchtest, daß diese Distanz sich niemals verringert, auch wenn ihr euch noch so nahe seid.

Es ist die Umgebung, Phil. Diese entsetzliche Kälte um euch her, die selbst die Flammen in euch gefrieren läßt. An Bord dieser Station hat die Liebe kein Domizil.

„Ich werde jetzt gehen, Dora. Ich ..."

„Phil!" Ihre Stimme ist überraschend hell.

Sie ist aufgesprungen, steht vor dir in ihrem dünnen Negligé, steht auf Zehenspitzen, heftig atmend, und du spürst ein Zucken in deinen Händen, aber du hebst die Arme nicht, du verharrst stumm und verkrampft, auch wenn ihr Kuß unerwartet heftig ist.

Und dann abermals ihre Stimme, nah an deinem Ohr und flüsternd: „Sieh dich vor, Phil! Du darfst dir keinen Fehler leisten. Wäge also jeden deiner Schritte sehr genau ab. Und ... und halte dich von Jane Blackwood fern. Unbedingt, hörst du? Sie wäre dein Verderben."

Und du nickst benommen, als habe euer Traum eben erst angefangen. Das Nachdenken wird später kommen. Und vielleicht auch die Hoffnung, du könntest dich deinem Ziel trotz allem genähert haben.

Wenn es sich bei diesen Sonden um Waffen handelt, dann sind sie schlecht konzipiert. Denn die ersten beiden habe ich weisungsgemäß abgeschossen, als wären es hilflose Kaninchen.

Ich mußte nur die Sicherheitsdistanz, die Fächerbreite und den Faktor der Energiedichte programmieren, danach die Sonde auf den Zielschirm bringen, und die Automatik des Werfers erledigte alles Weitere. Es war ein Kinderspiel, kaum der Rede wert.

Was mir Kopfzerbrechen bereitet, das sind die Reaktionen der anderen, die gelassene Ruhe des Commanders, das hintergründige Lächeln Hasketts, vor allem aber die Gleichgültigkeit, mit der Dora die Treffer zur Kenntnis nahm. Sie blickte nicht einmal auf. Als hätte niemand etwas anderes erwartet.

Es war, als hätte man sein junges Leben mit einem riesigen Messer in zwei Teile geschnitten, in ein Bis-jetzt und ein Ab-jetzt.

Sie hatten ihn fortgeführt von den beiden stillen Männern auf dem Pflaster der Straße, über einen dunklen Acker hinweg, der keine Früchte trug, und durch Büsche, deren Dornen nach ihm griffen, als wollten sie ihn festhalten für immer. Das alles war wie ein Alptraum gewesen, aus dem man sich nicht hinausstehlen konnte, den man bis zu Ende träumen mußte, und dazu gehörten auch der dunkle Unterstand irgendwo zwischen den Klippen, in dem sie ihn vorerst verbargen, die stinkende Petroleumlampe und die glimmenden Punkte schweigend gerauchter Zigaretten.

„Was ist mit Pa?" hatte er irgendwann in das Dunkel gefragt, und die Lichtpunkte hatten für eine Sekunde heller geleuchtet.

Und dann, vielleicht eine Minute später, hatte der alte Pickett mit krächzender Stimme Antwort gegeben: „Er war die Bombe, mein Junge!"

Die Welt war nicht eingestürzt, und er hatte nicht verzweifelt gefragt: Warum nur? Weshalb hat er das getan? Er hatte es gewußt. Und begriffen. Und so hatte er weder Trauer noch Mitleid gespürt, sondern etwas wie Hochachtung vor der Konsequenz, mit der sein Vater einen Weg zu Ende gegangen war, obwohl der nicht zum Ziel führen konnte.

Mehr als vierzehn Tage hatte er in diesem Unterstand bleiben müssen, in stinkender, feuchter Luft, die durch seine Kleidung gekrochen war und in seine leichten Schuhe. Einmal war Ma gekommen und einmal Sandy, da waren der alte Pickett und Sandys Vater nach draußen gegangen, aber es war nicht mehr so wie früher gewesen.

Auch nicht, als sie ihn später auf Picketts Dachboden versteckt hatten.

Ma war wie ein Stein gewesen, hart und ohne Leben, sie hatte ihm nur immer gegenübergesessen und ihn angesehen mit ihren tränenlosen Augen, und Sandy war ihm vorgekommen wie eine Holzpuppe, er hatte gefroren, wenn er sie in den Armen gehalten hatte, selbst auf dem Klappbett unter Picketts wärmster, schafwollener Decke.

Da sie sich bewußt waren, daß sie sich in absehbarer Zeit ohne die geringste Chance eines Wiedersehens würden trennen müssen, hatten sie sich bereits unendlich weit voneinander entfernt.

Zwei Monate nach Vaters Tod hatte ihn Pherson dann eines

Nachts mit seinem Boot hinaus auf das Meer gerudert. Während der Fahrt, die länger als zwei Stunden gedauert hatte, war kein Gespräch in Gang gekommen. Er hatte schweigend im Heck des Bootes gekauert, und Sandys Vater hatte nur zwei Sätze über die Lippen gebracht. Einen ganz am Anfang, als sie an Bord der Jolle gegangen waren: „Um deine Mutter werden wir uns kümmern, Junge", und den anderen am Ende, als sie sich einem Schiff genähert hatten, das sacht über das leise glucksende Wasser geglitten war: „Mach uns keine Schande, Junge!" Von Sandy hatte er nicht einmal einen Gruß bestellt.

Das Schiff war ein holländischer Krabbenfänger gewesen, dessen an Auslegern hängende Netze über das dunkle Wasser geragt hatten wie die ausgebreiteten Schwingen eines schwarzen Albatros, und die Männer an Bord hatten in einer Sprache geredet, die ihm seltsam heimisch erschienen war, von der er jedoch kein Wort hatte verstehen können. Sie hatte geklungen wie ein irischer Dialekt, bei dem absichtlich die Vokale vertauscht worden waren.

Von da an ist ihm eigentlich wenig in Erinnerung geblieben. Sein Leben hat erst wieder richtig begonnen, als er in der Stadt Pskow eine vorläufige Heimat gefunden hatte.

Dazwischen lag eine monatelange Irrfahrt durch Europa, eine Odyssee, die ihn immer erneut an fremde Gestade warf, wo er nur wenige Tage, wenn es hoch kam, einige Wochen lang verweilen durfte, zu kurz, um bleibende Eindrücke zu gewinnen. Was weiß ein Stück Treibholz von den Stränden, an denen es, Spielzeug des Windes und der Wellen, vorüberdriftet?

Er hatte das Gefühl, zu einer Sache geworden zu sein, die, sorgsam verpackt, von Hand zu Hand weitergereicht wurde, stumm, eilig und auf so verschlungenen Wegen, daß sie nicht nachzuvollziehen waren. Bis dann plötzlich, nach einer Zeit, die ihm wie hundert Jahre erscheinen wollte, Licht in sein Leben brach, bis das Ziel, das man für ihn ausgewählt hatte, endlich erreicht war. Der unvermittelte Stillstand erschütterte ihn mehr als die bisherige, wie er meinte, unkoordinierte Bewegung, hinter der sich doch ein wohldurchdachter Plan verbergen mußte.

Pskow also hieß die Stadt, in der er zu vorläufiger Ruhe kam. Das war ein Name, der ihm weit schwerer über die Zunge ging als beispielsweise Liisnaskeacoalisheart oder Coandanaglishbofin, es war der Name des Ortes, an dem er sich von etwas erholen sollte, was ihn sein Leben lang belasten würde.

Es ist ein Name, der für fünf Jahre seines Lebens steht, für Jahre, in denen er mehr als in allen vorherigen zusammengenommen gelernt, aber weniger als in einem halben Jahr seines bisherigen Daseins erlebt hat. Von der Bekanntschaft mit Jarina abgesehen. Aber auch die hatte nichts Überschäumendes, sie war ausschließlich von leisen Tönen geprägt, was nicht verhindert, daß sie immer in ihm nachklingen werden.

In gewisser Weise gefiel ihm die Stadt. Sie war größer als die Orte, die er bisher kennengelernt hatte. Sie war sogar größer als Belfast, das er einmal mit Pa besucht hatte, und viel größer als Londonderry. Und sie war von Neubaugebieten umgeben, deren Architektur er als optimal und deren Anlage er als menschenfreundlich empfand. Er begriff nicht, weshalb sie weit weniger beliebt waren als die Wohnviertel im Zentrum, deren wesentlich ältere Häuser sich von denen Belfasts kaum unterschieden.

Was ihm von Anfang an fehlte, das waren die Berge und das ewig unruhige Meer. Das Land um Pskow war flach wie ein riesiger, leerer Kuchenteller, und der suchende Blick trieb hinaus ins Uferlose, ohne Halt und ohne Ziel. Da war nichts, an das er sich hätte klammern können, nichts als endlose Weite, über die im Herbst gigantische Pflüge, im zeitigen Frühjahr breithüftige Säkombines und im Herbst wuchtige Mähdrescher krochen, stets in Staubwolken gehüllt. In den Zeiträumen dazwischen bot sich die Ebene entweder in trostlos weißer Eintönigkeit dar oder als sacht und endlos wogendes Kornfeld. Das schien ihm die kürzeste aller Zeiten, ganz so, als wären die Pflanzen irgendwie Fremdlinge auf diesem glattgehobelten Stück Erde.

Das Wasser der Bucht, die jenseits der Straße bis fast an die Stadtgrenze heranreichte, lag übrigens meist so ruhig in der klaren Luft, daß man meinen konnte, es sei zu Glas geronnen.

Mehr aber noch litt er, zumindest in der ersten Zeit, unter Kontaktmangel. Da waren die drei oder vier Bezugspersonen, die ihn acht bis zehn Stunden täglich in der Landessprache unterrichteten, ihn mit den Besonderheiten der gesellschaftlichen Bedingungen und den Sitten der Region vertraut zu machen suchten und im übrigen von einer aufopfernden Freundlichkeit waren, die er nicht verdient zu haben meinte.

Anfangs war er sehr unglücklich. Obgleich er wußte, daß angesichts der Veränderung, die sich in seinem Leben vollzogen hatte, nichts undankbarer erscheinen mußte als die Niedergeschlagenheit, die er empfand, vermochte er nicht, seine Lage als angenehm oder auch nur annehmbar zu akzeptieren. Ihm war, als sei er in ein Vakuum gestürzt worden. Nach den Wirren und Gefahren, nach den

Abenteuern und Kämpfen, die sein bisheriges Leben ausgemacht hatten, war ihm jetzt, da das, was die Menschen seiner neuen Umgebung ihr Leben nannten, in ruhig sicherem Strom ohne Wirbel und Wellen dahinzufließen schien, als stünde sein Leben still. All die Fäden, die ihn bisher mit der Welt verbunden hatten, waren mit einemmal zerrissen worden.

Er schrieb diese Empfindungen teils dem Umstand zu, daß sein Leben bisher nach ganz anderen Regeln und Maßstäben verlaufen war, teils aber auch der Tatsache, daß ihm Menschen verlorengegangen waren, die er liebte.

Doch hinderte ihn die Einsicht, daß alles, was er bisher als wichtig und notwendig empfunden hatte, in diesem Land längst anderen Aufgaben und Erfordernissen gewichen war, in keiner Weise, die gesicherte Existenz seiner Gastgeber als bedenklich zu empfinden. Er war überzeugt, daß dieses lückenlose System individueller Geborgenheit, in dem es weder Zufälliges noch Unwägbares zu geben schien, notwendigerweise zu einem Mangel an Spontaneität und später sogar zu Lebensuntüchtigkeit führen mußte. Ein immer wiederkehrender Gedanke, der in nicht geringem Maß zu seiner Niedergeschlagenheit beitrug.

Auch deshalb stürzte er sich mit Feuereifer in seine neuen Aufgaben, lernte Fremdsprachen und Mathematik, befaßte sich mit Geschichte und Elektronik, mit Philosophie und Logistik, arbeitete an Computern und Manipulatoren. Schließlich begann er die Wissenschaften als Abenteuer, das es zu bestehen, die Grenzen seines Wissens als Gegner, den es zu besiegen galt, zu empfinden. Und langsam erschloß sich ihm die Zielstellung seiner Existenz, eine Aufgabe, angesichts deren Größe es ihn eiskalt überlief: Er würde sich der Rettung der Menschheit verschreiben, dazu beitragen, Unrecht und Selbstüberhebung aus der Welt zu schaffen. Er war nicht selbstgefällig genug, anzunehmen, daß er dazu in der Lage sein könnte, aber er wollte zumindest ein Zeichen setzen, ein Fanal entzünden.

Von Stund an tat sich eine ganz neue Welt vor ihm auf, fast von einem Augenblick auf den anderen. Hatte er eben noch mit seinem Schicksal, das ihn zur Untätigkeit verdammte, gehadert, so war er nun begeistert von den Möglichkeiten, die sich ihm eröffneten. Plötzlich wußte er, was er immer geahnt hatte: Die Waffen, mit denen er und seine Freunde gekämpft hatten, waren nicht mehr als Kinderspielzeuge gewesen, von den Steinen, die sie als Schuljungen gegen Campzäune geworfen hatten, ganz zu schweigen. Hier erst lernte er die Waffen kennen, mit denen sich die Menschheit ihre Zukunft erobern konnte: Wissen, Erkenntnis und den unbedingten

Glauben an die naturgegebene Gleichheit aller Individuen. Das Bewußtsein, sich endlich den Mitteln gegenüberzusehen, die seinem Selbstverständnis entsprachen, spornte ihn in einer Weise an, die er früher nicht für möglich gehalten hätte.

Er lernte und arbeitete von früh bis spät, und in den kurzen Nächten, in denen er sich die unabdingbar nötige Erholung gönnte, verspürte er im Unterbewußtsein oft Sorge, Zeit nutzlos zu verschwenden. Er war wie in einem Tätigkeitsrausch, und er vermochte nicht einzusehen, daß die Menschen in seiner Umgebung ihren Beschäftigungen nicht mit ähnlicher Ausschließlichkeit nachgingen. Für sie schien das, was er als neu und erregend empfand, längst zur Normalität geworden zu sein.

Die größte Besorgnis aber verursachte ihm ihr unerschütterlicher Glaube an die endgültige, absehbare und dabei doch friedliche Beseitigung der gesellschaftlich bedingten Mängel, unter denen die Menschheit seit Jahrtausenden zu leiden hatte.

Es war ein Volk, das mit jeder seiner Handlungen und jedem seiner Worte den Frieden beschwor, überzeugt, daß allein der Wille zum Frieden das Leben auf diesem Planeten endgültig aus allen Gefahren herausführen könnte.

Er meinte, daß diesem Glauben ein prinzipieller Fehler zugrunde lag, nämlich die Annahme, alle Menschen seien im Besitz eines naturgegebenen Humanitätsempfindens, also eigentlich dem Grunde nach gut, und schlecht, raffsüchtig oder mordgierig nur durch deformierte Gesellschaftsordnungen geworden, und er fürchtete, daß diese Einschätzung sich eines nicht allzu fernen Tages als tödliches Verhängnis erweisen mußte.

Manchmal kamen sie ihm vor wie Kinder, die andere für gut und freundlich hielten, nur weil sie selbst es waren.

Beispielsweise Jarina, Mathematikstudentin mit wundervollen, versonnen blickenden blauen Augen und dunklem Haar, das sie zu zwei langen Zöpfen geflochten trug, eine angehende Wissenschaftlerin mit messerscharfem Verstand einerseits, zum anderen ein verträumtes Kind, das auf die vom Himmel fallenden Wundertaler zu hoffen schien.

Er liebte sie, wie er Sandy geliebt hatte, tief und ausschließlich, und doch war mit ihr alles anders, irgendwie rationaler. Sie verlor sich nie, blieb immer sie selbst; was bei Sandy totale Hingabe gewesen war, zeigte sich bei ihr als freundliches Entgegenkommen auf gemeinsamer Basis. Er hatte keinen Grund, daran zu zweifeln, daß sie ihn ebenfalls liebte, aber ihre Liebe war eine andere als die Sandys, Jarina gab nicht nur, sie nahm auch, und das mit natürlichem

Selbstbewußtsein. Dann wieder konnte sie stundenlang vor sich hin träumen.

Manchmal nahm er sich die Zeit, um mit Jarina hinaus vor die Stadt zu fahren und die Weite des flachen Landes zu genießen, über das meist ein weicher Wind strich, der die Gerüche des Meeres im Norden mit sich trug. Meist schwiegen sie, wenn sie an solchen Tagen nebeneinanderher gingen oder miteinander im Gras lagen, und das war ein Schweigen, das nichts Trennendes hatte, sondern verband. Es war, als befänden sie sich im Inneren einer gemeinsamen Hülle, deren durchsichtige Haut sie von allem, was außerhalb von ihnen war, abschied.

An einem der schönsten Tage des Jahres, als sich auf den Wiesen um Pskow eben die violetten Blüten der Kuhschelle zu öffnen begannen, schauten sie, im sanft wogenden Gras liegend und träumend, den weißen Sommerwolken nach, die wie grotesk verformte Schiffe nach Norden zogen. Irgendwann, sagte er sich, werden sie vielleicht auch über Iverton hinwegziehen, und Sandy wird zu ihnen emporblicken. Kann sein, daß ihre Gedanken dann den Wolken entgegen nach Süden ziehen wie die seinen mit ihnen nach Norden. Ach, Sandy!

Da fiel ein Schatten auf sein Gesicht. Jarina hatte sich halb aufgerichtet, stützte sich auf einen Ellenbogen und sah ihn an. Zwischen ihren Lippen wippte ein Grashalm, und das Ende ihres Zopfes pendelte hin und her.

„War es schlimm, das Leben dort oben im Norden?“ fragte sie leise, ohne den Halm aus dem Mund zu nehmen.

Er war nicht erstaunt, daß sie um seine Reise mit den weißen Wolken wußte, er hatte oft erfahren, wie leicht es anderen fiel, in seinen Gedanken und Gefühlen zu lesen. Was ihn aber verdroß, war, daß ihn auch hier, während er an der Seite eines Mädchens im Gras lag, seine Vergangenheit einholte. „Es ist meine Heimat“, sagte er spröde.

Sie schüttelte den Kopf. „Es war deine Heimat“, korrigierte sie. „Jetzt hast du eine neue gefunden.“

Er schwieg. Wozu sollte er ihr erklären, daß er niemals wieder eine Heimat haben würde? Weder hier noch anderswo. Daß sein Leben von nun an immer nur aus Zwischenstationen bestehen würde.

„Weshalb wärst du sonst ausgerechnet hierhergekommen?“ fuhr sie fort.

Dem Ton ihrer Stimme war zu entnehmen, daß sie sich für die Gründe interessierte, die ihn in dieses Land, an diesen Ort geführt hatten. Er würde sie enttäuschen müssen.

„Es war nicht meine Entscheidung“, sagte er und schloß die

Augen. Er mochte ihre Enttäuschung nicht sehen. Und als sie schwieg, ein stummer Schatten auf seinen geschlossenen Lidern, setzte er hinzu: „Und es ist auch nicht das erste Land, in dem ich ..." Er unterbrach sich, plötzlich erschien es ihm unklug, ihr davon zu berichten, daß man ihn von Land zu Land weitergereicht hatte, um seine Spuren zu verwischen. „Aber es ist wunderschön hier", flüsterte er statt dessen, „wirklich wunderschön." Und dabei sah er wieder den stillen Soldaten vor sich auf der Straße liegen, einen dunklen Fleck auf schwarzem Asphalt.

Sie beugte sich weiter herab über sein Gesicht und küßte ihn. Ganz leicht nur berührten ihre Lippen die seinen, und damit deutete sie ihm an, daß sie seine Absicht, ihr eine Freude zu bereiten, indem er ihre Heimat lobte, sehr wohl bemerkt hatte.

Er sprang auf. „Laß uns gehen", sagte er abrupt. „Auf uns wartet eine Unmenge Arbeit."

An ihrem verweisenden Lächeln erkannte er, daß es ihr abermals gelungen war, seinen Gedanken zu folgen.

Vor den Fenstern ihres Zimmers im Studentenheim hatte sie schneeweiße Draperien angebracht, die sie als Wolkenstores bezeichnete. Wenn er dieses weiße Wunder lange genug betrachtete, dann begannen sich manchmal dessen Formen umzuordnen, oft zu seltsam aufdringlichen Strukturen, die sich, einmal ins Bewußtsein gedrungen, nur schwer wieder auflösen ließen. So sah er eines Abends rechts und links in der Nähe der Wände zwei wie in einem Alptraum erstarrte Atompilze.

Als es ihm nicht gelang, dieses Schreckensbild zu verdrängen, bat er Jarina, die Wolken aus Tüll doch durch einfache Scheibengardinen zu ersetzen, wie er sie von zu Hause gewöhnt war.

„Aber sie sind doch sehr schön", sagte das Mädchen. „Findest du nicht, daß das Zimmer durch sie freundlicher und heller wirkt?"

„Jemand hat die Schönheit eines Atompilzes mit der Morgenröte verglichen. Er sagte, es gäbe nichts Herrlicheres als die Farbenorgie der aufstrebenden Explosionsmassen, und er zog daraus den Schluß, daß die Natur außerstande ist, zwischen Schönem und Entsetzlichem zu unterscheiden."

Sie lachte. „Ich glaube, daß seine Phantasie mit ihm durchgegangen ist, als er das sagte."

„Nein, nein!" erwiderte er. „An diesem Schluß ist etwas Wahres. Gäbe es denn sonst Menschen, die mit dem Gedanken spielen, Millionen anderer Menschen im atomaren Feuer zu verbrennen?"

„Ich weiß, daß es die gibt", sagte sie, plötzlich ernst geworden. „Aber ich weiß auch, daß sie keine Chance haben. Wir sind Milliarden, Phil, sie aber sind nur einige Hundert. Weshalb also sollten wir Angst vor ihnen haben? Es gibt sie, ja! Aber gibt es nicht auch Diebe, Säufer und Mörder?“ Und nach einer kleinen Pause: „Oder Psychopaten und Wahnsinnige?“

„Du meinst also, man müßte sie zu den psychisch Kranken zählen?“

Sie nickte ernsthaft. „Zumindest in gewissem Sinn. Nach meinem Verständnis leiden sie unter psychischen Abweichungen von der Norm.“

Das eigentlich war es, was er nicht begriff: Daß man in diesem Land bereit war, Aggressivität, Vernichtungssucht, Herrschaftsstreben und Selbstüberhebung als eine besondere Art von Krankheit zu betrachten. Es war, als wollte man einen Mörder mit der Begründung entschuldigen, er habe so handeln müssen, weil es in seiner Natur läge.

Diese Menschen schienen in einem angenehm temperierten und schallisolierten Raum zu leben, der sie von allen Gefahren und Wirrnissen der wirklichen Welt abschirmte, nichts von all der menschlichen Niedertracht und Bosheit reichte an sie heran.

Beispielsweise redeten sie nur selten von jenen, die für dieses Land gefallen waren, von den Millionen Ermordeter, und nie zeigten sie etwas wie Zorn auf diejenigen, die all die Toten auf dem Gewissen hatten. Sie sprachen von Frieden und Kooperation, sie boten denen die Hand, deren Krallen sich bereits nach ihren Hälsen reckten. Sie waren wie ihr Land, groß und stark und freundlich, und bei alldem hatten sie sich die Zutraulichkeit wohlgeborgener Kinder bewahrt.

„Ich fürchte, liebe Jarina“, sagte er, „daß eines nicht mehr allzu fernen Tages in diesem deinem Land fürchterliche Blumen und Bäume wachsen werden, nämlich Blumen aus Feuer und Bäume aus zu Asche verbrannten Leibern.“

Da endlich fuhr sie auf. „Nein!“ rief sie, und ihre eben noch verträumt blickenden Augen waren hart geworden. Er sah eine Mischung aus Entsetzen und Zorn in ihnen, und er vermochte nicht zu sagen, was überwog. „Nein!“ wiederholte sie. „Das wird nie geschehen! Denn hierzulande liebt man die Erde und die Menschen. Vor allem aber liebt man das Leben. Und wird es doch ohne Bedenken einsetzen, sobald es sich als notwendig erweisen sollte. Es wäre nicht das erstemal, daß die Völker dieses Landes wie ein Mann zu den Waffen greifen, um ihre Heimat zu verteidigen. Und, Philipp, sie wurden niemals besiegt. Nein, an das Gute im Menschen zu glauben ist kein Zeichen von Schwäche. Das Gegenteil scheint mir der Fall zu sein, ich halte das Wissen um die natürliche Würde des Phänomens Mensch für eine unserer größten Stärken.“

Ihre unpathetische Überzeugung beeindruckte ihn, wenn er ihr auch nicht beipflichten konnte. „Unheilbare Philanthropen seid ihr", sagte er. „Große Kinder!"

Sie nahm es ihm nicht übel, ihre Augen sahen schon wieder sehr verträumt aus. Vielleicht sah sie einen bunten Schmetterling vor sich oder einen sich im Wind wiegenden Grashalm, keinesfalls aber einen Bombentrichter, auf dessen Grund sich schwarzes Wasser sammelte.

Nein, die Gespräche mit Jarina waren nicht dazu angetan, einen kritischen Geist wie den seinen zu beruhigen. Aber sie zeigten ihm, daß er das richtige Ziel gewählt hatte, daß er verpflichtet war, seinen Weg mit all dem unbeugsamen Willen, den ihm eine von schweren Kämpfen geprägte Jugend vermittelt hatte, zu verfolgen.

Mochten sie ihren Kindertraum vom Frieden auf Erden und von einer Welt ohne Waffen weiterträumen, er konnte sie nicht daran hindern, und mochten sie auch Gleichgesinnte finden, deren Anzahl in die Milliarden ging, er würde sich den paar hundert Unbelehrbaren in den Weg stellen.

In den folgenden Jahren arbeitete er womöglich noch härter als zuvor, und immer öfter überkam ihn dabei das Gefühl, von der ganzen Welt zum Kampf herausgefordert worden zu sein. Er trennte sich sogar von Jarina, ein Vorgang, der sich ohne Gefühlsausbrüche oder gar Tränen vollzog. Sie hatte wohl längst begriffen, daß es neben seiner Idee keinen Platz mehr für anderes oder andere gab. Als er ging, sagte sie ihm mit trauriger Stimme, daß er damit rechnen müsse, sein Leben in Einsamkeit zu verbringen.

Von da an widmete er sich fast ausschließlich der Informatik, die er als den einzig gangbaren Weg zu seinem Ziel erkannt hatte. Alle anderen Studien beschränkte er auf das Mindestmaß.

So erreichte er innerhalb eines Jahres auf dem Gebiet der Programmierung von Computern einen Wissensstand, der ihm jedes Geheimnis dieser komplizierten Systeme nahezu im Handumdrehen erschloß. Abermals entdeckte er eine neue und faszinierende Welt, die der elektronischen Strukturen und Verknüpfungen.

In jener Zeit gelang es ihm mehrmals, auf elektronischen Wegen in die internen Netze großer ausländischer und internationaler Informationssysteme einzudringen und streng gehütete Daten abzurufen. Hätte er sich auf die triviale Seite seines Könnens orientiert, es wäre ihm ein leichtes gewesen, beispielsweise erhebliche Summen ausländischer Währungen auf seinem Konto anzuhäufen. Den Nachweis der unverfänglichen Herkunft des Geldes zu führen wäre ihm allerdings wesentlich schwerer gefallen.

Tatsächlich hat er an Gedanken dieser Art nicht eine einzige Sekunde seiner kostbaren Zeit verschwendet. Und hätte er es getan, er wäre sich wie ein Verräter vorgekommen.

Er begann seine Abreise vorzubereiten, als eines Tages auf dem Bildschirm seines Heimcomputers die Begrüßungsformel der amerikanischen Firma South-Western Electronics ausgeschrieben wurde, ein kurzer, militärisch anmutender Gruß, der die Wichtigkeit dieses West-World-Konzerns ebenso dokumentierte wie die Durchführbarkeit eines Planes, von dem anzunehmen war, daß er wesentlich größere Gefahren als Gewinnchancen bot.

Er buchte einen Flug nach Havanna, der Hauptstadt Kubas, aber er wußte, daß er nie dort eintreffen würde. Und an den Gesichtern derer, die ihn in all den Jahren mit größter Opferbereitschaft unterstützt hatten, sah er, daß auch sie es wußten. Er konnte nur hoffen, daß sie seine wahren Gründe wenigstens ahnten, es wäre ihm äußerst unangenehm, hätte man ihn damals für einen Überläufer gehalten.

Die Auserwählten

Dora ist und bleibt mir ein Rätsel. Ihr Verhalten und noch mehr ihre Worte können doch nichts anderes bedeuten, als daß sie um meine Mission hier an Bord des angeblichen Forschungssatelliten Odin weiß. Wäre sie nicht bereits über bloße Vermutungen, und zu Vermutungen habe ich sicherlich mehr als einmal Anlaß gegeben, hinausgelangt, dann hätte sie sich vielleicht mit einer Andeutung, mit einer versteckten Frage Gewißheit zu verschaffen versucht. Wahrscheinlich aber hätte sie mir unumwunden erklärt, wofür sie mich hält. Denn das entspräche ihrer geradlinig rationellen Art am ehesten. Keins von beiden hat sie indes für richtig befunden, sie hat mich im Gegenteil zur Vorsicht gemahnt. Nun gut, das kann der Eingang zu einer Falle sein, vor allem der Hinweis auf Jane, aber dahinter kann sich auch viel mehr verbergen. Bestimmt aber ist es der zweifelsfreie Beweis, daß Dora über Kenntnisse verfügt, die mir nicht gleichgültig sein können. Wobei mir die Frage nach den Quellen ebenso wichtig erscheint wie die nach Art und Umfang.

Noch vor kurzem war ich der Überzeugung, daß es zwischen uns wichtige Übereinstimmungen geben müsse, eine ähnliche Zielstellung zumindest. Vielleicht spürte ich deshalb nach einem ersten Schreck, der ohnehin geringer ausfiel, als ich mir in vielen Stunden Nachdenkens ausgemalt hatte, eine tiefe Genugtuung, endlich nicht mehr allein auf mich gestellt zu sein, jemanden an meiner Seite zu haben, dem ich mich im Notfall anvertrauen könnte. Und sei es auch nur in genau abzusteckenden Bereichen.

Diese Hoffnung ist nun jedoch wieder der ursprünglichen Besorgnis gewichen. Denn jetzt scheint es nichts mehr von dem zu geben, was zwischen uns im Entstehen war. Zumindest von seiten Doras nicht mehr. Sie ist zu ihrem anfänglichen Verhalten zurückgekehrt. Ein distanzierender Ring aus Nichtbeachtung umgibt sie wie eine undurchdringliche Mauer.

Ich kann nicht sagen, daß mich das kaltließe, denn nun habe ich das Gefühl eines Menschen, der am Rand eines Vulkankraters steht und genau weiß, daß in allernächster Zeit ein Ausbruch erfolgen wird. Ich spüre die Glut förmlich unter meinen Fußsohlen.

Während der Zeit meiner Vorbereitungen habe ich mir für alle möglichen Situationen Pläne zurechtgelegt, doch jetzt muß ich mir eingestehen, daß unter diesen speziellen Bedingungen nicht einer von ihnen funktionieren würde.

Nur eins erscheint mir absolut sicher: Ich darf es nicht auf eine Enttarnung ankommen lassen. Denn auch zu leugnen hätte keinen Sinn mehr. Selbst der unbewiesene Verdacht wäre tödlich, die Space Force kann sich keine Risiken leisten. Und das nicht so sehr wegen der Geheimhaltung technischer oder organisatorischer Strukturen, sondern wegen der Gefahr der Offenlegung des wahren Charakters dieser Großstation. Die Zahl derjenigen, die allein deren Existenz als verwerflich empfinden würden, ist ohnehin in ständigem Steigen begriffen.

Der Wille zum Frieden hat sich als äußerst ansteckend erwiesen.

Ich versuche mir vorzustellen, auf welche Art meine Enttarnung vor sich gehen könnte. Selbstverständlich wird sich Dora an Dienstweg und Reglement halten. Wie ich sie kenne, sogar mit peinlicher Genauigkeit. Immerhin hat sie eine fünfjährige Kadettenausbildung in Shokers Point genossen. Das läßt sich nicht abschütteln. Niemals. Das hält ein Leben lang.

„Commander Morris!" wird sie also sagen und dabei Haltung annehmen, wie es sich gehört. „Sir, ich habe zu melden, daß sich an Bord dieser Station ein feindlicher Agent befindet. Folgende Umstände haben meine Aufmerksamkeit erregt: Erstens ..." Und dann wird sie aufzählen, was alles ihr an meinem Verhalten aufgefallen ist. Vielleicht wird sich ein Punkt ihres Berichtes sogar mit unserer Nacht beschäftigen. Und während sie spricht, wird sie mich im

Auge behalten, und ich werde feststellen, daß ihre Augen nur noch dunkel sind, sehr dunkel und überhaupt nicht mehr schön, und sie wird ihre Ermittlungen unbewegten Gesichtes vortragen und mit detailgenauen Beobachtungen belegen. Es wird ausreichen, mich zu erledigen.

Nein, zu leugnen wäre sinnlos. Was am Ende stünde, wäre nicht nur eine Vermutung, ein Makel, sondern der überzeugende Schuldbeweis.

Was also ist zu tun?

Eigentlich hast du keine Wahl, Philipp Barrymore. Du wirst die Station im Augenblick deiner Enttarnung vernichten müssen, unverzüglich und vollständig. Ohne Rücksicht auf dein eigenes Leben oder das irgendeines anderen hier an Bord.

Die Methode dazu hast du dir längst zurechtgelegt. Du mußt lediglich die Laserbatterie gegen die geschlossenen Schotte des Arsenals abfeuern, die rasende, in den Räumen der Station gefesselte Energie wird sich ihren nuklearen Weg bahnen, gewaltsam, wie es ihrer Natur entspricht, und dieser Riesensatellit wird sich in Bruchteilen einer Minute in einen wabernden Glutball verwandeln, in einen berstenden Vulkan im Orbit. So einfach ist das, mein Lieber!

Und es gibt keine bessere Lösung.

In der nächsten Hundewache werde ich die entsprechenden Schaltungsänderungen am Steuergerät des Laserwerfers vornehmen. Hoffentlich gewährt mir Dora die notwendige Galgenfrist. Ach, Dora!

Ich habe mich überlisten lassen, ich habe reagiert wie ein blutiger Anfänger, nämlich überhaupt nicht.

Mir ist eine Sonde entwischt.

Vielleicht lag es an der Grübelei der letzten Stunden oder an dieser undurchsichtigen und unerfreulichen Situation selbst, an der Tatsache vermag auch die Kenntnis der Gründe nichts zu verändern. Mag sein, daß es mir bei gewohnter Konzentration gelungen wäre, mich der neuen taktischen Variante sofort anzupassen, aber das ist jetzt unerheblich. Es ist mir nicht gelungen, und nun kann ich mich des Gefühls nicht erwehren, eine nicht wiedergutzumachende Niederlage erlitten zu haben.

Diese dritte Sonde war mit einer Antilaserhaut ausgerüstet, einem spiegelnden Metallüberzug, auf den weder die Optik noch das Zielgerät ansprachen. Er demonstrierte seine Qualitäten erst im Moment des Treffers, dann aber in einer Art, die beeindruckte. Ein silberner Blitz von solcher Intensität, daß die Außensensoren unverzüglich Alarm auslösten. Die Energiedichte des auftreffenden Reflexes entsprach etwa der eines Volltreffers aus einem mit maximaler Fächerbreite feuernden feindlichen Werfer. Der Energiestoß brachte die Odin ins Taumeln, als sei sie mit einem Meteoriten zusammengeprallt.

Auch jetzt steht noch ein Rest des Schreckens in den Gesichtern um mich her. Selbst der Commander und Doktor Haskett scheinen verblüfft über die Kraft der zurückflutenden Energiewelle, obwohl nach Lage der Dinge gerade sie damit gerechnet haben müßten. Sie benötigten zwei, drei Sekunden, ehe sie sich faßten und ein Lächeln des Triumphes ihre Mundwinkel zu kräuseln begann.

Jetzt befindet sich die Sonde längst außerhalb des Bereiches der Zielautomatik. Sie muß sich nach dem Schuß mit unglaublicher Geschwindigkeit entfernt haben, mit Beschleunigungswerten, von denen ich bisher annahm, sie lägen jenseits der zur Zeit möglichen Parameter. Entsprechende Überraschung dürfte mein Gesichtsausdruck verraten haben. Vielleicht deshalb ist im Lächeln meiner beiden Chefs eine Spur von Ironie nicht zu verkennen.

Sogar Dora wird durch das Entkommen der Sonde zu einer ersten Reaktion veranlaßt. Sie sieht kurz herüber, auch um ihren Mund hat sich ein spöttischer Zug eingegraben. Ihre Blicke aber sind ein einziger Vorwurf.

Hundewache. Ein überkommener Begriff aus der Seefahrt vergangener Jahrhunderte, entstanden zu einer Zeit, in der die Navigation am Tag vom Sonnenstand und bei Nacht von der Stellung der Gestirne abhing, die Zeit zwischen Mitternacht und vier Uhr morgens.

Eine Zeit relativer Ruhe auch an Bord der Odin, die Stunden vor Beginn des offiziellen Tagesdienstes, die Stunden der wachsamen Automaten.

Mein Dienst geht in die sechzehnte Stunde, und obwohl ich nicht mehr als drei Pausen eingelegt habe, die zudem noch sehr kurz waren, unumgänglich notwendig, um einen Happen zu essen, fühle ich mich ungewöhnlich frisch, die Erregung angesichts dessen, was ich jetzt in Angriff zu nehmen habe, läßt wohl keine Müdigkeit aufkommen.

An das leise Summen der Potentiale in den Leitungen, an das schleifende Öffnen oder Schließen einer Blende, an das Vibrieren eines Fächerantriebs hat man sich längst so gewöhnt, daß diese leisen Geräusche untergehen, daß sie zum Hintergrund der eigenen Gedanken werden.

Die Station passiert soeben die Küste Alaskas. Über das Gletschermassiv nördlich von Anchorage schwimmt ein verwaschener Fleck hellen Lichtes, das Abbild der Sonne, tausendfach gebrochen durch Klüfte, Schroffen und Felsbrocken, die das ewige Eis durchbrechen.

Dies ist meine Zeit. Ich lasse mich aus dem Sessel gleiten, gehe vor dem Gehäuse der Werfereinheit in die Knie und öffne die Abdeckung. Wohl an die hundertmal habe ich jeden einzelnen Handgriff in Gedanken durchgespielt, den Übersichtsschaltplan der Anlage habe ich im Kopf, die Detailpläne der einzelnen Moduln sind, obwohl ich sie aller Voraussicht nach nicht benötigen werde, im Handcomputer gespeichert.

Eigentlich hätte ich nichts zu tun, als einen dieser Moduln zu entfernen, den Öffnermodul der Fächerblenden, doch von dem Moment an säßen wir auf einem Pulverfaß mit brennender Lunte, Doras Verhalten wäre kein Kriterium mehr, einerlei, ob sie Meldung erstattet oder nicht, der nächste Schuß würde unweigerlich die totale Vernichtung der Station nach sich ziehen.

Die Angelegenheit ist also komplizierter, wenn auch nicht so kompliziert, daß sie sich nicht innerhalb weniger Minuten lösen ließe. Der Öffnermodul ist über einen der Schalter zu führen, mehr nicht, bei geschlossenem Schalter wird sich die Blende, das Auge des Lasers, nicht öffnen, das ist alles. Ein kleiner Schalter wird durch seine Stellung Überleben oder Vernichtung veranlassen, vielleicht gar Überleben oder Vernichtung der Menschheit, zu solcher Absurdität hat es das einzige vernunftbegabte Lebewesen im Sonnensystem gebracht. Die Stellung eines Schalters von der Größe meines Daumennagels entscheidet über Abbruch oder Weiterführung einer Jahrmillionen währenden Evolution.

„Hallo, Phil!“

Da ist es also geschehen. Dora steht hinter mir, das Gesicht unbewegt, in den dunklen Augen ein Ausdruck, mit dem früher die eines spanischen Granden den Todeskampf eines abgestochenen Stiers betrachtet haben mögen, gedämpftes Interesse, aber keine Spur von Anteilnahme.

„Kleine Reparatur! Ein Schalter ist ausgefallen. Dieser hier.“ Der erfolglose Versuch einer Notlüge, nicht überzeugender als der eines ungezogenen Kindes, das sich durch rote Ohren verrät.

Doras Lippen kräuseln sich zu einem überlegenen Lächeln. Selbstverständlich glaubt sie mir nicht.

Vorsichtig, Millimeter für Millimeter, nähere ich meine Hand der Ausbauchung unter der Oberschenkeltasche meines Kampfanzugs. Das Laserrohr, die vorletzte Möglichkeit.

„Eine Reparatur? Heimlich? Ohne die Basis oder zumindest den Commander zu verständigen? Philipp McBruns, wer soll dir das glauben?“

„Wozu unnötigen Aufwand treiben, Dora? Es ist eine Lappalie. Ein kleiner Schalter. Was ist das schon?“

„Das Detail ist nicht weniger wichtig als das Ganze. Ein winziger Schalter kann über Leben und Tod entscheiden. Muß ich dir das wirklich sagen?“

Da endlich habe ich die Waffe in der Hand, reiße sie hoch, die Mündung um das Maß einer Spanne unter Doras Kinn.

Sie ist, wie es scheint, nicht im mindesten erschrocken, im Gegenteil, das eben noch überlegene Lächeln wird um eine Spur persönlicher. „Alle Achtung, Phil“, sagt sie. „Offenbar bist du entschlossen, bis zum Äußersten zu gehen.“

„Ich habe keine Wahl, Navigatorin. Ich werde dich töten. Und dann wird mir ein Grund einfallen, weshalb ich es tat.“

Sie geht langsam in die Knie, wobei sie den Blick nicht von meinem Gesicht läßt, sie ist mir ganz nah, so nah, daß jetzt ihr Kinn die Waffe in meiner Hand berührt. Eine groteske Situation, von der ich nicht weiß, wie ich sie meistern soll.

„Das wirst du nicht, Phil“, sagt sie, und ich spüre ihren Atem, so nah ist sie mir. „Denn ich bin auf deiner Seite.“

Ein Funke von Hoffnung. Die Waffe beginnt zu schwanken, doch dann verkrampft sich meine Hand um den Kolben. „Beweise es, Dora!“

Sie hebt ihre Rechte, langsam und mit äußerster Vorsicht, schiebt die Mündung zur Seite, aber das alles, ihr Lächeln und ihre Augen, kann ein Trick sein, wie von selbst vollendet der Laser seinen Kreis und kehrt zum Ausgangspunkt unter ihrem Kinn zurück. Ein wenig zu heftig vielleicht, denn sie zuckt unter der Berührung des Metalls zusammen.

„Beweise es!“

„Ich vermute seit Wochen, daß du ein anderer bist, als du zu sein vorgibst, Philipp McBruns. Trotzdem habe ich keine Meldung erstattet. Ist das nicht Beweis genug?“

„Vielleicht. Vielleicht aber auch nicht. Wie kann ich sicher sein, daß du dich nicht morgen oder übermorgen entschließt, dein Wissen gegen mich zu benutzen?“

Sie hebt die Schultern. „Das ist dein Risiko, mein Lieber.“

„Und wenn ich mich weigere, deinen Beweis anzuerkennen?“

„Dann wirst du deinen einzigen Verbündeten hier an Bord verlieren, Philipp McBruns, oder wer du sonst bist. Überleg es dir also ganz genau.“

„Von dieser Entscheidung hängt sehr viel ab.“

„Ich weiß. Sehr viel. Möglicherweise sogar alles.“

„Eine ungeheure Verantwortung. Zu groß für einen einzelnen.“

Sie nickt bedächtig. Längst hat sich meine Waffe so weit gesenkt, daß die Mündung Dora nicht mehr berührt. „Wer sich einer solchen Aufgabe verschreibt, der muß mit psychischen Lasten rechnen, die über das normale Maß hinausgehen. Er muß mehr tragen können als andere. Wir beide, Phil, leben nach anderen als den üblichen Maßstäben."

Ich widerspreche ihr nicht. Weil mir derartige Gedanken nicht ganz fremd sind. Obwohl ich nie wirklich an meiner Normalität ge-

zweifelt habe. Denn ich halte es für normal, daß sich Menschen gegen ihren Untergang zur Wehr setzen. Und ich halte es auch für normal, daß sie sich dabei der Mittel bedienen, die der Gefahr adäquat sind. Dem steht auch nicht entgegen, daß solche Menschen dazu verurteilt sind, Einzelgänger zu bleiben.

Ich ziehe die letzten Schräubchen an und schließe die Abdekkung. Nun ist alles bereit.

„Sag mir, was du verändert hast, Phil. Und wozu."

Ein Teil meines Argwohns kehrt bei dieser Frage sofort zurück. „Es war eine Reparatur, Dora, wirklich! Noch heute morgen werde ich einen entsprechenden Bericht in den Tagesrapport geben."

Da lächelt sie wieder, und in ihren Augen blitzt dieser wunderbare Funke auf.

„Nicht nötig, Phil", sagt sie. „Nicht meinetwegen!"

Auch die nächste Sonde ist mir entwischt. Es ist wie verhext. Obwohl ich die Wirkung dieses neuartigen Antilasersystems in Rechnung gestellt und das Eliminierungsprogramm so erweitert habe, daß sofort nach Eintreffen der Reflexwelle eine mit Fusionskopf bestückte Jagdrakete in Marsch gesetzt wird, endete auch dieser zweite Versuch mit einem Fiasko für mich. Mit einer persönlichen Niederlage, denn als nichts anderes kann ich diese Serie von Fehlschüssen empfinden.

Und die anderen scheinen diesen Vorgang ganz ähnlich zu interpretieren, nur gehen sie eben vom gegenteiligen Standpunkt aus, meine Niederlage ist ihr Erfolg. Für Morris und Haskett, auf deren Gesichtern ich den Ausdruck tiefer Genugtuung erkennen kann, ist es der Beweis, daß es gegen ihre neuen Silberpfeile kein Gegenmittel gibt, für Brake und Newman einfach eine Quelle reiner Schadenfreude, während Skelton und seine Freundin Liliana wohl nur verblüfft darüber sind, daß der beste Laserleitoffizier der Vereinigten Staaten neuerdings Löcher in den Orbit schießt. Lediglich Dora scheint etwas wie Betroffenheit zu empfinden.

Jane Blackwood ist die einzige, deren Gemütszustand mir verborgen bleibt; sie hat sich weit über die Lokationsanlage gebeugt und arbeitet mit an Verbissenheit grenzender Konzentration. Nur in größeren Abständen blickt sie flüchtig auf, und dann glaube ich zu erkennen, daß es ausschließlich die technische Seite der Angelegenheit ist, was sie beschäftigt.

Bereits nach weniger als fünf Minuten hat sie den gesamten Hergang des Fehlschusses und die Reaktionen des Zielkörpers rekonstruiert und dokumentiert, eine Leistung, die eigentlich mehr Anerkennung verdient hätte als das indifferente Nicken des Commanders.

Der Gesamtablauf ist, nachdem er in seine Wirkungskomponenten zerlegt wurde, absolut einleuchtend: Die auftreffende Laserenergie erzeugt einen so hohen Reflexdruck, daß die Sonde von der Station weggetrieben wird, und das wesentlich schneller, als ihr Eigenantrieb das selbst bei Höchstleistung zuwege brächte. Wahrscheinlich wird diese Fremdenergie noch zusätzlich zur Unterstützung der Marschtriebwerke herangezogen.

Beides addiert, verleiht dem Projektil Beschleunigungswerte, gegen die selbst die Hochleistungsantriebe der Killerraketen nichts auszurichten vermögen.

Die Kenntnis dieser an sich simplen Zusammenhänge beruhigt mich etwas, denn allein sie sorgt für eine relative Wertminderung des Antilasersystems. Beim nächsten Test werde ich auf die Laseremission verzichten und sofort eine Jagdrakete einsetzen. Ich glaube nicht, daß mir noch eine weitere Sonde entgehen wird.

Es gibt keinen weiteren Test. Die Zielübungen werden, ich vermag nicht zu ermitteln, ob zeitweise oder grundsätzlich, abgesetzt. Zwar lassen sich weder der Commander noch Haskett zu einer Erklärung herbei, aber am Abend dieses wieder sehr ruhig verlaufenen Tages wird unter den Offizieren der Station gemunkelt, daß eine entsprechende Weisung des Pentagons ergangen sei. Angeblich ist seitens der Ostblockstaaten ein massiver Protest gegen die nuklearen Explosionen im Orbit an den Präsidenten gerichtet worden.

Genaueres ist jedoch nicht zu erfahren, der Commander schweigt sich aus.

Eine andere Unsicherheit habe ich allerdings beseitigen können. Für Doras Verhalten mir gegenüber, das ich anfangs als ziemlich verwirrend empfand, gibt es nämlich eine einleuchtende Erklärung. Obwohl unsere gemeinsamen Nächte nicht die geringsten Gemeinsamkeiten bei Tage im Gefolge haben, finde ich jetzt an dieser Art von Beziehung nichts Ungewöhnliches mehr. Im Gegenteil, nun, da ich sie genau durchdacht habe, scheint sie mir auf die in diesem Fall einzig mögliche Basis gestellt zu sein.

Das Zauberwort, das mir, zumindest in bezug auf Doras Verhalten, die innere Ruhe zurückgegeben hat, heißt: Konspiration. Wenn wir an Bord einer Station wie der Odin, in einer kleinen gesellschaftlichen Einheit also, als Paar gelten würden, so fiele ein eventueller Verdacht niemals nur auf einen von uns. Der Gedanke an Komplizenschaft läge notwendigerweise auf der Hand, würde einer von uns enttarnt, man würde ab sofort hinter die vermeintliche Maske des anderen zu blicken versuchen, würde ihn beargwöhnen, beobachten, ihm Fallen stellen, und selbst wenn er nicht enttarnt werden würde, er könnte sich niemals mehr frei bewegen.

Es entspricht also der Vernunft, oder besser, den konspirativen Erfahrungen, wenn solche Gemeinsamkeiten tunlichst verborgen bleiben.

Meist bin ich mir ganz sicher, daß dies der einzige Beweggrund Doras ist, dann aber wieder, vor allem, wenn ich mich nach einer Berührung, nach ihrem Lachen oder den Funken in ihren Augen sehne, beginne ich erneut zu zweifeln. Und fürchte, hinter Doras Verhalten müsse sich ein Geheimnis verbergen, das mir eines Tages zum Verhängnis werden könnte. –

Newman und Brake verlassen die Zentrale. Als Harold Newman hinter dem Sessel der Zielanlage entlanggeht, bleibt er plötzlich stehen und legt mir beide Hände auf die Schultern.

„Mach dir nichts draus, Phil", sagt er, und ich glaube aus seiner Stimme tatsächlich eine Spur von Anteilnahme herauszuhören. „Versuch das Ganze von der positiven Seite zu nehmen. Wenn es schon dir nicht gelungen ist, die Dinger abzuschießen, dann kann es keiner. Auch die Russen nicht."

Dann verschwindet er endlich, und je länger ich seinen Worten nachlausche, um so sicherer bin ich, daß sie ehrlich gemeint waren.

Brake geht zwar wortlos, aber auch er berührt meinen Arm. Anders als Newman, zögernd, fast wie unabsichtlich.

Das waren Gesten, die ich nicht erwartet hatte, die mir in einer anderen, einer ganz anderen Situation wahrscheinlich gutgetan hätten, jetzt und hier machen sie mich betroffen, weil sie mir etwas geben, was ich nicht haben will. Nicht von denen.

Schließlich geht auch Glenn Morris. Mit einem Lächeln, das um eine Spur breiter geworden ist. Nur gut, daß er sich der allgemeinen Beileidsbezeigung nicht auch noch anschließt.

Am späten Abend löst mich Howard Skelton ab. Da ich nicht überzeugt bin, nach den Ereignissen dieses Tages sofort einschlafen zu können, entschließe ich mich zu einem Besuch der Offiziersmesse. Es ist einer der Entschlüsse, die eine gewisse Überwindung voraussetzen, denn ich habe stets das Gefühl, im privaten Umgang mit meinen derzeitigen Kameraden noch mehr Vorsicht walten lassen zu müssen als im Dienst, wo mich die Konzentration auf meine Arbeit abschirmt. Bei außerdienstlichen Begegnungen vermag ich mich nie richtig zu entspannen, auch angesichts der in der Messe üblichen Blödeleien nicht. Immer bin ich irgendwie auf dem Sprung, versuche sowohl mein eigenes wie auch das Verhalten der anderen zu analysieren, fürchtend, durch ein vorschnelles Wort, eine unbedachte Geste eine Bresche in die mühsam errichtete Tarnung zu schlagen. Solche Abende sind anstrengender als nächtelanger Dienst.

Drüben in der Ecke neben dem geöffneten Kantinenfenster sitzt Liliana Brix, allein an einem Zweipersonentisch, hingebungsvoll Fruchtsaft trinkend, ein kleines Lächeln um die Augen, ihr besonderes Lächeln. Eine ungewöhnliche Situation, Liliana ohne Skelton, dessen Dienst eben begonnen hat. Wieder überschwemmt mich etwas, dem ich nicht zu wehren vermag.

Als sie mich, aufblickend von ihrem Glas, unschlüssig zwischen den Tischen stehen sieht, vertieft sich ihr Lächeln zu einem inneren

Leuchten. Sie winkt und deutet auf den freien Stuhl ihr gegenüber. „Setz dich zu mir, Phil!"

Dann schweigt sie lange, während ihr Blick über die Köpfe der Männer hingeht, ohne daß ihre Augen etwas zu sehen scheinen. Schließlich schaut sie mich an mit einem etwas trägen Lächeln, das mir unter die Haut geht, weil es gleichzeitig zu fordern und zu versprechen scheint, und sagt: „Weißt du, Phil, daß Howard Skelton ein verdammter Schwächling ist?"

Ihr Atem riecht nach Alkohol.

Sie sieht meinen Blick, setzt ihr Glas ab und wird plötzlich sehr ernst. „Na und?" fragt sie. Und danach: „Ich hoffe, du weißt etwas Besseres, als dich hier zu besaufen."

Da stehe ich auf, zugegebenermaßen mit einer gewissen Überwindung, und gehe zwischen den vollbesetzten Tischen hindurch nach dort, wo Bergerson, Brake und Newman Big Boss spielen.

Als ich an den Tisch herantrete, hebt Bergerson den Kopf und blickt mich lange an. Mir fällt auf, daß er sehr müde wirkt, um seine Augen spinnt sich ein Netz vieler kleiner Fältchen, die ich gestern noch nicht bemerkt habe.

„Wußtest du das noch nicht?" fragt er leise, mit einer knappen Kopfbewegung hinüberdeutend zu der blonden Frau am offenen Kantinenfenster. Dann wendet er sich wieder dem Spiel zu, für mich ein Zeichen, daß er keine Antwort erwartet.

Big Boss ist eine Art Canasta, bei dem jeder der Gegner des anderen ist. Als Ziel gilt, möglichst viele und möglichst hohe Wertkarten in die Hand zu bekommen und die wertlosen Blätter abzustoßen. Wenn es die Spielsituation geraten erscheinen läßt, darf man sich mit einem Partner zusammentun, wodurch für eine gewisse Zeit aus Gegnern Kompagnons werden, allerdings auf Kosten der Gewinnhöhe. Üblich ist, zumindest hin und wieder zu zweit gegen die anderen, im Falle dieser drei gegen den anderen zu agieren. Bei der Schärfe, in der Brake und Newman dieses Spiel betreiben, geht eine solche Partnerschaft jedoch meist schon nach wenigen Stichen in die Brüche, nämlich spätestens dann, wenn einer von beiden die besseren Karten zu haben meint. Eine Situation, die der eine meist mit lautem Gelächter, der andere mit mehr oder weniger gut getarntem Zorn quittiert.

Sie spielen, als hinge ihr Leben davon ab, kennen alle Tricks und kein Pardon, und dementsprechend lange dauert eine Runde, meist kaum weniger als die halbe Freiwache.

Eine Weile beobachte ich das Spiel, es geht um Aktien, Rentenpapiere, Makulatur und Obligationen. Newman nimmt Brake, nachdem er ihm kurz zuvor die Partnerschaft gekündigt hat, sämtliche Werte ab und verliert sie gleich darauf an Bergerson, nach einer halben Stunde haben sich Verlust und Gewinn so eingepegelt, daß der Spielstand der Ausgangssituation nahekommt. Man muß wohl eine spezielle Einstellung zu Geld haben, um Big Boss interessant zu finden.

Bergerson trinkt sein Glas aus und steht auf. „Du könntest für mich einspringen, Phil. Nur für eine Stunde. Ich würde gern zu Abend essen."

Bergerson sieht nicht mehr ganz so müde aus wie noch vor einer halben Stunde. Sein Gewinn scheint ihn aufgemuntert zu haben.

Das Spiel stockt, die beiden anderen blicken von ihren Karten auf, grinsen, ich bin kein Gegner für sie, nicht in einem Spiel wie Big Boss, Bergerson würde Verluste hinnehmen müssen.

„Na, mach schon, Phil!"

Nein, ich werde nicht für ihn spielen. Dieses Feilschen um Aktien und Obligationen liegt mir nicht, selbst wenn ich die Systematik des Spiels nach wenigen Minuten erkannt, die Tricks und Kniffe durchschaut hätte, Spaß an der Sache könnte ich nie empfinden. Ich lehne also ab.

Da setzt sich Bergerson wieder, nimmt seine Karten auf und fächert sie mit schnellen Fingern auseinander. „Sieh dir das an, Phil! Ein Blatt, wie es besser nicht sein könnte. Jede Menge Regierungspapiere, Außenstände bei Harold und einen Riesenkredit bei Lester. Mit diesem Blatt kann man gar nicht verlieren."

„Du irrst dich, Peer. Ich könnte."

„Na, und wenn schon? Ich käme schnell wieder auf die Beine. Nur etwas essen müßte ich jetzt, weißt du."

„Tut mir leid. Ihr werdet unterbrechen müssen. Ich mag keine Kartenspiele."

„Mein Gott, Phil! Wie kann man nur so stur sein. Ein Kerl wie du und keine Karten? Ist das denn möglich? Wir werden gewinnen, haushoch und ohne das geringste Risiko. Leichtes Geld! Oder magst du auch Geld nicht?"

Da spürst du, daß sich Spannung aufbaut, siehst, wie sie aufmerken, vor allem Brake, dessen langsam und genau arbeitender Verstand Ungewohntes mit Gefahr gleichzusetzen pflegt. Aber du kannst jetzt nicht über deinen Schatten springen.

So hebst du betont nachlässig die Schultern und sagst: „Was ich brauche, habe ich."

Und die anderen blicken dich an, als seist du irgendein gefährliches Wundertier.

„Ich glaube", sagt Brake schließlich schleppend in die Stille hinein, „der Commander liegt mit seiner Vermutung gar nicht so daneben. So reden Kommunisten. Habe ich recht, Captain McBruns?"

Wieder zieht sich dir die Kopfhaut zusammen, fast schmerzhaft nach diesem Wort, das nun schon zum zweitenmal innerhalb weniger Tage gefallen ist. Wann wird man das im Ernst von dir sagen, Philipp Barrymore?

Das sind Augenblicke, in denen du deinen Entschluß verfluchst, in denen du dich ganz weit wegwünschst, und sei es auch nach Calman's Edge zu den Hexen und den leuchtenden Wäldern, den Gunslingern und deren verfluchtem Gras in den Dachtraufen. Alles, nur nicht diese Sorge, der selbstgestellten Aufgabe am Ende doch nicht gewachsen zu sein.

„Du spinnst ja, Mensch!" sagst du mit brüchiger Stimme.

Und da geschieht Erstaunliches: Bergerson pflichtet dir, ein wenig ungehalten sogar, bei. „Da hat er nun wirklich recht, Lester", sagt er laut, zu laut fast. „Du solltest besser auf deine Worte achten."

Und Brake legt seine Karten auf den Tisch, vorsichtig, mit den Rückseiten nach oben, und steht langsam auf. Sein Gesicht ist plötzlich ganz weich geworden. So tritt er, dir die Hand bietend, nah an dich heran. „Entschuldige, Phil!" sagt er, offensichtlich um Konzentration bemüht. „Ein Scherz ..., ein schlechter ..., zugegeben." Und dann, endlich gesammelt: „Ich würde niemals im Ernst glauben, daß du ein Kommunist sein könntest. Du doch nicht, Phil!"

Und du, Philipp McBruns, schlägst lächelnd in seine dargebotene Hand ein. Was bleibt dir anderes übrig?

Später dann sitzt du mit an ihrem Tisch, ohne Interesse das Hin und Her registrierend, den Reichtum Brakes, der nicht länger als eine halbe Stunde anhält, Bergersons sozialen Abstieg zum Habenichts und Newmans erfolgreiche Spekulationen, Verhältnisse, die sich bald darauf total umkehren. Du trinkst deinen Ginol-Tonic, ein Harzderivat mit leicht säuerlichem Wacholderbeergeschmack, kaum alkoholhaltig und doch mit den momentanen Folgen eines Vierzigprozentigen, allerdings ohne jede Nachwirkung. Brake bezeichnet Ginol-Tonic als Segen für die Menschheit, dir ist es einerlei, denn du würdest nie solche Mengen Alkohol trinken, daß du Nachwirkungen zu befürchten hättest.

Gegen Mitternacht knallt Newman sein Blatt plötzlich auf den Tisch und springt auf. Hinter ihm stürzt der Sessel mit Gepolter um. Doch niemand um uns her nimmt den Lärm zur Kenntnis, hier brauchte es mehr, um die Decke aus Trägheit zu zerreißen.

„Da bin ich also tatsächlich fertig!" stellt Newman fest, leise noch, aber schon hochrot im Gesicht. „Ein verdammt hinterlistiger Hund bist du, Brake!"

Lester Brake quittiert den Angriff mit Gelächter. „Sei froh", sagt er schließlich schleppend, „daß du nicht Börsenmakler geworden bist. Dein Mangel an Selbstdisziplin hätte dich längst an den Bettelstab gebracht."

Da brüllt Newman los. „Nehmen Sie Haltung an, Sie gottverdammter Zivilist!" schreit er mit einer Stimme, die sich fast überschlägt. Doch dann, als er Lester Brake entsetzt aufspringen sieht, als er gewahr wird, daß ringsum die Hoffnung auf eine Sensation hochschießt, bricht auch er in Lachen aus. Aber das ist kein Lachen, das in irgendeiner Weise befreiend wirken könnte, es klingt wie das Knurren eines gereizten Hundes.

Sie nehmen das Spiel nicht wieder auf. Nach Newmans Ausbruch, obwohl nachträglich als Scherz deklariert, bleibt Spannung zurück. So teilen sich Brake und Bergerson ihren Gewinn und sitzen danach schweigend am Tisch, die Gläser mit dem träge perlenden Ginol-Tonic vor sich.

Es mag gegen ein Uhr sein, als Bergerson und Newman, die mit den Gesichtern zur Tür sitzen, aufblicken, Newman spitzt die Lippen zu einem lautlosen Pfiff, und Bergerson sagt: „Sieh mal einer an! Noch so ein seltener Gast."

Solch eine Reaktion kann hier an Bord nur eine auslösen, Dora. Selbstverständlich blickst du dich nicht um, aber du spürst deutlich, daß sie noch immer in der offenen Tür der Messe steht, und auch, daß ihre Blicke suchend die Gäste überfliegen. Es ist, als gingen unsichtbare Fäden von ihr aus, die deine und ihre Emotionen miteinander verbinden, einen Augenblick lang empfindest du Betroffenheit über die Intensität deiner Gefühle.

Und dann siehst du das Gesicht Lilianas, die immer noch drüben neben dem offenen Kantinenfenster sitzt. Jede Spur ihres schönen Lächelns ist ausgelöscht, statt dessen haben sich ihre Mundwinkel nach oben gezogen und geben einen Teil ihrer kleinen, sehr weißen Zähne frei, es sieht aus wie die Drohgebärde einer in die Enge getriebenen Katze.

Doch das alles vergeht ebenso schnell, wie es gekommen ist. Lilianas Lächeln kehrt zurück, jetzt offenbar ein wenig gezwungen, was bleibt, ist eine hübsche, blonde Frau, die verloren in ihr halbleeres Glas mit gedoptem Juice starrt.

Danach spürst du nur noch Dora. Sie kommt näher, sehr langsam anscheinend und direkt auf diesen Tisch zu, du fühlst es nicht mehr nur, du siehst es auch an den Mienen der beiden Männer dir gegenüber.

Sobald sie nahe genug herangekommen ist, spricht Newman sie an, weit weniger flapsig, als es seinem üblichen Umgangston Frauen gegenüber entspricht, aber immer noch mit unüberhörbarer Ironie, von der man nicht weiß, ob sie der Unsicherheit oder der Arroganz entspringt. „Hallo, Miß!“ sagt er und rückt an dem einzigen freien Stuhl. „Wir haben noch Platz für Sie. Es wäre uns eine Ehre.“

Sie trägt Zivil, einen rosa Overall, der gut zu ihrem brünetten Typ paßt, hochhackige Stiefeletten und dünne goldene Fesselkettchen. Sie wendet sich nicht, den Kopf in den Nacken werfend, ab, sie stellt sich den Stuhl zurecht und setzt sich, ein Lächeln um den Mund, an dem ihre Augen keinen Anteil haben. „Guten Abend!“ sagt sie mit ihrer dunklen Stimme.

Da weißt du, daß ihr Auftritt Absicht war. Dieses Zusammentreffen ist geplant bis ins kleinste Detail, bis hin zu der Einladung Newmans, die sie als Belästigung empfinden muß und die sie doch provoziert hat, um sich an diesen Tisch setzen zu können. Das alles gilt dir, Philipp McBruns, dir und niemandem sonst, Außergewöhnliches muß geschehen sein.

Da sitzen wir also nun und schweigen uns an. Haben wir vorher schon, nach Beendigung des Spiels, kaum noch ein Wort gewechselt, jetzt ist der Gesprächsstoff endgültig ausgegangen, denn angesichts dieser Frau müssen all die abgedroschenen Geschichten, die man sich sonst in der Messe zu erzählen pflegt, dumm wirken. Es ist, als hemme Doras Anwesenheit die Lebensäußerungen der Männer am Tisch.

Sie selbst ist es, die schließlich ein neues Gespräch beginnt. Und wie sie es beginnt! „Da unten ist an sechs oder sieben Stellen die Pest ausgebrochen“, sagt sie und deutet mit dem Daumen abwärts, dorthin, wo jetzt vielleicht gerade der australische Inselkontinent oder die Südküste Indiens unter uns hindurchzieht.

Die Köpfe der Männer heben sich von ihren Gläsern. In Bergersons Augen irrlichtern die ersten Kurzzeitwirkungen des Ginol-Tonic, und die beiden anderen fragen wie aus einem Mund: „Die Pest?“

Sie nickt, scheinbar unberührt, doch wer sie kennt, der sieht die Betroffenheit in ihren Augen. „Etwas Ähhliches wie die Pest. Sechs oder sieben Zentren einer unbekannten, unheilbaren Epidemie. Mindestens ebenso schlimm wie damals die Pest. Der Ausbreitungsgeschwindigkeit nach zu urteilen aber wohl schlimmer.“

„Epidemie“, wiederholt Bergerson mit schwerer Zunge. „Unheilbare Epidemie ...? Quatsch!“

Newman wischt mit der flachen Hand über den Tisch. „In wenigen Tagen werden sie das im Griff haben.“

Doch Dora schüttelt den Kopf. „Kaum. Ich fürchte, es wird sein wie damals bei dieser Immunschwäche, diesem ..., diesem ...“

„AID-Syndrom“, hilft ihr Newman.

Sie nickt. „Ja, AIDS! Nur schneller diesmal, wie es scheint."
„AIDS", murmelt Brake. „AIDS!" Und es ist, als zerbräche das leise gesprochene Wort eine Schranke. „Damals befürchtete man, diese Krankheit könne künstlichen Ursprungs sein. Willst du etwa andeuten, daß mittels unserer Sonden ...?"
„Ich will überhaupt nichts andeuten", unterbricht sie ihn schnell, fast hastig. „Ich habe euch lediglich von einer Meldung der WHO informiert, mehr nicht. Mit Spekulationen, wie du sie meinst, will ich nichts zu tun haben."
Newman blickt sie starr an. „Wo?" fragt er, überraschend leise.
Sie hebt die Schultern. „China, Afrika, Sowjetunion ..."
„Und bei uns nicht?"
„Ach ja!" sagt sie wie nebenher. „Ein Zentrum in Alabama. Eine besondere Variante offenbar. Bleibt ausschließlich auf Farbige beschränkt."
Bergerson knirscht mit den Zähnen. „Wie damals am Kap", sagt er schließlich mit schwerer Zunge. „Ich war in jenem Jahr dort unten. Urlaub, versteht ihr. Man kann dort herrliche Tage verbringen. Toller Service und äußerst billig. Wir Ausländer wurden behandelt wie Könige. Sie waren dort unten unheimlich scharf auf Touristen. Es gab alles dort, Surfen, Bars, Mädchen in allen nur denkbaren Farben, Flipping, Trips der besten Sorte, was man sich denken kann. Und dann kam dieses ekelhafte Schwarzhaut-Syndrom ..." Sein Gesicht verkrampft sich plötzlich. „Diese Schweine, diese gottverdammten Schweine!"
„Na, na!" versucht Newman ihn zu besänftigen, seine breite, haarige Rechte auf Bergersons Schulter. „Laß das nicht den Doktor hören."
Es ist eine fürchterliche Situation. Selbst diese drei mehr oder weniger von Ginol-Tonic benebelten Gehirne haben unverzüglich die Wahrscheinlichkeit eines Zusammenhangs erkannt, haben kaum Schwierigkeiten, eine Verbindung zwischen dieser neuen Epidemie und den Testsonden herzustellen.
Ich spüre, daß in diesen schrecklichen Minuten etwas in mir zerbricht, was nie wieder heilen wird, niemals in meinem ganzen Leben. Denn an der Existenz mindestens zwei dieser Zentren fühle ich mich mitschuldig – und damit am Tod Hunderter, vielleicht Tausender von Menschen. Und das nicht nur, weil mir diese beiden Sonden, von denen wahrscheinlich nur Morris und Haskett wußten und Dora vermutete, daß sie tausendfachen Tod in sich trugen, entgangen sind, sondern auch, weil ich die Basis dieser ungeheuerlichen Tests nicht längst aus dem reinen Azur unseres irdischen Himmels gesprengt habe.

„Das ist unmenschlich!“ Erst als ich es ausgesprochen habe und Doras warnender Blick mich trifft, zucke ich zusammen.

„Ich glaube nicht, daß uns ein solches Urteil zukommt“, erklärt Newman stirnrunzelnd. „Denn auch Humanität ist eine Frage des Standpunktes. Wenn es uns gelingt, den anderen die überlegene Stärke unseres Systems glaubhaft zu beweisen, kann das die Chance des Überlebens für Millionen sein. Dann erst werden Beweise wie dieser überflüssig sein. Oder unmenschlich. Heute aber ist der Tod einiger lebenswichtig für alle anderen. Hast du das begriffen, Philipp McBruns?“

Ich empfinde es als erschreckend, daß mich diese Worte, die auf eine Art eingelernt klingen und auf andere anscheinend aus tiefster Überzeugung kommen, nicht viel härter treffen. Da werden also Tausende getötet, um die eigene Überlegenheit zu beweisen, und ich habe es hinzunehmen, als handele es sich um ein Spiel.

„Denn wir sind die Auserwählten“, lallt Bergerson und erhebt sich wankend. „Wir sind wie Gottvater selbst, wir strafen, wo wir meinen, strafen zu sollen, wehe dem, der uns lästert!“ Er dreht sich im Kreis, mit ausgestreckten Armen rotierend wie eine alte Wetterfahne bei aufkommendem Gewitter.

„Setz dich hin, verdammt noch mal!“ zischt Newman und versucht ihn am Arm auf seinen Sessel zurückzuziehen.

„Rühr mich nicht an!“ schreit Bergerson da, und es klingt wie der Todesschrei eines Tieres. „Tu deine Hände von mir, denn sie sind besudelt mit Blut!“ Und dann schlägt er seinem Kameraden Newman mit voller Wucht ins Gesicht. Das ist kein nach sportlichen Regeln oder Übereinkommen geführter Boxhieb, das ist vielmehr der schwere Rundschlag eines Hammers.

Und während ringsum Männer aus ihren Sesseln aufspringen, während sich Harold Newman, schlimm anzusehen mit seinen blutunterlaufenen Augen und seiner gespaltenen Unterlippe, vom Boden aufrappelt, fühle ich mich am Arm gefaßt und in Richtung Korridor gezogen. Dabei drängt sich mir das absurde Gefühl auf, daß ich diesen Raum jetzt nicht verlassen dürfte. Ich spüre, daß das etwas mit dem Drang, Kameraden in Gefahrensituationen beizustehen, und mit der Pflicht, Zwistigkeiten innerhalb unserer kleinen Gemeinschaft zu verhindern, zu tun hat, aber das alles bleibt sehr diffus, mehr als die noch kaum zu definierenden Fäden, die sich da zu spinnen beginnen, fühle ich nicht.

„Ich muß zurück“, sage ich und weiß, daß meine Worte halbherzig klingen. „Das wird eine entsetzliche Rauferei geben. In solch einer Situation kann man seine Gefährten …“

„In dieser Minute geschieht Schlimmeres als eine Rauferei, Phil. Dein Platz ist jetzt an anderer Stelle."

Ich sehe noch, daß sich drüben, neben dem Kantinenfenster, Liliana mit verzerrtem Gesicht aus ihrem Sessel erhebt, daß sie einen Moment lang zu schwanken scheint und schließlich das Glas mit gedoptem Juice gegen die Wand schmettert. Dann gleitet die rückwärtige Tür der Messe hinter ihr zu.

In dieser Nacht erscheint mir Dora noch spröder als sonst. Diesmal trägt ihre Zuneigung eine unverkennbare Komponente der Intoleranz, Dora ist gewissermaßen unberührbar. In dieser Nacht verkriecht sich unsere Liebe in die dunkelste Ecke der Kabine. Für sie ist, nach allem, was heute geschah, kein Platz mehr.

Wir sitzen uns lange schweigend gegenüber, einer den Blicken des anderen ausweichend. Alle Verbindungen scheinen zerrissen, es ist, als stünden nun die gemeinsamen Nächte zwischen uns, trennend wie der Gedanke an die Tausende von Menschen, die in jeder dieser Minuten unter Qualen sterben.

„Ich hätte diesen verfluchten Satelliten sprengen sollen, eine Minute nachdem ich an Bord gekommen bin", sage ich schließlich, und ich bin überzeugt von der Richtigkeit dieser Feststellung.

Doch Dora schüttelt den Kopf. „Das hätte nichts genützt, Phil ... Du weißt doch, wie das geht. Die Baugruppen der nächsten Stationen liegen längst bereit. Man hätte eben nicht abgewartet, bis die Proteste abgeklungen sind, sondern den Bau einer neuen vorgezogen, und alles wäre beim alten."

Sie mag wirklich recht haben. Aber wenn das so ist, dann bin ich seit Jahren einem Phantom nachgelaufen, dann ist alles, was ich mir vorgenommen habe, sinnlos, mein Plan gescheitert, noch ehe er ausgeführt worden ist. Dann gäbe es nichts und niemanden, der das Ende noch verhindern könnte. Daran will ich nicht glauben. Nicht an die absolute Machtlosigkeit der Überlebenswilligen.

„Du mußt mir helfen", fährt sie nach einer abermaligen langen Pause des Schweigens fort.

„Wobei?"

„Ich werde aussteigen. Im Spezialskaphander. Ich werde mich durchfallen lassen bis in eine Höhe von etwa fünfzehntausend Metern und dann den Rettungsschirm öffnen. Ich bin sicher, daß ich die Erde erreichen werde. Mein Training ..."

Ein in dieser Situation völlig abseitiger Gedanke zuckt mir durch den Kopf: Danach, Philipp Barrymore, wird sie für dich aufgehört haben zu existieren, und du sagst: „Das ist Wahnsinn!"

„Nein! Wahnsinn wäre es, wenn wir schweigen, und Selbstmord, wenn wir untätig blieben oder die Nerven verlören. Ich werde landen, und dann werde ich aller Welt mitteilen, was ich weiß. Ich werde vor der UNO berichten, es wird über alle Sender gehen, ich ..." Sie spricht schnell, fast hektisch, und vielleicht deshalb klingen ihre Worte wenig überzeugend.

„Du wirst nie unten ankommen. Entweder wirst du verglühen, oder sie werden dich abschießen wie einen wehrlosen Vogel. Denn du wirst wehrlos sein, Dora."

„Aber ich weiß nichts Besseres, Phil. Wirst du mir trotzdem helfen?"

Ihre Chancen sind verschwindend gering, das ist das eine. Das andere aber, daß ihr Wissen, brächte sie es an den rechten Ort, eine Woge der Entrüstung aufwerfen würde. Vielleicht könnte die Menschheit dadurch wichtige Jahre gewinnen.

„Was soll ich tun?"

Sie blickt dich an mit ihren dunklen Augen, in denen du jetzt alles zu erkennen vermagst, ihren Mut, ihre Liebe und ihre Entschlossenheit. „Wir werden die günstigsten Koordinaten errechnen, ich will an einer Stelle eintauchen, wo man mir nichts anhaben kann, über fremdem Hoheitsgebiet am besten. Und ich sollte dort landen, wo meine Ankunft einer Sensation gleichkommt. Außerdem muß jemand die Schleuse bedienen."

Ruhig, als handele es sich um die Ermittlung einer Rechenformel, sagt sie das, und du hast das Gefühl, neben dir zu stehen, nicht mehr du selbst zu sein, seit in dir der Gedanke aufgetaucht ist, daß es funktionieren könnte.

„Also gut denn! Versuchen wir es zu berechnen." Wirklich, du bist ganz kühl, denn das, was sie da plant, liegt immer noch jenseits deines Vorstellungsvermögens. Nicht so sehr, was die technische Seite anbetrifft, sondern was dich angeht. Wie sollst du begreifen können, daß es sie nicht mehr geben soll, zumindest für dich nicht, morgen oder übermorgen?

Doras Plan ist in gewisser Weise perfekt. Soweit etwas, was nur mit dem Risiko des Unterganges belastet durchführbar ist, überhaupt perfekt sein kann. Sie will in einem der mit Bremsraketen und Fallschirmen versehenen Spezialskaphander aussteigen, in einer teils durch Gegenschub, teils durch atmosphärische Bremsung gesteuerten Bahn niedergehen und an einem vorbestimmten Ort landen. Dann will sie sich melden, nicht bei einer Regierungsstelle, sondern bei Funk und Presse. Natürlich wird sie unantastbare Beweise vorlegen können, Computerausdrucke, Berechnungen, Daten, Fotografien – Material, das so schwer nicht zu beschaffen war. Ihr Ziel ist nicht mehr und nicht weniger als eine Rede vor der UNO-

Vollversammlung, die Information der gesamten Menschheit also. Es wäre eins der Wunder, auf die du gehofft hast.

Sie hat ausgezeichnete Karten zur Verfügung, die alle notwendigen Angaben über atmosphärische Besonderheiten, Höhenströmungen, Temperaturen, Bodenreliefs, Bevölkerungsdichte und vieles andere enthalten. Auch über die bei einer solchen Landung zu umgehenden Strahlungszentren.

Da begreifst du endlich, daß ihr Einsatz, der Einsatz ihres Lebens, von langer Hand vorbereitet ist.

Dein Finger gleitet über die farbigen Flächen der Karte, als sei er ein selbständiges Wesen, deutet schließlich über die Eindellung des Strahlengürtels am Nordpol.

„Hier solltest du ...", beginnst du, doch weiter kommst du nicht, kannst du nicht kommen, denn die Station erbebt unter einem ungeheuren Schlag. Als habe sie einen im All schwebenden Felsen gerammt. Dein erster Gedanke ist, daß nun doch der unwahrscheinliche Zufall eines Meteoritentreffers eingetreten ist, dein zweiter und letzter, daß es sich auch um einen konzentrierten Angriff mehrerer gegnerischer Satelliten handeln könnte.

Dann ist nichts mehr, kein Gedanke und keine Furcht, und ein schwebender menschlicher Körper verharrt, mit ausgebreiteten Armen, die keiner Bewegung mehr fähig sind, halb über dem Tisch und halb über einem anderen schwebenden Körper, ehe ihn eine Riesenfaust gegen die gepolsterte Wandung der Kabine schmettert.

Ein Mann kommt nach New York

Über den Horizont stieg zögernd die Silhouette New Yorks herauf. Die immer noch erhebliche Entfernung ließ die tobende, lichtüberflutete Metropole zu einem Relief scheinbar natürlich gewachsener Strukturen gerinnen, zu einem Gebirge, das sich majestätisch über die Hudson Bay zu erheben begann.

Widerwillig nahm der Mann die Faszination dieses Anblicks zur Kenntnis. Er hatte vier Tage verloren, seiner Unwissenheit geopfert; es war sinnlos, mit dem Schiff nach New York zu fahren, nur weil er angenommen hatte, Schiffstouristen würden weniger aufmerksam kontrolliert als die Reisenden der Jets.

Auch dort waren die meisten Passagiere Touristen. Prozentual vielleicht noch mehr als an Bord eines Luxusliners, Reisen war eine

Art moderner Manie, die Leute wollten sehen, hören, die Welt in sich aufnehmen, sie einatmen, sie wollten fahren, fliegen, spielen, leben, wer wußte denn, wie lange sie noch Gelegenheit dazu hatten, Tempo war gefragt, nicht Beschaulichkeit. Niemand legte mehr Wert darauf, fremde Länder, Städte und Menschen mit dem Genuß am Neuen, erstmals Geschauten zu erfahren, man kannte ja ohnehin alles aus dem Fernsehen. Wichtig war nur, daß man selbst gesehen und vor allem selbst fotografiert und gefilmt hatte, vom Bus oder vom Hubschrauber aus, eingeschlossen in sichere Hüllen, die das Eigene behüteten und das Fremde nicht ganz ausschlossen. Das Gefühl der Geborgenheit war nicht zu unterschätzen, zumal die Tatsache, dort gewesen zu sein, den Wunsch, einen Blick hinter die Kulissen zu werfen, bei weitem überwog.

Clevere Reisemanager hatten sogar die Berufsgruppe der Demonstratoren erfunden, eine doppeldeutige Bezeichnung für Kaskadeure, die den Touristen Straßenschlachten, Banküberfälle, militante Demonstrationen und ähnliches vorzuführen hatten. In Dublin hatten nach einer solchen Show vierzehn tote Whiskyschmuggler auf dem Platz vor der Oper herumgelegen, obwohl der Whiskyschmuggel seit mehr als hundert Jahren nicht mehr betrieben wurde. Selbstverständlich hatten sich die Toten, nachdem das Surren und Klicken serienweise abgeschossener Kameras verklungen war, wieder erhoben und ihr Honorar in den nächsten Pub getragen.

Bis nach Londonderry oder gar Calman's Edge war derartiges nie gedrungen, denn dort hätte die Schlacht ja durchaus echt sein können, wenn sie auch bestimmt nicht zwischen verfeindeten Schmugglern stattgefunden hätte.

Nein, Tourismus war Massenware geworden und dementsprechend deformiert. Wer in diesen Zeiten ein Schiff benutzte, gab sich notwendigerweise als Außenseiter zu erkennen.

Das Gebirge vor dem weißlichblauen Himmel begann sich langsam aufzulösen, einzelne Türme hoben sich aus dem schwärzlichen Grau, senkrechte Lichterketten glommen auf und überzogen die herangleitende Wand mit bleicher Fluoreszenz, Leuchtpunkte schwirrten auf geschwungenen Bahnen dahin, tauchten hier auf und verschwanden dort, die Hochbahnen der Stadt, die sich in ekstatischen Kurven um Wohn- und Geschäftstürme schlängelten, die an einer Stelle bis fast auf die Gipfelhöhe des Betongebirges hinaufstürmten und sich an einer anderen in die Schwärze der Gehwege hinabstürzten.

Davor, fast verloren, die Freiheitsstatue, Gruß, Symbol, Relikt einer großen Zeit, dem Land seit je den Rücken kehrend.

Die Schiffssirene rief melodisch, er zählte die Sekunden bis zum Echo, aber der Klang kam zerstückelt zurück, so daß man nicht auf die Entfernung schließen konnte.

„Sehen Sie nur, Sir!“ rief ein Sergeant der Armee. Er war braungebrannt von der Sonne Südeuropas – Sizilien vielleicht, Venedig, Korsika, Marseille oder was immer auch diese Touristen besuchen mochten, auf alle Fälle mußte ein Trip ins alte Europa sein, einmal im Leben mindestens, war existenznotwendig, weil er Bildung vermittelte oder bewies, und war es nicht ebenso erhebend wie tragikgeladen, eine Region zu erleben, die ausersehen war, als erste von diesem lausigen Planeten zu verschwinden, als Test für Weiteres gewissermaßen? Und sie war doch so schön, diese Region, so alt und ehrwürdig.

„Ja, bitte?“

„Blicken Sie dort hinüber, Sir!“

Der Sergeant reichte ihm ein Fernglas und deutete mit steifem Arm hinüber zur Hafeneinfahrt, wo das Symbol der Freiheit seine oftmals restaurierte, vergoldete Fackel in den weißlichen Himmel reckte.

Sekundenlang hatte Philipp Manners zu tun, ehe sich sein Blick an die Statue herangetastet hatte, aus geringer Entfernung betrachtet, sah die Stadt ganz anders aus, die eben noch konturenlosen Gebäudetürme überzogen sich mit einem Gewirr von Arkaden und Kaminen, mit vorspringenden Balkonen und zurückgesetzten Loggien, das Bild wurde dadurch wesentlich uneinheitlicher, aber kaum interessanter.

Dann hatte er endlich das Monument im Blickfeld und sah, was den Sergeanten so fasziniert hatte, daß er sein Glas aus der Hand gegeben hatte: Im Faltenwurf des Rockes dieser noch immer beeindruckenden steinernen Dame, dort etwa, wo sich die Schenkel teilten, kroch eine an Seilen hängende Montagebühne aufwärts, eine Reparaturbrigade trug aus dicken Rohren Konservierungsschaum auf. Der Ort und die Tätigkeit konnten in der Tat zum Lachen reizen.

„Muß sich 'ne Menge gefallen lassen, das alte Mädchen, wie?“ sagte der Sergeant neben ihm.

Philipp Manners hob die Schultern und gab das Glas zurück. „Offenbar“, bemerkte er, „hat die Freiheit ihren Preis.“

Der Sergeant stutzte, doch gleich darauf erhellte sich sein Gesicht in einem verständnisinnigen Lächeln. Er nickte. „Stimmt, Sir! Und man soll auch jene nicht verurteilen, die den Mut haben, ein wenig an ihr herumzubasteln.“ Dann wandte er sich ab und verschwand im Niedergang. –

Das bei der Einreise praktizierte Kontrollsystem erwies sich als äußerst geheimnisvoll. Während der Prozedur bekam Philipp Manners keinen einzigen Beamten zu Gesicht. Er stand auf einem Transportband, führte die an den verschiedenen Stationen in Leuchtschrift mehrsprachig aufblinkenden Weisungen peinlich genau aus und bemühte sich, in keiner Weise aufzufallen.

Legen Sie bitte Ihren Paß mit der Bildseite nach unten auf das neben Ihnen mitlaufende Prüfband! Danke!

Spreizen Sie die Beine!

Heben Sie die Arme senkrecht nach oben! Senkrecht bitte! Danke!

Öffnen und schließen Sie jetzt bitte mehrmals die Hände! Danke!

Wenden Sie den Kopf um neunzig Grad nach rechts!

Jetzt nach links, bitte! Danke!

So stand er, auf dem Band dahingleitend, und trieb eine Art stumpfsinniger Gymnastik, anfangs in ständiger Sorge, durch irgendeinen Umstand, den er nicht beeinflussen konnte oder übersehen hatte, Verdacht zu erregen, später dann gedankenleer und ohne eine Miene zu verziehen. Er war überzeugt, daß hier nicht nur sein Äußeres kontrolliert wurde, sondern daß man ihn durchleuchtete, die Tätigkeit seines Gehirns aufzeichnete, ihn auf Krankheiten und körperliche Abweichungen untersuchte. Wenn er dieses Band verließ, würde es nichts mehr geben, was ihnen über seinen momentanen Zustand verborgen geblieben war.

Neben ihm glitt sein Paß auf einem schmalen, in Hüfthöhe verlaufenden Parallelband entlang, passierte Stationen, die wie metallene Kästen aussahen, blieb manchmal ein Stück zurück und eilte dann wieder etwas voraus, doch immer lag die Bildseite nach unten.

Zum Schluß mußte Philipp Manners seine Taschen ausleeren und den Gürtel abbinden, was gar nicht so einfach war, denn er trug einen geflochtenen Riemen aus echtem Leder, der sehr eng in den Schlaufen saß, ein Andenken an das Mädchen Jarina aus Pskow.

Dann teilte sich das Band, er glitt zur Seite, in eine winzige Kabine hinein, an deren Wand in grünen Lettern die Bitte, sich einen Moment zu gedulden, glomm. Obwohl er sich bemühte, an nichts zu denken, verspürte er eine gewisse Sorge, er hatte das Gefühl, ausgesondert worden zu sein.

Doch dann bekam er sein Eigentum durch eine seitlich angebrachte Klappe zurück. Auch hier schien keines Menschen Hand im Spiel gewesen zu sein. Er überprüfte auf Vollständigkeit, selbstverständlich fehlte nichts, alles war da, Paß, Uhr, Wechselgeld, Gürtel und sonstige Kleinigkeiten. Nachdem er alles eingesteckt hatte, schwang vor ihm eine Tür auf, und er stand im Freien, seinen Koffer und die beiden Taschen neben sich auf einem kniehohen Podest. Er atmete auf.

Kaum einhundert Meter rechts von ihm deutete eine zuckende, pfeilförmige Leuchtschrift auf den Eingang zur Sub, und über ihm erhob sich das Gebirge von New York, das jetzt, aus der Nähe gesehen, an einen wimmelnden Termitenhaufen erinnerte.

Fünf oder sechs Stationen fuhr Philipp Manners mit der Sub. Der Zug, außen mit grellfarbigen, irgendwie archaisch anmutenden Bildern versehen, innen schmutzstarrend und voller Unrat, donnerte fast unbesetzt durch finstere Röhren, passierte Stationen, deren matte Beleuchtung fortschreitenden Verfall wohltuend verbarg, schien sich im Hades der Stadt verirrt zu haben und tauchte schließlich doch noch in der Nähe der Hudson Bridge ans Tageslicht, das jedoch Mühe hatte, die schmutz- und farbverkrusteten Scheiben der Fenster zu durchdringen.

Die drei Passagiere, die sich außer ihm im Wagen befanden, nachlässig und schmuddlig gekleidete junge Leute mit ungepflegten Bärten und farblosen Pudelmützen, waren ihm alles andere als geheuer. So verließ er den Wagen, und die drei sahen ihm gelangweilt nach, sie bewegten sich dabei nicht, als säßen sie immer in diesem Wagen, Tag und Nacht, Sommer wie Winter.

Er stieg in die Hochbahn um, die ihm, da sie über Tage verkehrte, sicherer schien, und begab sich damit auf eine schwindelerregende Reise, bei der er von der Stadt viel weniger zu sehen bekam, als er gehofft hatte. Der Anblick reduzierte sich auf Riesentürme, die in den steilen Kurven scheinbar ins Schwanken gerieten, auf lange, zuckende Lichtreklamen, die manchmal Farben ausstrahlten, von denen er nicht einmal gewußt hatte, daß es sie gab, und auf Straßenschluchten, in deren unergründlichen Tiefen die Lawinen der Fahrzeuge dahinflossen wie grellbunter Unrat in riesigen Kloaken. An den Wänden der Wolkenkratzer wehten Schwaden mattgrauer Gase empor.

Später sah er dann doch noch etwas von der Stadt. Nicht allzuviel und wohl auch nicht unbedingt Typisches, immerhin aber vermittelte ihm ein Zwischenfall einen Eindruck von der Atmosphäre, die hier herrschte.

Es mochte in der Nähe von Melrose sein, jedenfalls hatte der Zug eben den Central Park hinter sich gebracht, als er plötzlich stark verzögerte. Philipp Manners hatte Mühe, sich auf seinem Sitz zu halten, es gab ein heilloses Durcheinander, da die in den Gängen Stehenden übereinander und auf die Sitzenden fielen. Untermalt wurde das Ganze durch das grelle Pfeifen der Haftbremsen, von denen aus ein Funkenregen vor den Fenstern entlanggeisterte.

Nach dieser Notbremsung fuhr der Zug dann wesentlich langsamer als zuvor, man unterhielt sich über die Gründe des Manövers und war sich einig, daß wohl wieder einer der vielen Anschläge auf den Bahnträger unternommen worden war. Niemand schien wirklich erschrocken zu sein, aber alle waren wütend auf die Verursacher. Im Nachbarabteil gab es lautes Geschrei und ein minutenlanges Handgemenge, einige der Passagiere waren angeblich während der Notbremsung bestohlen worden.

Als der Zug etwa in Höhe der 124. Straße anhielt, stieg man ohne Zeichen von Ungeduld aus. Das Ganze lief ab, als sei es hundertmal geprobt worden. Man verließ den Zug, trat, von schwarzgekleideten Polizisten eingewiesen, in die Kabine eines transportablen Lifts, fuhr aus einer Höhe von mehr als zwanzig Stockwerken hinab und einhundert Meter weiter wieder hinauf und setzte die Fahrt fort.

Von der Straße aus sah Philipp Manners, daß die hoch über den Köpfen der Fußgänger und Autoschlangen angebrachten Tragschienen, unter denen die Züge entlangglitten, an einer Stelle zerfetzt worden waren, als hätte es sich nicht um meterdicke, bewehrte Betonträger, sondern um Streichhölzer gehandelt. Eine heftige Explosion mußte stattgefunden haben, nicht nur der Träger, dessen Eingeweide sich wie froststarre Raupen nach allen Seiten wanden, war zerstört, sondern auch die schwarze Plastfassade des Hauses, an der er vorbeiführte. In dem Loch, in dem man ein Einfamilienhaus hätte unterbringen können, bewegten sich Gestalten in farbigen Overalls, und aus dem Inneren der dunklen Höhle stach der nadelfeine Schneidstrahl eines Plasmabrenners. Die Reparatur war also in vollem Gang, kaum daß die letzten Trümmer zu Boden gefallen waren.

Hatte ihm das rasende Auf und Ab des Zuges bisher lediglich körperliches Unbehagen verursacht, die weitere Fahrt zerrte nun auch an seinen Nerven, und er war froh, als sie endlich in ein stetiges Abwärtsgleiten überging. Der Zug näherte sich Philipp Manners' vorläufigem Ziel, der President-Gregson-Vorstadt, einem Villenviertel am nördlichen Stadtrand, ungefähr dort gelegen, wo der Hudson River das Territorium der Stadt erreicht.

Er hatte sich bei einer Miß Lauderdale eingemietet, einem ältlichen Fräulein, das sich, infolge ihrer Unleidlichkeit vereinsamt, in einer aus den dreißiger Jahren stammenden Villa langweilte. Das Haus war ein holzverkleideter Flachbau mit spitzen Brettertürmchen an den Dachecken, Geranien und Anemonen vor den Fenstern und

Reihen von hochstämmigen Rosen links und rechts des kurzen Gartenweges.

Miß Lauderdales graues Haar war bläulich getönt, sie trug bei Tag und Nacht bunte Plastlockenwickler und lebte in permanenter Sorge, ausgeraubt zu werden. Sie pries Gott und alle Heiligen, daß sie ihr einen so kräftigen jungen Mann als Untermieter gesandt hatten, dessen, wie sie sagte, bloße Anwesenheit schon ausreichen werde, dem Gesindel auf den Straßen zu denken zu geben. Ihre Freude hinderte sie indes nicht, einen gepfefferten Mietpreis für das kleine Zimmer im Südwestturm zu verlangen. Philipp akzeptierte trotzdem, erstens, weil der Raum über einen separaten Telefonanschluß verfügte, und zweitens, weil er die Existenz dieses Mister Manners ohnehin in Kürze zu beenden hoffte.

Die ersten Tage im neuen Heim brachte er damit zu, sich mit Hilfe des Telefons und eines ausgeliehenen Heimcomputers eine vorläufige Identität und, was ihm noch wichtiger war, den Nachweis einer überdurchschnittlichen Qualifikation auf dem Sektor Datenverarbeitung zu verschaffen.

Das war für einen Eingeweihten zwar keine allzu schwierige, in jedem Fall aber eine sehr zeitaufwendige Arbeit.

Zusammen mit dem Computer hatte er sich die für seine Zwecke wichtigste Hardware ausgeliehen, ein auf Festkörperspeichern, sogenannten Wordproms, niedergelegtes Wörterbuch, ein umfangreiches Werk, das über fünfundzwanzigtausend Buchstabenkombinationen verfügte, nämlich über alle im Amerikanischen gebräuchlichen Wörter.

Als das getan war, hätte er das Gerät eigentlich sich selbst überlassen können, denn für den Ablauf dieser ersten Etappe waren keinesfalls weniger als vierzehn Tage in Rechnung zu setzen. Doch gab es zwei Gründe, die ihn veranlaßten, seine Wege außer Haus auf das Notwendigste zu beschränken.

Da war einmal die hohe Wahrscheinlichkeit einer Anfrage durch die Postverwaltung. Denn immerhin blockierte er mit seinem Rechner eine Leitung über mehr als vierzehn Tage. Und wenn auch dieser Umstand an sich für die Post nicht von sonderlichem Interesse war, so doch sicherlich eine Antwort auf die Frage, ob der verschwenderische Kunde imstande war, die zweifellos sehr hohe Rechnung zu begleichen. Mehr konnte eigentlich nicht geschehen, zumindest von seiten der Post nicht, denn Blockade von Leitungen durch Computer war an der Tagesordnung und auch nicht verboten. In dieser Stadt litten mindestens hunderttausend, vorwiegend Jugendliche, unter dem sogenannten Computersyndrom, Menschen, die in jeder Minute ihrer freien Zeit, und davon hatten die meisten, beschäftigungslos wie sie waren, mehr als genug, Maschinenkommunikation oder Hacking betrieben, Hacking vor allem, das Eindringen in fremde Datenbanken mittels zufällig, häufiger jedoch mit Hilfe von Tricks geknackter Sperrkodes. Im Grunde genommen also genau das, womit auch er sich in jener Zeit beschäftigte.

Verantwortlich für diese seltsame Subkultur war ohne Zweifel die Arbeitslosigkeit in Verbindung mit der daraus resultierenden Minderung des Selbstwertgefühls der Betroffenen und das Auffüllen der zwangsläufig anfallenden Freizeit durch den Konsum flacher TV-Sendungen. Eine solche Situation mußte unentrinnbar in Isolation und Sprachlosigkeit führen. Kommunikation zwischen Menschen fand kaum noch statt. Was blieb, war Gewalttätigkeit, eine Art wortloser Ersatzkommunikation, oder eben das Gespräch mit der Maschine, den Wunsch im Hintergrund, wenigstens ein totes Gerät schrankenlos beherrschen zu können.

Das alles war längst Normalität geworden, war akzeptiert und abgehakt, Besseres konnte den etablierten Kreisen eigentlich nicht widerfahren, denn wer sich an die Maschinen verlor, büßte den Blick für menschliche, für soziale Belange ein. Beschäftigungslosigkeit produzierte also nicht, wie viele gehofft und manche befürchtet hatten, revolutionäre Tendenzen, sondern vor allem dumpfes Dahinbrüten und sinnlose Gewalt.

Nun, wollte er sich seinem Ziel nähern, so blieb ihm nichts anderes, als sich zumindest teilweise in diesem allgemeinen Trend zu bewegen. Aus ganz anderen Gründen allerdings, eigentlich aus genau gegenteiligen. Bei diesen Überlegungen wurde er sich des Grotesken seiner momentanen Situation erst richtig bewußt.

Immerhin durfte er sicher sein, daß seine Tätigkeit im weitverbreiteten Hacking unterging. Unangenehm oder gar gefährlich konnte nur die Neugier Miß Lauderdales werden, wenn die zu erwartende Anfrage der Post, zufällig oder weil er nicht daheim war, bei ihr landen sollte. Und Miß Lauderdale war sehr neugierig.

Der zweite Grund, weshalb er selten ausging, war die Unsicherheit auf den Straßen, ein Zustand, den seine Vermieterin in den düstersten Farben malte.

Täglich, so wußte sie zu berichten, höre man von Überfällen, nicht nur das Fernsehen beschäftige sich damit, im Gegenteil, dort erfolge allabendlich nur noch eine pauschale Angabe. Worauf sie sich vielmehr berufe, das seien Berichte von Nachbarn und Bekannten, Augenzeugenberichte also und leider eben auch eigene Erlebnisse. Woraus er entnehmen könne, daß selbst ein bisher so ruhiges und vornehmes Viertel wie die President-Gregson-Vorstadt nicht mehr verschont bleibe. Zweimal sei sie selber im letzten halben Jahr von Motorradgangstern beraubt worden. Man sei mit hoher Geschwindigkeit an ihr vorübergefahren, und dabei habe ihr der Sozius die Tasche aus der Hand gerissen. Gott sei Dank habe sich nie mehr in der Tasche befunden als einige wenige Cents und ein paar Schnupftücher.

Sehr häufig, fügte sie, leiser nun, hinzu, handele es sich bei den Räubern um Schwarze oder zumindest Farbige, die seien eben wohl doch, nun zumindest anders als die Weißen.

Dabei möge er bedenken, daß sie ja, und daran gäbe es wohl nichts mehr zu deuteln, immerhin schon eine ältere Frau sei, die zu berauben zwar leichter und mit weniger Gefahren verbunden, aber doch auch mit größeren moralischen Bedenken behaftet sein müsse, als wenn es sich um einen kräftigen jungen Mann handele, wobei das Ganze eine nicht unbeträchtliche sportliche Komponente enthalte. Mit denen gehe man im allgemeinen weit brutaler um. Deshalb sei es wichtig, ja, für ihn vielleicht sogar lebenswichtig, daß er sich diese Besonderheiten immer wieder ins Bewußtsein rufe.

Vor allem die Sub solle er meiden. In den unterirdischen Stationen und im Tunnelsystem finde man häufig ausgeraubte Leichen, und zwar meist erst, wenn der Geruch auf sie aufmerksam mache. Auch Brücken und schmale Gassen, Plätze also, an denen einem anderen nicht leicht auszuweichen sei, bezeichnete sie als äußerst gefährliche Orte.

Selbst wenn sie das alles ein wenig übertrieben dargestellt haben sollte, Philipp Manners beschloß, die Gefahr nicht herauszufordern. Zwar fühlte er sich kräftig und trainiert genug, solche Überfälle abzuwehren, doch nichts wäre ihm ungelegener gekommen als sein Auftauchen in den Polizeiakten, und wäre es auch nur als Zeuge gewesen.

Er selbst geriet in seiner New-Yorker Zeit nur einmal in eine Situation, in der er überfallen zu werden befürchtete. Und auch diese Sorge hatte sich als gegenstandslos herausgestellt, die Begegnung war sogar, im nachhinein betrachtet, eher erheiternd als besorgniserregend gewesen, wiewohl sie ein bezeichnendes Licht auf die allgemeine Stimmung geworfen hatte.

Der Vorfall, wenn man die Begegnung überhaupt als Vorfall bezeichnen wollte, hatte sich auf einer Brücke ereignet, die einen Nebenarm des Hudson am Rand der President-Gregson-Vorstadt überspannt. Es ist eine sehr schmale Brücke, mit nur je einer Fahrspur in beiden Richtungen und Gehwegen, die nicht viel breiter als einen Meter sind.

Es war abends, die beginnende Dämmerung überzog mit einem matten, bleigrauen Schimmer das Wasser des Flüßchens, aus dem die dumpfen Gerüche und die Wärmeschwaden städtischer Abwässer emporstiegen. Der Verkehr auf der Brücke beschränkte sich in dieser Stunde milliardenschwerer Fernsehfamilien und der Dreiunddreißigcentreklamen auf wenige Fahrzeuge, die in großen Abständen über den dunklen Asphalt glitten.

Er hatte eben etwa die Mitte der Brücke erreicht, als er einen Mann im Trenchcoat gewahrte, der ihm entgegenkam. Der Mann trug einen breitkrempigen Hut, sein Gesicht war in tiefen Schatten getaucht. Er hatte die Hände in die Taschen seines Mantels vergraben und ging ein wenig vornübergeneigt. Sein Mantelkragen war trotz der nicht eben kühlen Witterung aufgestellt. So war das Gesicht unter dem Hut kaum zu sehen, aber der fast gesichtslose dunkle Fleck unter dem hellen Hut deutete darauf hin, daß der Mann von schwarzer, zumindest aber farbiger Haut war.

Die Situation und der Mann paßten genau in das Schema der Überfälle, wie sie Miß Lauderdale zu erzählen pflegte.

Manners überlegte, ob er nicht lieber auf die andere Straßenseite hinüberwechseln sollte, um aus der Reichweite des Mannes zu gelangen. Er war sicher, daß er nicht von vorn angegriffen werden würde, Straßenräuber galten zu allen Zeiten als nicht besonders mutig. Der Mann würde also an ihm vorübergehen, wahrscheinlich sogar ohne aufzublicken, und dann würde er sich wohl blitzschnell umwenden, um hinterrücks anzugreifen.

Als Manners bis zu dieser Überlegung gekommen war, begann er sich besser zu fühlen. Eine bekannte Gefahr, sagte er sich, ist nur noch halb so bedrohlich. Er würde sich zu wehren wissen. Der Dunkle sollte sich wundern.

Sie kamen sich, wenn nun auch langsamer, da sie beide ihre Schritte ein wenig verhielten, näher, und nur einmal hob der dunkle Mann den Kopf. Philipp Manners kopierte, halb unbewußt, halb weil sich seine Nerven und Muskeln in Erwartung des Angriffs spannten, die Haltung des Näherkommenden, er senkte den Kopf, schob die Hände in die Taschen und neigte sich eine Spur mehr als üblich nach vorn.

Der Fremde näherte sich noch drei oder vier Schritte, dann blickte er auf, verharrte auf der Stelle, offenbar unsicher, wie er sich verhalten sollte, und – wechselte hinüber auf die andere Straßenseite.

Ansonsten gab es in seinen New-Yorker Wochen nicht ein einziges Ereignis, das bemerkenswert genug gewesen wäre, den Pegel einer allgemeinen, diffusen Beklommenheit zu überragen. Unter diesem nicht näher zu beschreibenden, unangenehmen Gemütszustand allerdings litt Philipp Manners ständig. Stets hatte er das Gefühl, beobachtet zu werden, wenn er auch heute nicht eine Begebenheit nennen könnte, die seinen Verdacht bestätigt hätte. Trotzdem war die Besorgnis allgegenwärtig, ein Mann, der ihm auf dem abendlichen Spaziergang folgte, die Begegnung mit dem Dunklen auf der Brücke, ein Telefonanruf, bei dem auf der anderen Seite nichts als ein leises Atmen zu hören war, Fahrzeuge, die in langsamer Fahrt durch die Villenstraße vor Miß Lauderdales Haus rollten, der Blick einer Frau, wenn er aufdringlicher war, als er es für passend hielt, das alles berührte ihn unangenehm, vielleicht nur, weil er seiner Tarnung mißtraute oder weil er diese Stadt nicht mochte.

Die Art, in der die Menschen hier miteinander umgingen, stieß ihn ab. So empfand er es als empörend, daß man, sobald man eins der besseren Geschäfte betrat, von hauseigenen Rausschmeißern flankiert wurde, die den potentiellen Kunden ungeniert auf seine Zahlungsfähigkeit taxierten, es ekelte ihn, wenn er bei seinen wenigen Spaziergängen gezwungen war, durch knöcheltiefen Unrat zu waten, weil die Müllabfuhr permanent überlastet war, und der Geruch von Hot Dogs oder in billigem Öl frittierten Pommes verdroß ihn ebenso wie die Billiglokale, meist Verkaufswagen, an oder in denen man im Stehen dünnen Automatenkaffee trank und dazu einen halbgaren Hamburger hinunterwürgte, der zu drei Vierteln aus Semmelmehl, Ketchup und welken Salatblättern bestand. Die auf Skates über die Gehwege rasenden Jugendlichen störten ihn, der Lärm und die Verrenkungen der allenthalben anzutreffenden Tanzgruppen und auch die kurzberockten Mädchen, die ihn, in Hauseingängen und an Straßenecken stehend, mit saugenden Blicken verfolgten.

Als die einzigen Lichtblicke jener Zeit empfand er die sich ab und zu versammelnden Gruppen, die für oder gegen etwas demonstrierten, meist junge, mit Schildern und Transparenten bewaffnete Leute, deren einfache und häufig sogar uniforme Kleidung auffiel. Aber auch diese Demonstrationen blieben nie ohne die üblichen rüden Töne, mehr als einmal konnte er beobachten, wie sich unter die durchaus friedlichen Jugendlichen andere mischten, deren militantes Gehabe den New-Yorker Sicherheitskräften die Vorwände zu brutalem Eingreifen lieferte.

Miß Lauderdale stand dem allem gleichermaßen ablehnend gegenüber, und sie pflegte ihn mit ihren diesbezüglichen Tiraden zu überfallen, kaum daß er sein kleines Zimmer im Südwestturm ihrer Villa verließ.

Die alte Dame hatte sich ein erstaunlich übersichtliches Weltbild geschaffen. Jedes Ding und jeder Mensch hatte darin seinen exakt festgeschriebenen Platz, war unverrückbar und unveränderlich, die

Zusammenhänge waren deutlich und unwandelbar, es gab hell und dunkel, gut und böse, oben und unten, nichts lag dazwischen, es existierten keine Übergänge und schon gar keine Umschichtungen.

Es war ein Reklameweltbild, die Abstraktion Tausender TV-Sendungen und Hunderter Zeitschriftenartikel, es war das amerikanische Abbild der Realität.

Aus diesem Weltverständnis, das sich durchaus nicht auf die lokkenwicklerbewehrten Köpfe alter Damen beschränkte, resultierte letztlich das neue Sendungsbewußtsein von Millionen Amerikanern, das eines Tages folgerichtig und fast automatisch den Versuch nach sich ziehen mußte, das Böse in der Welt auszurotten, um den Glanz und die Reinheit der Schöpfung Gottes wiederherzustellen.

Nun, Glanz war Geschmacksache, rein würde die Welt „danach" sicherlich sein, von der Schöpfung Gottes bliebe aber wohl nicht mehr als das Werk seines ersten Tages.

Philipp Manners hat nie versucht, Miß Lauderdale zu einem Sinneswandel zu veranlassen, er wußte, daß sie keins seiner Worte begriffen hätte.

Neunmal war der Kleincomputer fündig geworden, neunmal war er mit seinem manipulierten Suchkode in fremde Datenverarbeitungsanlagen eingedrungen und dort begrüßt worden.

In den nächsten beiden Tagen arbeitete Philipp Manners die erfolgversprechenden Kontakte ab. Die ersten beiden konnte er getrost streichen, es waren die Begrüßungsformeln eines großen Warenhauses in Prescott und einer Sportschuhfirma in Lower Lengdon. Der dritte kam seinen Wünschen bedeutend näher, er stammte aus einer Zweigstelle der South-Western Electronics, wahrscheinlich vom New-Yorker Verkaufsbüro. Allerdings entsprach es nicht Manners Kalkül, seine fiktiven Daten in den Speichern ausgerechnet dieser Firma unterzubringen, da er mit ihr ganz andere Pläne hatte. So prüfte er die restlichen Kontakte und fand im letzten Komplex den für seine Zwecke idealen Partner, ein Entwurfsbüro für zivile elektronische Geräte, das sich irgendwo in einem Hochhaus in der 3rd Avenue niedergelassen hatte. Die genaue Lage interessierte ihn nicht sonderlich, er hatte nicht die Absicht, sich in den Räumen der Firma sehen zu lassen.

Drei Anläufe benötigte er, ehe er an die für seine Zielstellung geeignete Einheit gelangte. Zweimal warf ihn die Anlage aus der Leitung, weil ihm irgendein Formfehler unterlaufen war. Das hinderte sie jedoch nicht, ihn beim nächsten Versuch abermals mit der freundlichen Formel: HIER IST DIE ZENTRALE VERARBEITUNGSEINHEIT DER FIRMA COMSTRUCS. ICH WUENSCHE

IHNEN EINEN GUTEN TAG. WOMIT KANN ICH IHNEN DIENEN? zu begrüßen.

Dann gelang es ihm endlich, bis in den Personalblock vorzudringen, und er sah die Lebens- und Berufsdaten der Mitarbeiter der Firma Comstrucs über den Bildschirm seines Kleincomputers laufen.

Die Daten eines gewissen Philipp McBruns, Bürger der USA, geboren in Maryland, Elektronikingenieur, Spezialgebiet Standortermittlung, Auftrag geheim, einzugeben war eine Sache von Minuten, da sein Rechner die zweiundfünfzig Einzelpositionen automatisch vom vorbereiteten Band las.

Als Philipp Manners nach zwei Stunden auf demselben Weg rückfragte, nun ohne Schwierigkeiten beim Eindringen in den Personalblock, standen die Angaben zur Person des fiktiven Ingenieurs McBruns zwischen den Daten eines Walter McBride, Chemiker und freier Mitarbeiter, und denen eines Lester Meath, Verkaufsleiter.

Manners atmete auf. Groteskerweise spürte er nicht geringe Skrupel angesichts des Umstandes, daß er von diesem Tag an völlig unberechtigt eine beträchtliche Gehaltssumme überwiesen bekommen würde.

Er benötigte insgesamt drei Monate, um seine fiktive Identität so weit zu verbreitern und zu verfeinern, daß er sich seinem eigentlichen Ziel relativ nahe fühlen konnte.

Mit der bei Comstrucs gespeicherten Identität gelang es ihm, wenn auch erst nach mehreren vergeblichen Versuchen bei anderen Verwaltungseinheiten New Yorks, eine Anstellung in der Personalzentrale von New Bedford zu finden, eine Position, die er benutzte, um seine Daten im Zentralrechner des Staates Massachusetts unterzubringen. Nach diesen Angaben zu urteilen, hatte er eine beeindruckende und, wie er hoffte, nicht zu beeindruckende Karriere hinter sich.

Auf die bereits mehrmals praktizierte Art, nun jedoch bevorteilt durch die moderne Datenverarbeitungsanlage von New Bedford und nicht mehr angewiesen auf einen geliehenen Heimcomputer, verschaffte er sich innerhalb weniger Wochen einen achtjährigen Besuch eines Colleges in Baltimore und eine ebenfalls achtjährige Ausbildung an der Militärakademie von Valley Forge, der sogenannten Spit and Polish Academy, einer typisch US-amerikanischen Einrichtung, an der die für Höheres vorgesehenen Rekruten wie die Steine eines Flusses geschliffen und von jeglicher Individualität befreit wurden. Wer von der Spucken-und-Polieren-Akademie kam, der war entweder seiner Selbstachtung verlustig gegangen und damit für jedwede stumpfsinnige Tätigkeit verwendbar, oder er hatte eine so unangreifbare Brutalität gegen sich und andere entwickelt, daß nichts und niemand ihn zu beeindrucken oder gar zu rühren vermochten. Aus solchen im Feuer gehärteten und im eisigen Wasser geschliffenen Charakteren rekrutierten sich die Spezialeinheiten von Marine und Air Force.

Von Valley Forge begab sich die Geisterperson Philipp McBruns auf kürzestem Weg zur South-Western Electronics und nahm, unter Berufung auf eine computergestützte Delegierung seitens des Stabes der Air Force, seine Arbeit an Spezialaufträgen zum Space-Force-Programm auf.

Zur selben Zeit verschwanden Miß Lauderdales Untermieter aus dem Haus in der President-Gregson-Vorstadt New Yorks und ein gewisser Philipp McBruns aus den Registern der Datenverarbeitungsanlage von New Bedford. An keinem der beiden Orte hinterließ er etwas, was in irgendeiner Weise auf seine Person hätte hindeuten können. Abgesehen von der Miete für einen weiteren Monat, die Miß Lauderdale in kleinen Scheinen auf dem Tisch in der Mitte des Zimmers im Südwestturm ihres Hauses vorfand. Das genügte ihr, um den Gedanken, der sympathische Mister Manners, der so ausgezeichnet zuzuhören verstand, könnte einem Verbrechen zum Opfer gefallen sein, gar nicht erst aufkommen zu lassen.

Und wenn sie den Fall trotzdem der Polizei übertragen hätte, was sie tatsächlich in Erwägung gezogen hatte, dann hätten auch die Beamten keinen Hinweis auf den Verbleib des ehemaligen Mieters gefunden. Nicht einmal einen verwischten Fingerabdruck oder den Rest eines persönlichen Geruchs.

Ein Mann war verschwunden, als hätte er nie existiert. Er war einer von mehr als zweitausend Menschen, die täglich in diesem Land verschwanden, ohne eine Spur zu hinterlassen oder jemals wieder aufzutauchen.

Adler mit gebrochenen Flügeln

Du fällst in einen tiefen, engen Schacht mit glattpolierten Wänden, die sich dein verzerrtes Spiegelbild zuwerfen wie einen verbeulten Ball, wie hundert verbeulte Bälle.

Mal fällst du mit dem Kopf voran, mal mit den Füßen, dann wieder quer mit gestreckten Armen und Beinen, daß du meinst, die Wände des polierten Schachtes berühren zu müssen, und dann kugelst du dich zusammen. Denn schlügst du gegen die Tunnelwand, dein Flug würde zum grausigen Taumeln, du selbst schließlich zum Ball, deinem deformierten Spiegelbild gleich.

Wenn du nach oben blickst, entgegen deiner Fallrichtung, dann kannst du ein winziges Stück hellblauen Himmels sehen, ein rundes Fleckchen Welt, das kleiner und kleiner wird. Und blickst du nach unten, dann siehst du dort ebenfalls eine deutlich sich abhebende, kreisförmige Fläche, nur daß diese da unten aussieht wie ein in Tränen schwimmendes Auge.

Ein Auge, das sich nicht weiter öffnet, weil die Tiefe des Schachtes ohnehin von hier bis zur Erde zu reichen scheint, bis zur Mutter Erde, die in diesen Sekunden vielleicht schon ihren letzten Atemzug begonnen hat.

Da weißt du endlich, daß das alles ein Trugbild ist, ein sinnloses Mosaik, produziert von deinem eigenen, geschundenen Hirn. Und du zwingst dich, emporzublicken zu dem kleinen Teil des unendlichen Himmels, der dir geblieben ist.

Da beginnt der bläuliche Fleck zu atmen, dehnt sich schließlich aus, eigentlich müßte man jetzt, entspräche das projizierte Bild der Wirklichkeit, das Gefühl haben, wieder aufzusteigen. Doch du hast dieses Gefühl nicht, du stürzt weiter ins Bodenlose, tiefer und tiefer in diesen Schacht hinein, der sich nun plötzlich erweitert und dabei abflacht. Der Himmel überzieht sich unvermittelt mit einem matten Grau, über das rötliche Reflexe huschen, der Himmel ist die Wandung einer Kabine.

Und die Erde?

Das matte, metallisch schimmernde Grau gehört zu Doras Kabine. Doch wozu gehört dieses rote Flimmern? Und wo ist Dora? Die Fragen dröhnen in deinem Kopf.

Da plötzlich springt die Erinnerung dich an: Dora und ihr irrsinniger Plan, der vernichtende Stoß, Rotalarm!

Noch immer höchste Alarmstufe! Wie etwas, was sich gewaltsam Eingang in dein Gehirn verschafft, ist dieses an- und abschwellende Heulen und das im selben Takt atmende Rot der Warnscheibe an der Kabinendecke. Ton und Licht schlagen auf dich ein, drängen das dumpfe Rauschen hinter der Stirn langsam zurück, nur das Gefühl zu fallen vergeht nicht.

Die Station rotiert nicht mehr. Eine ihrer wesentlichsten Funktionen ist ausgefallen, sie ist ein Wrack, schwerelos und ohne die künstliche Gravitation. Furchtbares muß geschehen sein, ein Angriff oder ein Meteoritentreffer, ein Angriff ist wahrscheinlicher, vielleicht aus der vierten Dimension heraus. Wir haben den Bogen überspannt, als wir diese künstlichen Krankheitsherde schufen, irgendwann schlägt auch der Friedfertigste zurück.

Ich habe in diesem Moment wirklich „wir“ gedacht, und daß ich mich nicht ausnehmen darf, daß ich einen gewissen Anteil am Ausbruch dieser modernen Pest habe, erschüttert mich zutiefst, jetzt noch mehr als in dem Augenblick, in dem ich es erfuhr.

Irgendwo in der Station schmettern Schotte in die Falze. Es klingt wie Schüsse, die von irgendwoher auf mich abgefeuert werden. Fast bin ich versucht, auf die Einschläge zu lauschen, aber ich würde sie nicht hören können, denn noch immer gellt und blinkt der Rotalarm.

Mich von der Wand zu lösen, gegen die ich geschleudert worden bin, ist jetzt, da sich meine Welt von den Kräften der Gravitation befreit hat, leichter, als mir lieb sein kann. Einer Feder gleich beginne ich zu schweben, wobei ich registriere, daß ich nicht den geringsten Schmerz verspüre. Nur das Gefühl schnellen Fallens verstärkt sich, nachdem ich meinen letzten, wenn auch unsicheren Halt verloren habe. Sekundenlang bewege ich, ziemlich genau im Zentrum der Kabine schwebend, Arme und Beine, ein Reflex, der die Gefahr birgt, auch den letzten Rest von Orientierung zu verlieren. Möbel, in Voraussicht einer solchen Situation verankert, bilden Fixpunkte, ein Kissen, ein Glas, träge um sich selbst und um einen imaginären Pol rotierend, treiben vorbei, dann sehe ich Dora, bewegungslos zwischen Stuhl und Tisch, mit der Stirn die Wandbespannung berührend. Einen Moment lang überschwemmt mich die Furcht, dieses mir verborgene Gesicht könnte grausam entstellt sein.

Dann jedoch bekomme ich eins der Hangelseile, die aus verdeckten Wandtaschen in das Innere der Kabine geschossen worden sind, zu fassen, die Orientierung kehrt zurück und mit ihr die Konzentration meiner Gedanken auf einen Punkt. Ich drehe mich um meine Querachse und schiebe mich in Richtung Tür, zentimeterdicht über den reglosen Körper Doras hinweggleitend.

Meine Konzentration droht sich aufzuspalten in den Wunsch, dies alles in ein System zu ordnen, in dem ich meinen derzeitigen Platz zu bestimmen vermag, Ruhe in mich selbst und die Vorgänge um mich her zu bringen, und in den Drang, den Ort des Unfalls oder Überfalls, den der Zerstörung, möglichst schnell zu erreichen. Unser aller Leben hängt von der Fähigkeit ab, sich in Ausnahmesituationen sofort zurechtzufinden.

All diese Gedanken spüre ich nur andeutungsweise, sie streifen mich lediglich, ähnlich dem Luftzug, den ein vorüberfliegender Vo-

gel verursachen würde. Mein Verhalten hingegen ist mechanisiert, vorgeprägt in Hunderten von Trainingsstunden, zum Automatismus deformiert worden mit dem Ziel, das in Jahrtausenden der Evolution gewonnene unterbewußte Urteil über das Wertverhältnis von menschlichem Leben und toter Maschinerie umzukehren.

Nur andeutungsweise verspüre ich etwas wie Genugtuung, daß nun genau das geschehen sein könnte, was ich als mein eigentliches Ziel betrachte, dann katapultiere ich mich hinaus in den von der Notbeleuchtung nur spärlich erhellten Gang.

Dabei gleite ich so nahe an Dora vorbei, daß sich ihr Haar im Sog meiner Hand bewegt. Doch ich verspüre keine Reaktion. In mir ist wohl kein Platz mehr für Gefühle. Nicht in diesem Moment, in dem einmal mehr die anerzogenen Verhaltensweisen den Sieg davongetragen haben. Dieser Körper im rosa Overall, der da hinter mir im Dämmer der Kabine zurückbleibt, ist zur Zeit nicht viel mehr als ein nutzloser Gegenstand. Jetzt geht es nur noch um die Station.

Ich habe die Tür meiner Kabine eben erreicht, als auch die Notbeleuchtung erlischt. Als sie endlich, nach Sekunden, die mir wie eine Ewigkeit erscheinen wollen, wieder aufflammt und sich flakkernd stabilisiert, habe ich meinen Skaphander bereits geschlossen. Der Sauerstoff strömt wie mit Hammerschlägen in meine Lunge. Draußen in der Station muß es einen erheblichen Druckabfall gegeben haben.

Noch einmal, wieder nur andeutungsweise, geht mir das Bild eines dunklen Haarschopfes, umgeben von einer seltsam formlosen rosa Wolke durch den Sinn, dann jage ich den Gang entlang, den vorwärtstreibenden roten Pfeilen des Alarms nach.

Die Schleusen sind ordnungsgemäß verschlossen und die Schotte automatisch verriegelt. Ihr Mechanismus ist voll funktionstüchtig. Bei den ersten vier deuten die Warnanzeigen nicht darauf hin, daß jenseits der Doppelschotte Ungewöhnliches sich ereignet oder ein größerer Druckabfall als in den anderen Sektionen stattgefunden haben könnte. Trotzdem hält mich der Druckausgleich, das Öffnen und Schließen der Schotte länger auf, als ich gerechnet habe.

Dann endlich bin ich vor Ort. Auf der ersten Tür der fünften Schleuse blinkt hektisch ein giftgelbes Kreuz, der sichtbare Hinweis, daß jenseits des fünften Doppelschotts absolutes Vakuum anliegt. Das Kreuz pulsiert, als sei da etwas in dieser toten und doch sehenden, hörenden und denkenden Maschinerie, das Schmerz oder Furcht empfinden könnte, das sich bewußt wehren könnte gegen das Eindringen des lebensfeindlichen leeren Raumes.

Im Moment, als ich die Pumpen anlaufen lasse, höre ich die Funkstimme des Commanders. Die ersten Worte gehen resonanzlos an mir vorbei, so groß ist meine Erleichterung, eine lebende Stimme zu hören.

Doch Glenn Morris hat selbstverständlich damit gerechnet, er wiederholt seine Ausführungen: „Achtung, Achtung! Hier spricht Commander Morris. Schwere Havarie in Außensektion vier! Wir haben eine bisher noch unbekannte Anzahl Toter und Verwundeter zu beklagen. Der allgemeine Druckabfall in der Station beträgt acht Prozent. Der Druck ist bereits stabilisiert. Druckabfall in Station vier: einhundert Prozent. Lagestabilisation des Systems ausgefallen. Legen Sie unverzüglich Raumschutzausrüstung an. Versorgen Sie die Verletzten. F-Personal sofort zur Havariestelle. A-Personal Stationen übernehmen. Die Leitung des A-Personals übernimmt Doktor Haskett. Achtung! Absolute Weisungsbefugnis des Commanders!"

Morris wiederholt seine Befehle mehrmals, wobei er ohne Betonung spricht, es klingt, als lese ein Ungeübter vom Blatt. Bei der letzten Wiederholung hängt er den Zusatz an, daß mit der Normalisierung der Druckverhältnisse in den unbeschädigten Sektionen innerhalb der nächsten zwanzig Minuten gerechnet werden könne, mit der Wiederaufnahme der Rotation jedoch nicht vor Inanspruchnahme umfangreicher Hilfeleistungen seitens der Basis.

Auch auf dem Außenschott, das den Aufenthaltstrakt der Sektion vier abriegelt, blinkt ein giftgelbes Kreuz. Die Sektion wirkt wie ein gleichmäßig schwach gekrümmter Tunnel, dessen unbeleuchtete Röhre weit entfernt in einer nächtlichen Landschaft endet. Hin und wieder gleiten vermummte Gestalten, manchmal in Körperhaltungen, die jeder Erfahrung widersprechen, über die an ihren Rändern zerrissene Fläche des Tunnelmundes. Erste leise Funkgespräche wehen herüber.

Je näher ich dem Ort der Katastrophe komme, um so deutlicher wird mir, daß diese Reparatur nicht aus eigener Kraft durchzuführen sein wird. Auf einer Länge von rund sechs Metern fehlt der Außenring völlig, die Mitte der Sektion vier ist mitsamt zwei Kabinen und einem kleinen Aufenthaltsraum, einer sogenannten Kaffeeküche, aus dem Ring herausgesprengt worden. Die Rißstellen sehen aus, als sei ein riesiges, stumpfes Messer hindurchgefahren.

Wenn diese Zerstörungen wirklich das Resultat eines Angriffs sein sollen, so kann der nur mit einer Haftmine geschehen sein, Laser oder Sprengköpfe reißen glattere Wunden.

Nein, das war kein Angriff, denn Haftminen an einer Raumstation anzubringen hieße, einem fliehenden Hasen Sprengpatronen an den Hals zu binden.

Was bliebe, wäre eine Explosion im Inneren der Station. Ein Versagen des Systems oder Sabotage.

Ein roter Skaphander gleitet in mein Blickfeld, Commander Morris. Dann verharrt der Skaphander, kleine gelbe Flämmchen gegen seine Bewegungsrichtung sendend, und in meinen Helmlautsprechern ist die Stimme einer Frau. Einen Augenblick lang hoffe ich, Doras Stimme erkennen zu können, aber dann sehe ich wieder ihren bewegungslosen Körper vor mir und ihr Haar, das im Sog meiner Hand flutete wie schwarze Algen am Grund eines Flusses. Da weiß ich, daß es Doras Stimme nicht sein kann.

„Achtung, Commander! Wir empfangen den Anruf eines sowjetischen Montagesatelliten. Man bietet uns sofortige Hilfe an. Entfernung …“

„Sagen Sie ihnen, daß wir uns selbst helfen werden!“ Der Commander scheint ruhig wie immer, doch im nächsten Augenblick wird seine Gelassenheit von Zorn überlagert. „Melden Sie sich mit Namen und Dienstgrad, zum Teufel! Ich erwarte unbedingte Disziplin.“

„Hier spricht Sergeant Blackwood, Sir! Ich habe verstanden. Angebot ablehnen.“

„Ist der Werfer besetzt, Sergeant?“

„Nein, Sir. Captain McBruns ist noch nicht …“

„Was ist mit Phil, Jane?“ Unversehens klingt Besorgnis aus der Stimme des Commanders.

Ein dem Grund nach nicht genau zu definierendes, aber unverkennbar schlechtes Gefühl überkommt mich, als ich mich zwischen den äußeren, ragenden Zacken der Wandung hindurchschiebe und auf den Commander zusteuere. „Captain McBruns meldet sich zur Stelle, Sir.“

Morris fährt herum, pendelt zu weit nach links und richtet sich mit einem schnellen Schuß auf der Stabilisatordüse wieder auf. Ihm scheint es die Sprache verschlagen zu haben. Doch er fängt sich erwartungsgemäß schnell, das Beherrschen unvorhergesehener Situationen hat er gelernt. Trotzdem dokumentiert das Klirren der übersteuerten Lautsprechermembran den Grad seines Zorns.

„McBruns, Sie? Was haben Sie hier zu schaffen, Sie verdammter Narr? Ihr Platz ist am Laser, Mann! Wir befinden uns in einer Gefahrenlage, und wir haben einen Havarieplan. Begeben Sie sich unverzüglich in den Kampfstand. Und rechnen Sie mit einem Disziplinarverfahren. Aber mit einem, das sich gewaschen hat. Hauen Sie schon ab, Captain, solange Sie das noch sind!“

Dies ist keine Situation, in der ich mich verteidigen könnte, in der ich erklären könnte, daß mir die Rettung der Station und ihrer Besatzung wichtiger gewesen sei als ihre Verteidigungs- oder Angriffsbereitschaft.

Da ist mir plötzlich, als träfen meine Gedanken auf eine imaginäre Wand, die aus nur einem Wort besteht. Zum erstenmal hat der Commander den Begriff „Kampfstand" verwendet. Unversehens, hervorgerufen durch eine Lage, die uns alle an den Rand des Todes führte, ist nun auch der verbale Schleier gefallen. Die Odin ist zu dem geworden, was sie schon immer war.

Der Druckmelder am Außenschott fünf zeigt rot. Jemand muß sich in der Schleuse befinden, entweder auf dem Weg zum Havarieort oder zurück in die Geborgenheit der unbeschädigten Sektionen. Das bedeutet zu warten, bis die Schleuse belüftet, verlassen und erneut evakuiert ist.

Dreißig Sekunden. Aus der Schleuse dringen keine Geräusche, die rote Anzeige glimmt nach wie vor, du wartest.

Eine Minute. Stille hinter dem Schott, keine Pumpe surrt, keine Verriegelung schnappt, der Druckmelder glimmt, du wartest.

Du wartest, bis sich, nach neunzig Sekunden, der Gedanke in dir zu formen beginnt, daß abermals etwas Unvorhersehbares geschehen sein muß, in deiner unmittelbaren Nähe diesmal, dort, hinter jenem Schott. Da betätigst du, eigentlich ohne dir darüber Rechenschaft abzulegen, den Öffnungsmechanismus, registrierst mit einer gewissen Beruhigung, daß das Schott vor dir aufschwingt, und das Blut gefriert dir in den Adern. Von einem Moment auf den anderen hast du das Gefühl, tot zu sein, ein Eisblock, empfindungs- und gedankenlos. Vielleicht ist es diese absolute geistige Leere, was dich vor dem Schock bewahrt.

Die Kammer, schwerelos und unter dem Einfluß des Vakuums stehend, ist angefüllt mit rötlichem Nebel, mit einer feinverteilten Wolke, von der du augenblicklich weißt, daß sie aus winzigen Blutpartikeln besteht, und ungefähr im Zentrum des kleinen Raumes schwebt etwas, was ehemals ein menschlicher Körper war.

Da wendest du dich schaudernd ab, katapultierst dich zurück durch den Gang und gleich hinaus in die tödliche Leere des Alls, die dir weit angenehmer erscheint als diese mit Entsetzlichem angefüllte Schleusenkammer, und du erstattest mit einer Stimme, in der du das Zittern nicht zu unterdrücken vermagst, Meldung, den abermaligen Rüffel mit deinem Bericht im Keim erstickend.

Das Gesicht des Commanders erblaßt hinter der Helmscheibe infolge der bloßen Schilderung.

„Bergerson", murmelt Glenn Morris schließlich. „Es muß Bergerson sein. Weshalb hat er das nur getan?"

„Es ist nicht Bergerson", sagst du, während die Kälte langsam aus dir hinauszufließen beginnt. „Es ist ..., es war eine ..., es war eine Frau, Commander."

Glenn Morris fragt nicht nach ihrem Namen, vielleicht hat er der Schilderung entnommen, daß mit einer Identifikation allein nach dem Äußeren dessen, was da geblieben ist, kaum gerechnet werden kann, vielleicht interessiert ihn die Identität der Toten in diesem Moment auch nicht, es ist ein Verlust, mag er sich sagen, schlimm genug, doch der Verlust des einen ist nicht weniger zu bedauern als der eines anderen.

Jedenfalls wirkt seine plötzliche Gelassenheit irgendwie demonstrativ, vor allem, als er mich auffordert, die Räumung der Schleusenkammer zu veranlassen und mich danach unverzüglich an den Laser zu begeben.

Dann aber stiehlt sich doch noch eine Spur menschlicher Wärme in seine Stimme. „Nimm den Weg über Schleuse drei, Phil", sagt er. „Oder schließ wenigstens die Augen da drin."

Ich nehme seine Weisung wörtlich. Während mich die einströmende Luft der Kammer drei umspült, informiere ich Doktor Warren über Funk, schildere ihm in möglichst dürren Worten die Lage, gebe den Befehl des Commanders weiter und blende mich aus, als Warren heftig zu fluchen beginnt.

Später hocke ich in meinem Leitstand oder Kampfstand und muß daran denken, daß diese Unterscheidung nun doppelt sinnlos geworden ist, denn war sie schon bisher ausschließlich verbaler Natur, so sind jetzt beide Funktionen ausgefallen, ich habe mich endgültig davon überzeugen können, daß die Odin in ihrem derzeitigen Zustand nicht wehrhafter ist als ein Brocken toten Metalls.

Nach einer halben Stunde, die mir so lang wie ein ganzer Tag erscheint, führen Newman und ein Pilot Doktor Warren durch die Zentrale. Sie haben ihn in die Mitte genommen und schieben sich, ihn rechts und links an den Armen haltend, mit sparsamen Bewegungen von Boden, Wänden und Geräten ab. Warrens Visier ist schmutzverschmiert, offenbar hat er sich in seinen Helm hinein erbrochen.

Eben haben sie den Raum verlassen, als das Schott abermals fauchend zurückgleitet. In der Öffnung steht Dora. Ich spüre weder Verwunderung noch Freude, ich spüre überhaupt nichts. Ich benötige sogar, obwohl sie ihren grünen Spezialskaphander trägt, mehrere Sekunden, ehe ich ganz sicher bin, daß sie es wirklich ist.

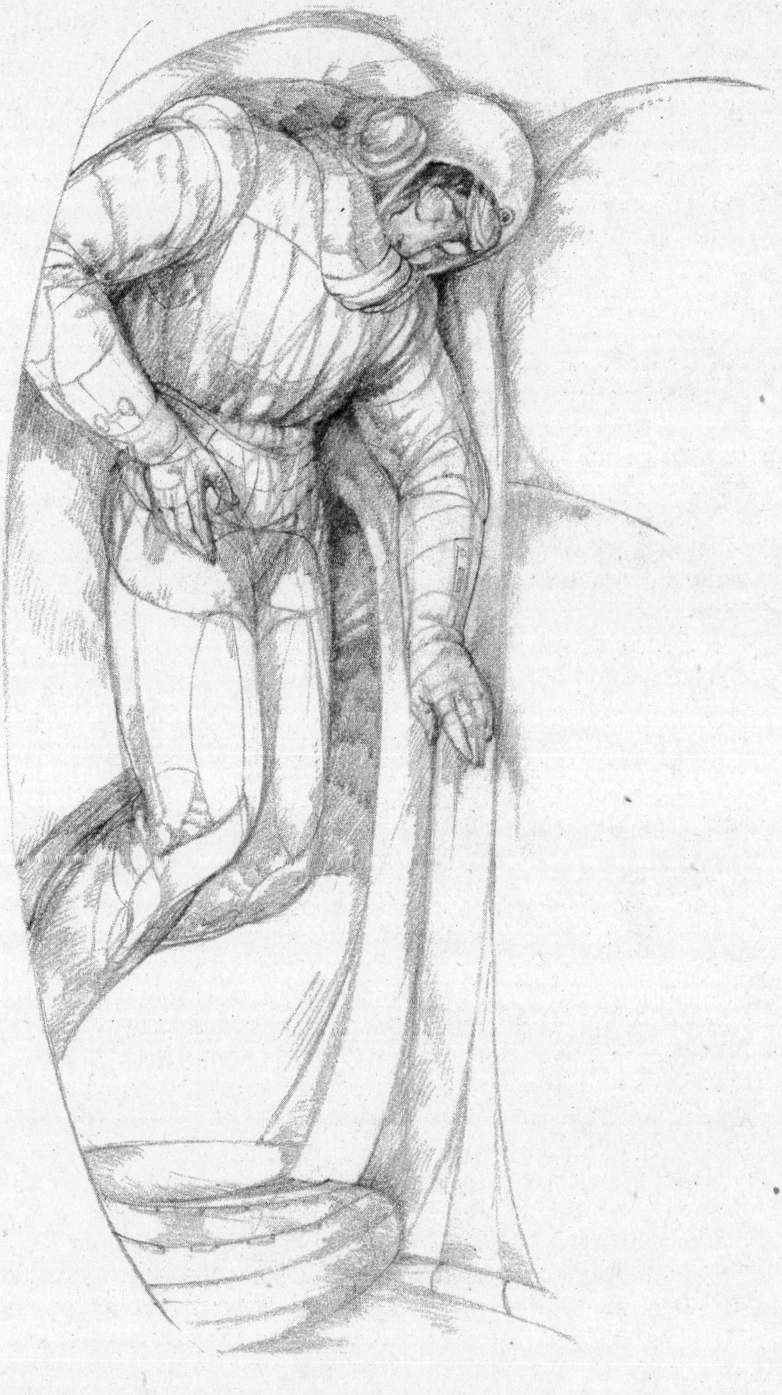

Sie steht seltsam verkrümmt in der Schwärze des unbeleuchteten Speichenganges, eine Hand an die rechte Lende gepreßt, als leide sie unter heftigen Schmerzen, die andere am Rahmen der Schleusentür. Ihre Füße schweben mehrere Zentimeter über dem Boden.

Schließlich schiebt sie sich vom Rahmen des Schotts ab und schwebt an mir vorbei zum Navigationspult. Ihre Bewegungen wirken gehemmt, ähnlich denen in einem mit verzögerter Bildfolge ablaufenden Video. Sie blickt mich aus leeren dunklen Augen an. Unter der Stirnschale ihres Helms schimmert ein weißer Kopfverband hervor.

An diesem Tag wechseln wir kein Wort und keinen Blick mehr. Dora sitzt reglos vor der Bedienungseinheit ihrer Navigationsanlage, zweifach abgeschirmt durch ihren Skaphander und die Konturenschale ihres Sessels, in der sie fast gänzlich versunken ist. Seltsam klein wirkt sie, irgendwie überhaupt nicht vorhanden. Ich möchte ihr sagen, wie froh ich bin, daß sie am Leben ist, aber wahrscheinlich würden meine Worte sie überhaupt nicht erreichen, wie sie so still und in sich verschlossen dort in ihrem Sessel sitzt. Außerdem, soll ich ihr etwa mitteilen, daß es einen Moment lang Wichtigeres für mich gab als sie?

Um uns her geht das Leben weiter, ein anderes freilich jetzt als gestern oder vorgestern, hektischer und doch auch zielstrebiger. Der angeschlagene Organismus der Station versucht sich im Rahmen des Möglichen zu stabilisieren. Und mit jeder Minute, die vergeht, wird deutlicher, daß dieser Rahmen sehr eng ist.

Sie haben die drei Teilstücke, in die Sektion vier zerborsten ist, herangeflogen, eine gigantische Arbeit, die zwar schwerelosen, aber doch mit erheblichen Massen behafteten Körper mittels Rückstoßtreibern in gerichtete Bewegung zu versetzen, zu steuern und wieder abzubremsen, eine Tätigkeit, die den fatalen Vergleich mit Ameisen provoziert, die große Raupen zu schleppen versuchen. Doch dann hat sich herausgestellt, daß dies alles umsonst war. Die Bruchstellen sind viel zu stark deformiert, als daß sie sich mit bordeigenen Mitteln wieder aneinanderpassen ließen. Mit einer Teilinstandsetzung ist also nicht auszukommen. Man wird die Sektion austauschen müssen.

Und das bedeutet Schwerelosigkeit für mehrere Tage, vielleicht sogar für Wochen.

Hin und wieder hallen laute, vibrierende Töne durch die Station, als schlüge irgendwo in ihrem Inneren eine große Glocke an. Der Reparaturtrupp ist dabei, die Reste der Sektion vier zu entfernen. –

Irgendwann an diesem Tag richtet sich Dora in ihrem Sessel ein wenig auf und betätigt eine Taste auf dem Pult. Eine Stimme füllt den Kampfstand, eine sonore, geschulte Stimme, die des Präsidenten, ausgestrahlt über alle Kanäle, gerichtet an alle Menschen der Erde.

Der Präsident verurteilt den heimtückischen Überfall auf die Station mit Worten, aus denen bei aller Härte echte Empörung klingt, er beklagt die Toten und Verletzten, als habe dieses Unheil ihn persönlich betroffen, und versichert die trauernden Hinterbliebenen seiner tiefempfundenen Anteilnahme. Am Ende seiner Rede kündigt er Maßnahmen an, die geeignet seien, dem amerikanischen Volk Genugtuung zu verschaffen.

„Ja", sagt Dora mit belegter Stimme. „So einfach ist das!" Und es bleiben die einzigen Worte, die sie an diesem Tag spricht.

Am späten Nachmittag wird, ebenfalls über alle Kanäle, eine Sondersitzung des UNO-Sicherheitsrates übertragen. Als erster Redner erhält, infolge einer Sonderregelung wegen besonderer Vorkommnisse, der Verteidigungsminister der USA das Wort. Er wiederholt die Vorwürfe, Klagen und Drohungen seines Präsidenten, wartet dann jedoch mit Einzelheiten auf, indem er die Nationalität des angeblichen Angreifers nennt. Ein sowjetischer Jagdsatellit habe diesen feigen Überfall verübt, und dessen Kommandant habe danach noch die menschenverachtende Unverfrorenheit besessen, die Opfer durch ein Hilfsangebot zu verhöhnen.

Nachdem sich der einsetzende Tumult einigermaßen gelegt hat, erhält, ebenfalls durch Sonderregelung, der sowjetische Delegierte die Gelegenheit zu einer Gegendarstellung, die der Geschäftsordnung entsprechend die Dauer von zwei Minuten nicht überschreiten darf. Die Erklärung beansprucht nicht mehr als zehn Sekunden. Sie lautet: „Die Raumflotte der Union der Sozialistischen Sowjetrepubliken hat mit der Havarie des US-amerikanischen Satelliten nicht das geringste zu tun. Ich verweise hingegen auf die Möglichkeit eines Unfalls bei den in den letzten Tagen absolvierten vertragswidrigen Zielübungen mit Nuklear- und Laserwaffen und verwahre mich ganz entschieden gegen die Unterstellungen seitens des Verteidigungsministers der USA."

Während der Delegierte das Rednerpult verläßt, herrscht im Saal absolutes Schweigen.

Die Delegierten Sri Lankas und Venezuelas verhalten sich dann, als wäre die Gegendarstellung des sowjetischen Vertreters überhaupt nicht erfolgt, sie verurteilen die USA wegen der unmenschlichen Tests mit Infektionsviren und der Zielübungen im Orbit und bezeichnen den vorgeblichen Angriff auf die Odin als legale, ja notwendige Maßnahme, um weiteren Übergriffen dieser Art vorzubeugen.

Die Debatte droht schließlich zu versanden, da die unterschiedlichen Darstellungen der beiden Seiten jeweils nur von den Vertretern verbündeter Staaten für bare Münze genommen werden.

Trotzdem endet sie mit einem Eklat, den auszulösen dem chinesischen Delegierten vorbehalten ist.

Herr Liang Hoa, ein kleiner, sehr beweglicher Mann im dunklen, einreihig geknöpften Anzug, bedauert eingangs, erst zu so später Stunde an das Rednerpult treten zu können, denn er glaube, nein, er sei überzeugt, daß seine Ausführungen der Debatte zu einer totalen Wende verhelfen werden.

Ein Satellit der Volksrepublik China habe sich nämlich, erklärt er, während ein flüchtiges Lächeln über seine feinen Züge huscht, zur fraglichen Zeit in unmittelbarer Nähe der amerikanischen Station befunden und den Hergang der Havarie sehr genau verfolgen und dokumentieren können, ebenso wie das Absetzen nicht registrierter Orbit-Boden-Raketen und die Schießübungen mit Nuklearwaffen. Jedenfalls gehe aus den Aufzeichnungen der chinesischen Station eindeutig hervor, daß es sich um eine Havarie, nicht aber um einen Angriff gehandelt habe. Die gesamte Sektion vier der Odin sei von innen her aufgesprengt worden und dabei in drei Teile zerbrochen. Die Art der Zerstörung weise so unzweifelhaft auf Sprengung hin, daß die Beschuldigungen durch den Präsidenten und den Verteidigungsminister der USA nur als Ablenkungsmanöver gewertet werden könnten. Und zwar als Ablenkungsmanöver im Hinblick auf die jedem menschlichen Empfinden hohnsprechenden Virentests, deren Herde nebenbei bemerkt in der Volksrepublik China sehr schnell wieder beseitigt worden seien. Im übrigen bestehe zweiseitige Verbindung zu dem Beobachtungssatelliten, so daß sowohl Kommandant wie auch Besatzung jederzeit konsultiert werden könnten. Auch die Aufzeichnungen stünden selbstverständlich zur Verfügung.

Es bedürfe wohl auch der Erwähnung, daß die Volksrepublik China den unbefristeten Abbruch der diplomatischen Beziehungen zu den USA ins Auge gefaßt habe.

An dieser Stelle bezichtigt der USA-Verteidigungsminister durch Zwischenruf nun die Volksrepublik China des zur Debatte stehenden Überfalls und fordert damit abermals äußerst heftige Proteste heraus.

Herr Liang Hoa aber entgegnet, in seinem Land, der Volksrepublik China, würden bereits Schulkinder anhand der Beschädigungen der Odin unverzüglich auf eine Sprengung schließen.

„Ich kann mir gut vorstellen", sagt er abschließend, „und vor allem scheint es mir menschlich leicht verständlich, daß man auch an Bord dieses Kampfsatelliten über die Tests mit Todesviren nachzudenken begonnen hat. Denn Nachdenken, Herr Verteidigungsminister, ist eine Tätigkeit, die sich auch durch die beste und effektivste Ausbildung in Ihren Militärakademien auf Dauer nicht verhindern läßt. Ich jedenfalls kann einem mit Denken begabten Menschen nicht verübeln, daß er den Verursacher tausendfachen Leides vernichtet. Daß es im vorliegenden Fall unter Hingabe des eigenen Lebens geschehen ist, macht diesen Mann in meinen Augen zum Helden."

Schon mehrmals ist Herr Liang Hoa durch Applaus unterbrochen worden, aber stets, wenn er andeutete, weitersprechen zu wollen, trat wieder Stille ein.

Jetzt allerdings geht seine Stimme in Beifallsbekundungen unter. Vielleicht deshalb setzt er seinen Ausführungen die Krone auf, als endlich wieder Ruhe eintritt.

„Ich nenne Ihnen den Namen dieses hervorragenden Mannes, Herr Verteidigungsminister", fährt er fort, „Lieutenant der U.S. Space Force, Peer Bergerson, zweiunddreißig, geboren in Providence, Connecticut. Seine Leiche ist von unserem Beobachtungssatelliten geborgen worden, und wenn Sie, Herr Minister, auch nur über einen Funken Menschlichkeit verfügen, dann gestatten Sie uns, den Helden Peer Bergerson zu seiten des Platzes des Volkes in Peking beizusetzen."

Der Beifall dröhnt mir in den Ohren. Oder ist es das Rauschen meines Blutes? Ich habe nur einen einzigen Gedanken: Bergerson, Bergerson! Weshalb ausgerechnet er, der amerikanischste Amerikaner, der Kommunistenhasser Peer Bergerson? Es ist unbegreiflich.

„Dieses Schwein!" murmelt die Stimme des Commanders in meinen Kopfhörern. „Dieses verdammte Schwein! Weshalb, frage ich mich, hat er das getan? Weshalb gibt es unter uns Leute, die sich auf die Seite dieser ..., dieser ..., der ... da drüben stellen? Weshalb? Sehen denn diese Narren nicht ...?"

Seine Worte brechen mit einem leisen Knacken ab. Er hat sich aus dem Bordnetz geschaltet, verärgert vielleicht über die eigene, einen Teil seines Innersten bloßlegende Bemerkung und voller Zorn auf eine Welt, die dabei ist, sich andere Ideale zu schaffen, als er sie vertritt.

Am späten Vormittag des folgenden Tages gehen mehrere Meldungen ein, wonach in fast allen Ländern der Erde spontan Demonstrationen begonnen haben. Millionen von Menschen sollen, ohne sich miteinander verabredet zu haben, auf die Straße gegangen sein.

Und während sich die meisten dieser Kundgebungen pauschal gegen die Virentests der Space Force richten, soll sich in den USA selbst zum erstenmal die Forderung nach dem unverzüglichen Rücktritt der Administration erhoben haben.

Gegen Mittag gibt der Präsident über Television eine Erklärung vor beiden Häusern ab. Die Darlegungen offenbaren eine seiner Achillesfersen. Offenbar sei er sehr mangelhaft über die Vorgänge an Bord der Versuchsstation Odin unterrichtet worden, ja, er halte es sogar für möglich, daß man ihn belogen habe. Man werde die Verantwortlichen zur Rechenschaft ziehen, denn spaßen lasse er mit sich nicht.

Die Abendnachrichten der Agentur Reuter melden den Abbruch der diplomatischen Beziehungen seitens Indiens, der Volksrepublik China und des Irans zu den Vereinigten Staaten. Im anschließenden Kommentar wird von Führungsschwäche gesprochen, die sich nur mühsam hinter großen Worten verberge.

In dieser Nacht läßt sich Commander Morris nicht in der Zentrale sehen.

Ich weiß, daß auch er den Führungsstil seines Präsidenten nicht uneingeschränkt positiv bewertet, daß es aber ausgerechnet eine englische Agentur ist, die einer solchen Kritik Ausdruck verleiht, muß ihn als loyal denkenden Amerikaner zutiefst verletzen.

Der Hilfsshuttle läßt auf sich warten. Die Tage vergehen, und an Bord der Station herrscht Schwerelosigkeit. Solche Tage können zur Tortur werden.

Dabei wirkt das Fehlen der künstlichen Gravitation höchstens als Katalysator, die eigentliche Belastung liegt nicht im körperlichen, ja nicht einmal im materiellen Bereich, Schwerelosigkeit läßt sich ertragen, wie sich auch Hunger ertragen läßt, viele Tage lang, wenn es sein muß. Und da liegt das eigentliche Kriterium. Es müßte akzeptable Gründe geben. Wenn du siehst, daß die Supermärkte überquellen von allen nur möglichen Delikatessen, dann fällt es dir schwer, dich mit Nahrungsabstinenz abzufinden.

Auf Cape Canaveral, auf Houston Space Port und in Nevada Sands stehen zu jeder Minute eines jeden Tages mindestens drei Shuttles einsatzbereit. Das Verladen einer Austauschsektion würde höchstens Stunden in Anspruch nehmen, die Reparatur hätte also längst vollzogen sein können.

Trotzdem vergeht Tag um Tag, ohne daß die Meldung über den Start des Reparaturteams eintrifft.

Da kommst du dir schließlich vor wie vergessen oder, was noch schlimmer ist, wie überflüssig. Daraus resultiert die miese Stimmung an Bord, die sich um so weiter ausbreitet, je mehr Zeit nutzlos vergeht.

Glenn Morris schwebt in diesen Tagen wie ein böser Geist durch die Station. Er hat seine Augen und Ohren überall, taucht auf, wo man ihn am wenigsten erwartet, und moniert auch die kleinste, die letzte Nachlässigkeit. Er hat sich angewöhnt, viel über Disziplin zu reden und mit drakonischen Strafen für Nichtbeachtung des Bordregimes zu drohen.

Vor allem die Adaptiva haben es ihm angetan, jene Stimulanzien oder Medikamente also, nach deren Einnahme sich die Welt freundlicher oder erträglicher als zuvor repräsentiert. Eine seiner ersten Maßnahmen nach der Havarie war die Beschlagnahme und Vernichtung der ohnehin kaum nennenswerten Bestände an Drogen. Bis dahin ist nur ganz selten etwas davon angerührt worden, sie waren vorhanden, weil sie auf der Ausrüstungsliste standen, doch jetzt kann man sich des Eindrucks nicht erwehren, ihr Fehlen mindere das Wohlbefinden der Besatzung erheblich. Einen Tag später dehnte der Commander die Prohibition auf die stärkeren alkoholischen Produkte aus und am nächsten sogar auf Ginol-Tonic, ein Getränk, das sich an Bord großer Beliebtheit erfreute.

Entsprechende, in Anbetracht der Verfassung des Commanders allerdings sehr verhalten geäußerte Bedenken beantwortete er mit dem Hinweis, daß offenbar auch eine nur kurzzeitige Alkoholisierung zu desolaten und gefährlichen Zuständen führen könne.

Wenn er, was selten geschieht, auf die Havarie und die damit verbundenen Umstände zu sprechen kommt, dann weist er stets auf die der Zerstörung vorangegangenen Stunden hin, in denen nach seinem Empfinden mehr als üblich gespielt und gedopt worden sei.

Die Adaptiva für das Geschehene verantwortlich zu machen ist eine Hilfslösung, eine wohlfeile Krücke, an der sich das Weltverständnis des Commanders wieder aufzurichten vermag. Sie können höchstens Auslöser, niemals aber alleiniger Grund für die Vorgänge an Bord gewesen sein.

Eine Erkenntnis, die bei Glenn Morris zumindest zeitweise, und zwar ganz am Anfang, Fuß gefaßt haben muß. Denn als er aus der UNO-Debatte erfuhr, daß der bis dahin als vermißt geltende Peer Bergerson in Wahrheit nicht nur Opfer, sondern auch Urheber der Katastrophe war, benutzte er spontan die Bezeichnung „Schwein“. Er hat diese Beschimpfung nie zurückgenommen oder in Richtung einer bewußten Gegnerschaft Bergersons korrigiert. Er weiß, daß fast alle Besatzungsmitglieder Ohrenzeugen seiner ersten, zornighilflosen Reaktion waren, und Rückzüge sind in seinem Verhaltensrepertoire nicht enthalten. Aber er hat sie modifiziert, jetzt ist Peer Bergerson ein „betrunkenes Schwein" gewesen.

Eine Hilfslösung, die vielleicht nicht so sehr für andere, sondern vor allem für ihn selber konstruiert worden ist, um den wahren Sachverhalt zu demontieren. Angst vor der Erkenntnis, daß sich Bergerson bewußt mit den ihm verfügbaren Mitteln zur Wehr gesetzt hat.

Nach allem, was von den Spezialisten des Pentagons ermittelt werden konnte, dürfte Peer über keinerlei Hinterland verfügt haben, weder in politischer oder ideologischer, noch in finanzieller Hinsicht. Man muß ihn für einen Einzeltäter halten, der ohne eine andere als die, und das wahrscheinlich ganz spontan, selbstauferlegte Mission gehandelt hat. Ein Ermittlungsergebnis, das haargenau in des Commanders so hilfreiches Theoriekonzept paßt.

Ganz ähnlich verhält es sich mit seiner Beurteilung der Vorgänge um den Tod der Funkerin Liliana Brix, der ihn im übrigen mehr zu verwirren scheint als der Bergersons. Vielleicht weil er von der ein wenig verspielt wirkenden Liliana alles andere erwartet hat als suizidale Tendenzen. Ihren Tod möchte er als einen aus der Trunkenheit resultierenden Unfall gewertet sehen. Daß er wirklich davon überzeugt ist, kann ich nicht glauben, denn so ungewöhnlich der Selbstmord in einer Schleusenkammer auch sein mag, ein Unfall wäre noch unwahrscheinlicher. Immerhin sind mehrere, zeitlich genau aufeinander abgestimmte Befehle zu erteilen, um den Mechanismus in Funktion zu setzen und die richtige Abfolge der einzelnen Schritte zu gewährleisten. Ein zufälliges Zustandekommen des Bedienungsablaufs, selbst unter der Annahme, die Befehle könnten, bei verminderter geistiger Leistungs- und Rezeptionsfähigkeit einem antrainierten Muster folgend, eingegeben worden sein, ist nach menschlichem Ermessen auszuschließen.

Bleibt also Selbstmord. Die verspielte, freundliche, manchmal aber auch ironisch verschmitzte Liliana Brix hat fraglos Selbstmord begangen, und zwar einen der grausigsten Art, die man sich vorstellen kann. Ohne Zweifel wollte sie ebenfalls ein Zeichen setzen. Vielleicht nicht mit der Ausschließlichkeit Bergersons, ihre Gründe mögen andere oder zusätzliche gewesen sein, Komponenten ihres Verhältnisses zu Skelton eventuell, oder was auch immer – ein deutliches Zeichen war es.

Und der Zeitpunkt der Tat läßt vermuten, daß auch bei ihrer Entscheidung die Tests zumindest eine Rolle gespielt haben, und sei es nur die des berühmten Tropfens, der das Faß zum Überlaufen bringt.

Sicherlich sind dem Commander derartige Überlegungen nicht

fremd, nur, wäre er gezwungen, sich die wirklichen Zusammenhänge einzugestehen, seine ohnehin schon stark beschädigte Welt liefe Gefahr, vollends in Trümmer zu fallen.

Am meisten aber scheint ihn in dieser Zeit zu erschrecken, daß sich eine totale Isolation seines Landes andeutet, der Nation, die er für die beste der Welt hält, für die er bereit ist, sein Leben und das Leben anderer bedingungslos einzusetzen. Ich behaupte nicht, daß er über die Gründe dieser Isolation nachzudenken beginnt, es ist allein die Tatsache, die ihm Betroffenheit verursacht. Ich rechne damit, daß er sich irgendwann auf den längst nicht mehr gültigen Spruch, der Starke sei am mächtigsten allein, zurückziehen wird.

Im Augenblick, da die Odin als Wrack um die Erde taumelt, richten sich seine Aktivitäten ausschließlich auf deren Inneres.

Wenn jetzt ein gegnerischer Satellit auftauchte, der Commander würde sich wahrscheinlich weigern, ihn zur Kenntnis zu nehmen, weil er ihn nicht bekämpfen könnte. Selbst über den zweifellos noch immer in unserer Nähe operierenden chinesischen Beobachtungssatelliten hat er sich bisher mit keinem Wort geäußert, während er bei funktionsfähiger Station sicherlich alles darangesetzt hätte, ihn zu vertreiben.

Falls es gelungen wäre, die Chinesen zu orten, was nicht als sicher angenommen werden kann, da sie offenbar über Möglichkeiten der Tarnung verfügten, von denen man bisher keine Ahnung hatte. Jedenfalls hat sich während eines langen Zeitraums vor und nach dem Unfall kein wie auch immer gearteter Reflex auf den Bildschirmen der Ortungsgeräte gezeigt. Vor dem Commander haben sich also mehrere Hürden aufgetürmt, die ihn hindern, sich in angemessener Weise abzureagieren.

Das einzige, was ihm geblieben ist, scheint wirklich der Kampf gegen die Adaptiva zu sein. Außerdem hat er ein aufreibendes Gefecht mit der Basis zu führen, der er im Abstand von zwei Stunden verschlüsselte Lagemeldungen übermitteln läßt, jetzt durch einen schnell verpflichteten und eingewiesenen Sergeanten aus dem Bereich Technik. Der Commander schärft ihm ständig ein, auf keinen Fall die Frage nach dem Starttermin des Reparaturshuttles zu vergessen. Glenn Morris glaubt nicht an objektive Gründe der Verzögerung, zumal sich die Leute der Basis weigern, nähere Auskünfte zu erteilen. Er vermutet vielmehr durch die Bürokratie hervorgerufene Lähmungserscheinungen im Apparat der Space Force. Solche von kleinlich an ihren Paragraphen klebenden Beamten verursachte Mißhelligkeiten seien an der Tagesordnung, wo hierarchische Strukturen sich selbst zu genügen beginnen, behauptet er.

Er mag recht haben. Aber er kann und will nicht sehen, daß sich diese Lähmungserscheinungen mittlerweile auf sein ganzes Land und vor allem auf dessen Präsidenten beziehen.

Zwar sage ich mir immer wieder, daß der Welt Besseres eigentlich nicht geschehen kann, fürchte jedoch andererseits das letzte, verzweifelte Aufbegehren eines weidwunden Raubtiers.

Direkt über mir schwingt die Glocke der kleinen Kirche von Calman's Edge, und nichts ist zwischen ihr und meinem Körper als die hallenden Schläge des Bronzeklöppels. Ich muß also wohl auf den gekreuzten Turmbalken liegen, das Gesicht nach oben, doch ich verspüre keinen Druck im Rücken, es ist, als habe mein Körper seine Eigenmasse verloren. Die Schläge aber fühle ich deutlich.

Dort oben verströmt die Glocke die Kraft ihrer Bewegung in langwellig an- und abschwellenden Tönen, die sich mir so intensiv mitteilen, daß sie jedes einzelne meiner Atome in Resonanz zu zwingen scheinen. Und dies ist das Seltsame meiner Situation: Ich spüre die gewaltige Kraft der Töne, ich nehme sie auf mit jeder Faser meines Fleisches, und doch bleibt mein Gehör frei von Schmerzen.

Ich weiß nicht, wie und wodurch ich hierher an die Stätte meiner Jugend verschlagen worden bin, und ich weiß auch nicht, ob ich schon Mann bin oder noch Kind.

Die Kirche von Calman's Edge steht außerhalb des Ortes an der Ostseite eines engen Hohlwegs, der hinüber zu der Geröllhalde unterhalb des Hexenstuhls führt, auf deren Hang man vor kurzem einen unserer Lehrer tot aufgefunden hat. Es ist eine Holzkirche, die aus nur einem einzigen Raum besteht. Selbst der Glockenturm mit seinen mehretagig gekreuzten Balken geht ohne Zwischendecke direkt aus dem Schiff hervor, so daß die kleine Glocke frei und sichtbar über dem Altar schwingt. Seit die Bewohner Calman's Edge verlassen, seit die roten Bärte unheimlichen Grases in den Dachrinnen der Häuser wuchern, leuchtende Wolken durch den Ort driften und allerlei anderes Wunderliches geschieht, liegt stets eine Bibel mit leuchtendgoldenem Kreuz auf der Altarplatte, die irgend jemand immer wieder an der Stelle der Offenbarung des Johannes, der Apokalypse, aufschlägt: Und ich sah ein falbes Pferd, und der darauf ritt, hieß Tod, und die Hölle folgte ihm nach.

Über dem Altar und unter der Glocke, zwischen bronzenem Klöppel und goldenem Kreuz, zwischen Himmel und Erde, liegst du auf dem Rücken, mit deinen Schulterblättern das rauhe Holz der Turmverstrebung kaum berührend, als halte dich eine unbekannte Kraft in der Schwebe, und du hast keine Ahnung, wie du hierhergekommen sein könntest.

Dann ist dir, als erschüttere hin und wieder ein leichter Stoß das

Gebälk des alten Turmes, du spürst das vom allgemeinen Schwingen Abweichende dieser Stöße ganz deutlich, weil sie sich nicht in den Rhythmus der Glockenschläge fügen, und gleich darauf hast du erkannt, daß sich der Rhythmus selbst verändert hat, daß er nicht mehr dem Muster einer gleichförmigen Schwingung gehorcht, sondern unregelmäßig und systemlos geworden ist.

Das kann nicht die alte Glocke von Calman's Edge sein, nicht die kleine Kirche aus Holz, das ist überhaupt kein Geräusch, das du einzuordnen vermagst.

Da endlich gelingt es dir, dein Bewußtsein in die Nähe der Wirklichkeit zurückzuzwingen, und langsam tauchst du aus dem zähen Brei deines Traumes. Doch die schwingenden Glockenschläge verfolgen dich weiter.

Das sind die Geräusche von Fügeschlägern, lang nachhallend in den gekrümmten Korridoren der Station, das ist das Rascheln von Isolierstoff, leise, als blättere jemand zaghaft in den dicken Seiten eines uralten Buches, und es ist das Zischen von Brennern, hell und pfeifend, als zwänge sich ein kühler Wind zwischen losen Dachziegeln hindurch.

Das Reparaturteam ist endlich eingetroffen und hat die Instandsetzungsarbeiten begonnen.

Da löse ich die Gurte und stoße mich von der Liege ab. Hinter dem Bullauge ist samtige Schwärze, eine seltsame, durchsichtig matte Finsternis, in der die Sterne wie weißliche Splitter funkeln, so unbeweglich wie gestern, vorgestern oder vor fünf Tagen nun schon. Von dem Entsatzshuttle ist nichts zu sehen, wahrscheinlich hat man ihn auf der anderen Seite vertäut, in unmittelbarer Nähe der ehemaligen Sektion vier. Dafür ist ganz rechts ein Stück des schwächlichen Regenbogens zu erkennen, mit dem sich die Erde stellenweise umgibt, ein dünn gezeichneter Kreisabschnitt, dessen Farben ohne Leuchtkraft sind, als läge eine dicke Schicht grauen Nebels darüber.

Vielleicht hätte ich mich, wäre wenigstens ein Teil des Shuttles zu sehen, mit dessen bloßem Anblick zufriedengeben können, so aber spüre ich etwas von der Unruhe in mir, die fast immer unter der Besatzung einer Raumstation um sich greift, wenn Besucher von der Erde angekommen sind. Jeder von uns lechzt nach ungefilterten Informationen, nach einem Gespräch mit jemandem, dessen Art, sich auszudrücken, er noch nicht bis zum Überdruß kennengelernt hat. Mündlich überbrachte Informationen, und seien sie auch so alt wie Methusalem, sind eben wesentlich interessanter als die Nachrichten aus dem Lautsprecher. Und der Anblick eines unbekannten Gesichtes ist stets eine hochwillkommene Abwechslung, selbst wenn es häßlicher sein sollte als das der Gorgo.

Also begebe ich mich auf den langen und in der jetzigen Lage der Station nicht unbeschwerlichen Weg zur Havariestelle, wo sich, wie ich annehme, bereits die halbe Freiwache eingefunden haben dürfte.

Als ich die Zentrale passieren will, treffe ich zum erstenmal seit nunmehr fünf Tagen wieder auf Howard Skelton. Er hockt im Sessel des Leitstandes, sinn- und zwecklos und ganz allein, hat die Hände müßig auf die Lehnen gelegt, weil es nichts gibt, was sie von der gelähmten Maschine fordern könnten, und starrt in eine unnennbare Ferne, von der nur er weiß, was in ihr vorgeht. Seine Finger zucken fahrig hin und her, als führten sie ein eigenes, von ihm nicht beeinflußbares Leben. Mir fällt auf, daß diese Finger lang und dünn sind, sie erinnern mich an die Beine einer großen Spinne. Das ist mir bisher entgangen, obgleich ich gehört habe, daß Finger viel über einen Menschen aussagen könnten. Diese würden genau in das Bild passen, das ich mir von Howard Skelton gemacht habe.

Als die Tür hinter mir in die Falze gleitet, hebt er den Kopf und schwingt träge mit seinem Sessel herum. Sein Gesicht ist sehr blaß, die Augen sind rot gerändert, und das Weiße in ihnen zeigt einen gelblichen Hauch. Unter den scharf hervortretenden Wangenknochen liegen tiefe Schatten. Der Tod Lilianas muß ihm sehr nahegegangen sein.

„Es tut mir sehr leid, Howard", sage ich.

Er blickt verständnislos. „Was tut dir leid, McBruns?" Seine Stimme klingt abwesend, als sei er eben aus einem tiefen Traum erwacht.

„Na, du weißt schon, Howard. Die Sache mit Liliana. Vielleicht hätte ich nicht damit anfangen sollen."

Skelton hebt mit vage abwehrender Geste die Hand. „Ach ja! Liliana! War nicht besonders nett von ihr, nicht wahr?" Und dann mit einem kleinen, verschwörerischen Lächeln, angesichts dessen mich ein Schauer überläuft: „Wußtest du übrigens, McBruns, daß Liliana hinter allen Männern hier an Bord her war?"

Ich erinnere mich sofort an einen anderen Satz, mit ähnlicher Metrik und vielleicht in ähnlicher Verzweiflung gesprochen: „Weißt du, daß Howard Skelton ein verdammter Schwächling ist?"

Wie sehr sich doch zwei Menschen einander angleichen können, und wie sehr sie gleichzeitig gegeneinander abstumpfen. „Es war nicht besonders nett von ihr", eigentlich eine Ungeheuerlichkeit, dieser Satz.

„Das ist nicht wahr, Howard", höre ich mich sagen. „Sie war hinter niemandem her. Dich ausgenommen."

Er lächelt noch immer gequält.

„Recht so, Phil!" sagt er, unvermittelt wieder zu vertrauterer Anrede übergehend. „Toten soll man nichts Schlechtes nachsagen. Weshalb eigentlich nicht? Weil sie sich an uns rächen könnten oder uns verfolgen mit ihren Totenwünschen?"

„Unsinn!"

„Doch, doch, Phil! Sie wartet auf uns. Dort drüben. Und solange wir noch hier sind, wird sie uns jede Nacht erscheinen. Dir vor allem, denn dich mag sie sehr."

„Du solltest nicht so reden, Howard. Du solltest dich zusammennehmen."

„Ich bin ganz in Ordnung, mein Lieber. Aber ich weiß sehr gut, daß sie dich mag. Sie hat oft von dir gesprochen, Phil. Mich machte das wenig traurig, aber sie tat es trotzdem. Sie hat immer getan, was sie wollte. Hast du mit ihr geschlafen, Phil?"

„Du bist ja verrückt, Howard! Was sollen diese Hirngespinste?"

„Hast du nun oder hast du nicht?"

„Selbstverständlich nicht!"

„Schade! Du hättest es tun sollen. Wir sollten einander Gutes tun, solange noch Zeit dazu ist."

„Was ist gut daran, wenn ich dir die Partnerin ...?"

„Es hätte ihr Spaß gemacht, Phil. Oh, sie hätte soviel Spaß daran gehabt, glaub mir."

Das Gespräch ist mir äußerst peinlich. Der Verlust muß Skelton wohl noch härter getroffen haben, als sein desolater Zustand ohnehin vermuten läßt. Ich sollte ihm in den nächsten Tagen aus dem Weg gehen. Vielleicht findet er bald wieder zu sich selbst zurück, morgen oder übermorgen. Dann werde ich versuchen, ihn zu überzeugen, daß sein Verdacht grundlos ist. Ich fand Liliana aufregend, aber ich habe nie etwas mit ihr gehabt.

„Was soll's?" sage ich obenhin. „Das ist ja nun vorbei, Howard."

Doch er gibt sich noch immer nicht zufrieden. „Aber nein! Schon in wenigen Tagen wirst du sie wiedersehen. Dort drüben. Und deshalb muß ich dir sagen, daß ich nichts dagegen habe. Nicht, wenn du es bist."

Ich wende mich ab. „Halt endlich den Mund, Mensch!"

Als ich fast an der Tür angekommen bin, höre ich Skelton kichern. Es klingt ein wenig verrückt und ein wenig triumphierend. „Weißt du vielleicht, weshalb der Hilfstrupp erst jetzt eingetroffen ist, Phil?"

„Ich bin nicht sicher. Der Commander meinte, daß die Bürokratie der Basis ..."

Wieder das Kichern mit dem leicht irren Anstrich. „Die Bürokratie? Daß ich nicht lache! Und du glaubst das, he? Nein, Phil, sie konnten nicht früher kommen, weil sie eine noch wichtigere Aufgabe hatten. Und weißt du, welche? Na? Die Orbitalfestung des Präsidenten! Sie haben den Führungsshuttle startklar gemacht, das ist es! Morgen oder übermorgen wird sich der Alte mit seinen Leuten auf die Umlaufbahn begeben. Und du quasselst von Bürokratie. Haben sie dir denn das Gehirn so gründlich verkleistert, Mann?"

Ein neuerlicher Schauer rinnt mir wie ein Guß eisigen Wassers den Rücken hinunter.

Der Start des Führungsshuttles würde in der Tat das letzte Zeichen setzen. Diese hochkomplexe, von Antennen überwucherte und mit Elektronik vollgestopfte Orbitalstation soll nach Ausbruch des Krieges als Führungszentrum dienen, von dem aus der Präsident, sein Vize oder dessen Stellvertreter die Enthauptungsschläge gegen den Feind anleiten und koordinieren werden. Die Rechner des „Weltuntergangs-Shuttles", wie diese kreisende Festung im Jargon des Pentagons heißt, sind mit dem mehr als die halbe Erde bedeckenden Grundwellennetz verbunden, einer gegen Atomexplosionen gehärteten Fernmeldeverbindung, deren Impulse Tausende von automatischen Kernraketen starten werden, an deren verplombtem Steuerungssystem jeder Ablenkimpuls verpuffen würde. Der Führungshuttle ist wie eine Riesenspinne, die im Gewirr ihrer feingesponnenen Fäden hockt und über das entsetzlichste Gift verfügt, das menschlicher Verstand sich vorzustellen vermag.

Wenn es je zum Einsatz kommen sollte, dann wird es die Erde zu Asche verbrennen und mehr als vier Milliarden Menschen auf grausige Weise in den Tod befördern. Und danach wird niemand mehr sein, der sie beweinen könnte. Denn die einzigen Überlebenden, wenn es sie geben sollte, werden keine Tränen haben. Und wenn sie Tränen hätten, sie wüßten nicht, wie man sie weint.

„Ja, so ist das, lieber Philipp McBruns!" mischt sich Skelton in meine Gedanken. „Und es ist alles so folgerichtig, daß es in mir nichts als ein großes Staunen über die Exaktheit erweckt, mit der das Schicksal funktioniert. Weil wir nämlich Ungeziefer sind, mein Freund, Schädlinge. Der Mensch ist nichts als ein kleiner, nackter Schädling, der sich milliardenfach vermehrt hat und nun endlich ausgetilgt werden wird. Nicht von einem Gott oder höheren Wesen, daran zu glauben überlasse ich den Kindern und Greisen, nein, es ist ganz anders, viel überzeugender ist es. Ein Grundgesetz der Natur, daß sie sich zufällig entstandener Schädlinge auf die ihnen gemäße Art und Weise entledigt. Sie dich um, Phil! Alles, was je entstand, hat auch seine Gegner, die Maus den Falken, der Falke die Krähe und die Krähe den Jäger, überall ist es dasselbe, jeder ist Jäger und Gejagter in einem. Uns hat sie mit Kälte und Pest und Sauerstoffmangel in Grenzen zu halten versucht, aber es ist ihr nicht gelungen. Wir haben alle ihre Angriffe überstanden. Da hat sie sich wohl eingestehen müssen, daß der Mensch das boshafteste und gefährlichste Ungeziefer ist, das sie jemals hervorgebracht hat, und daß er nur durch sich selbst zu bekämpfen ist. Das ist folgerichtig, Phil, weil es natürlich ist.

Das Ende des Menschen begann, als er zum Ungeziefer wurde, als er sich selbst erkannte. Die Selbsterkenntnis war vielleicht seine größte Leistung, doch nun wird sie zur Quelle seines größten Unheils werden. Denn durch sie ist er verdammt, sehenden Auges und fühlenden Leibes zugrunde zu gehen. Verglichen damit, hat die Natur den Sauriern einen gnädigen Tod gewährt, sie starben nach und nach, im Verlauf von Jahrtausenden, vor allem aber starben sie unwissend, Phil.

Uns Menschen wird es dagegen entsetzlich ergehen, wir werden bei vollem Bewußtsein sterben, innerhalb weniger Stunden werden wir alle verfaulen oder verbrennen. Und die Natur wird unseren Tod nicht gnädig in Finsternis hüllen, nein, sie wird ihn im Gegenteil mit unserem eigenen Feuer in allen Einzelheiten ausleuchten. Damit wir noch im letzten Augenblick entsetzt erkennen müssen, was mit uns geschieht. Und damit sich unser Tod unserem Leben als würdig erweist."

Das alles klingt so grauenhaft und doch auch wieder irgendwie einleuchtend, daß ich beschließe, dem ein Ende zu setzen. Aber mehr als die Entgegnung, Skelton führe die Selbstregulationsmechanismen der Natur fälschlicherweise auf eine Art übergreifende Intelligenz zurück, fällt mir nicht ein.

Und so antwortet er mir auch nur mit seinem kollernden, närrischen Lachen, ehe er in seinem vorgezogenen Nekrolog auf die Menschheit fortfährt: „Die Auslöser der menschlichen Intelligenz waren nicht nur mannigfaltig, sie waren auch durchweg rein zufälligen Ursprungs. Und die Struktur dieses Zufallsnetzes bestimmt die Art und Weise, in der sich die heutige Intelligenz des Menschen offenbart. Die erste, ernste Bedrohung des Menschen dürfte nicht von wilden Tieren ausgegangen sein, sondern von seiner eigenen Fruchtbarkeit, die den Hunger nach sich zog. Hunger aber tut nicht nur weh, er macht auch schlau und erfinderisch. Hätten sie nun etwas Vernünftiges gegen ihren Hunger erfunden, vielleicht wäre die Evolution ganz anders verlaufen. Sie aber taten das ihnen Gemäße, denn sie wollten ja nicht denken, sie wollten fressen. Also fraßen sie sich gegenseitig, die Stärkeren ernährten sich von den Schwächeren, Kannibalismus als einer der Auslöser der Menschwerdung, eine entsetzliche Konstellation, Sklaverei als Beginn der Arbeitsteilung und der Aneignung fremder Kraft und Werte, kaum besser als Kannibalismus.

Später die Eiszeit, eine der größten Chancen des Menschen, die Kräfte seines Geistes zu vervielfachen. Doch was geschieht? Nun tötet man die Tiere nicht mehr nur, um sich zu ernähren, sondern auch noch, um sich mit ihren Fellen vor der Kälte zu schützen. Wie viele Arten sind ausgestorben, weil sich ihre Felle zu Mänteln, ihre Häute zu Schuhen verarbeiten ließen?

Oder nimm die großen Krankheiten, die Pest beispielsweise, die Lepra, nimm, welche du willst. Bekämpfte man sie? Nein! Man bekämpfte die Kranken, isolierte sie, verbrannte sie gar, nutzte ihr Unglück zur Steigerung des eigenen Selbstwertgefühls.

Der Weg des Menschen ist mit Gewalt und Mord gepflastert, mein Lieber, und so wird an seinem Ende folgerichtig der milliardenfache Tod stehen."

Obwohl ich mir sage, daß Skelton das Gebäude von Ursachen und Wirkungen in der Evolution des Menschen auf den Kopf gestellt hat, berührt mich sein unvermuteter Ausbruch zutiefst.

„Das darf nicht geschehen", sage ich, und so vage es klingt, während ich es sage, weiß ich, daß es nicht geschehen wird. Ich werde es verhindern, ich habe noch zehn oder elf Tage zur Verfügung.

„O doch, es wird!" sagt Skelton da. „Selbst wenn es dir gelänge, die Station zu sprengen, besser und gründlicher vielleicht, als Bergerson es vermochte, es wird auch dann geschehen. Einen Monat oder ein Jahr später vielleicht, aber es wird sich nicht abwenden lassen."

„Ein Jahr ist eine lange Zeit. Man könnte ..."

„O ja! Ein ganzes Jahr. In einem Jahr wird es eine Viertelmilliarde mehr Menschen geben als heute, eine Viertelmilliarde Tote mehr. Sollte man da nicht sagen: ‚Lieber heute als morgen!'?"

„Du bist wirklich verrückt, Howard Skelton!"

„Und du, Philipp McBruns, hast nicht die geringste Chance, das zu erreichen, was du dir vorgenommen hast."

Ich schiebe mich von der Tür ab und bin nach einer einzigen gleitenden Bewegung neben ihm. „Was weißt du von mir, Skelton?"

Vielleicht ist das die falscheste Reaktion. Vielleicht wußte Skelton bis eben überhaupt nichts, hat nur seine krankhafte Phantasie spielen lassen und damit zufällig in die Nähe der Wahrheit getroffen. Aber ich kann einfach nicht mehr, irgendwann muß dieses ner-

venaufreibende Versteckspiel ein Ende haben. Jetzt allerdings darf Skelton seiner Sache sicher sein. Vorausgesetzt, ihm ist ein Funke von Vernunft geblieben.

„Ich weiß, was ich weiß“, murmelt er dümmlich. Und dabei bewegt sich seine Rechte mit ihren Spinnenfingern zielstrebig auf den kleinen Schalter zu, den ich für den Ernstfall präpariert habe, und abermals kommt ein Kichern tief aus seinem Innern. „Das ist er, nehme ich an. Nicht wahr? Das ist er doch?“

Ein kleines, helles Blaffen ist hinter mir, es klingt, als klappe jemand ein dünnes Buch zu, das er in der Hand hält. Doch ich vermag mich jetzt nicht umzublicken, ich sehe nur den für Bruchteile einer Sekunde neben mir in der Luft hängenden Lichtfaden und das ekelhafte runde Loch, das sich an Skeltons rechter Schläfe gebildet hat – ein seltsamer Vorgang, der keinen äußeren Anlaß zu haben schien, es sah aus, als platze die Haut auf und ziehe sich gleich darauf wieder zurück, und nun ist da ein winziges, kreisrundes Loch mit bräunlich verfärbten Rändern, aus dem sich ein dünner Faden blauen Rauches kräuselt. Und noch immer kann ich den Kopf nicht wenden, so sehr lähmt mich der Vorgang an Skeltons Schläfe, wo der Rauchfaden sich zu einer irisierenden Kugel ballt.

Und Howard Skeltons Gesicht sieht aus, als habe er im letzten Moment seines Lebens noch ein Wunder erlebt.

Mimikry

Es gab Insekten, die sich im Verlauf ihrer Evolution so genau an ihren Lebensraum angepaßt hatten, daß ihre Form und ihre Farben weder von ihren Opfern noch von ihren Verfolgern visuell aus der näheren Umgebung herauszulösen waren. Die Gottesanbeterin beispielsweise, grün gefärbt und von der Form eines Blattes, pflegte auf grünen Blättern zu sitzen, bewegungslos über Stunden, manchmal sogar Tage, die Fangbeine zum Greifen bereit vor den messerscharfen Mandibeln gefaltet. Die ahnungslosen Opfer sahen sie nicht, bis sie plötzlich zuschlug, sicher und absolut tödlich.

Ein solches Insekt mußte er werden.

Es gab Echsen, die sich so langsam bewegten und deren Färbung so gut mit dem Substrat, das sie bewohnten, harmonierte, daß kein Feind sie zu erkennen, kein Opfer rechtzeitig vor ihnen zu fliehen vermochte. Sie näherten sich ihrer Beute mit unendlicher Geduld und erlegten sie in plötzlichem Vorschnellen mit hoher Präzision.

Eine solche Echse mußte er sein.

Es gab Fische mit scharfen Rückenstacheln und großem Maul, deren Äußeres sich durch besondere Gestalt und Färbung zu so schwer definierbaren Formen und Mustern zerlegte, daß sie auf dem kiesigen Meeresboden praktisch unsichtbar für Freund und Feind waren. Dank des starken Giftes, das die Drüsen an der Basis ihrer Rückenstacheln absonderten, hatten sie keinen Gegner zu fürchten, und ihre Opfer, meist kaum kleiner oder schwächer als sie selber, schwammen ihnen ahnungslos vor das blitzschnell zuschnappende Maul.

Ein solcher Fisch wollte er sein.

Für seine Mimikry nahm er sich sehr viel Zeit und setzte all seine Kenntnisse ein, vor allem die auf dem Gebiet der Computerinjektion.

Zuerst verschaffte er sich die unverdächtige Identität eines loyalen Staatsbürgers, danach ein Diplom als Elektronikingenieur, das lediglich in den Verknüpfungen des Zentralrechners der Universität Baltimore und in keiner anderen Form als in der elektrischer Impulse existierte.

Danach orientierte er sich mehrere Jahre lang auf den praktischen Teil seiner Rolle, indem er in verschiedenen großen Elektronikkonzernen des Mittelwestens und Südens arbeitete. In dieser Zeit geschah etwas, womit er nicht gerechnet hatte: Er begann aufzusteigen. Hatte er als erstes eine Stellung als Ingenieur im Testbereich angenommen, so fand er sich nach weniger als einem Jahr im Sessel des Gruppenleiters wieder und trat in den nächsten Konzern bereits als gesuchter Abteilungsleiter ein. Er hatte das Gefühl, sich in einer Phase unverdienten und gefährlichen Höhenflugs zu befinden, und befürchtete, eines Tages über dem Erfolg das Ziel zu vergessen.

Trotzdem war dies die beste Zeit seines Lebens. Denn die Erfolge, die er zu verzeichnen hatte, konnte er dem eigenen Wissen und der eigenen Kraft anrechnen. Es waren keine fiktiven Erfolge. Außerdem sah er in ihnen den Beweis, daß niemand an seiner Identität zweifelte. Offenbar war es ihm gelungen, seine Spuren, wenn er überhaupt welche hinterlassen hatte, gründlich zu verwischen.

Als er glaubte, sich dessen ganz sicher sein zu können, brach er in die elektronischen Verknüpfungen des Zentralcomputers der Luftwaffeneinheit Oklahoma Sands ein und injizierte dort den fiktiven Lieutenant der Air Force Philipp McBruns, im Verfolg eines unbekannten Sonderauftrags für die Dauer eines Jahres von der Einheit beurlaubt.

Nachdem dieser Lieutenant auf der Beraterliste der Firma Space Control International erschienen war, wechselte er den Wohnsitz und wartete ab.

Seine Mimikry war vollendet.

Nun waren seine Schutzfärbung die Geburt in den geordneten Verhältnissen einer Unternehmerfamilie aus Maryland, seine Ausdauer die Collegebildung in der Obhut puritanisch strenger Lehrer, sein Stachel die harte Schule der Militärakademie von Valley Forge, seine Klugheit das Studium zum Elektronikingenieur in Baltimore, seine unauffällige Gestalt das alltägliche Leben eines Elektronikers und seine zuschnappenden Kiefer die Härte eines Offiziers der Air Force.

Wobei sich diese letzte Identität nicht eben förderlich für seine innere Ruhe erwies. Denn waren seine bisherigen Stellungen von so untergeordnetem Wert gewesen, daß er direkte Untersuchungen nicht zu fürchten hatte, für einen Luftwaffenoffizier galten strengere Maßstäbe. Mag sein, daß er sich die ihn umlauernden Gefahren einbildete, jedenfalls lebte er in diesem einen Jahr in beständiger Furcht vor Entdeckung.

Überall witterte er Fallen, verstohlen lauernde Blicke und verborgene Ohren. Er ging nur noch selten aus, wechselte aber mehrmals den Wohnsitz. Er beargwöhnte die Frauen, die er kennenlernte, und den Verkäufer im Drugstore, er vermied es, dem Briefträger zu begegnen, und fuhr mit seinem Wagen nie schneller als achtzig Meilen, um nicht aufzufallen.

Trotzdem fühlte er sich beobachtet.

Als das Jahr überstanden war und er überzeugt sein durfte, daß man ihn nicht verdächtigte, bewarb sich der Luftwaffenoffizier Philipp McBruns bei der U. S. Space Force als Bordschütze. Seine Reverenzen waren ausgezeichnet.

Der unscheinbare Mann, der ihm gegenüber mit dem Rücken zum Fenster saß, lächelte. Es war ein Lächeln von der Art, die man als bedrohlich empfindet, weil es anzudeuten scheint, daß der andere um Dinge und Zusammenhänge weiß, die er besser nicht hätte erfahren sollen. Und es war ein Lächeln, das Abstand schuf, das die Welt in Unterlegene und Überlegene schied, indem es demonstrierte, daß sich die einen anzueignen vermochten, was die anderen als das Ihre betrachteten, und handele es sich nur um Wissen. Es war ein Lächeln, das verunsichern sollte.

„Wir haben Ihre Angaben sehr genau geprüft, Lieutenant“, sagte der Mann und verfiel wieder in Schweigen, während sich nach und nach ein lauernder Ausdruck in sein Lächeln stahl. Auch das geschah sicherlich nicht unabsichtlich.

Obwohl Philipp McBruns sich sagte, daß es sich bei diesem Gehabe um ein ausgeklügeltes System handelte, mit dem man das Selbstwertgefühl der Bewerber zu schädigen trachte, daß dieses wissende Lächeln, das Lauern und das Schweigen, alles tausendmal erprobte Verhaltensweisen, nur dazu dienten, die Mauern möglicher Verstellung oder Konspiration niederzureißen, obwohl er wußte, daß ihm bisher kein Fehler unterlaufen war, auch nicht der geringste, fühlte er sich doch ziemlich unbehaglich. Er hoffte, es werde ihm trotzdem gelingen, eine gleichmütige Miene beizubehalten.

Irgendwann, nach einem langen Gespräch, das fast alles berührte und nichts klärte, und einem ebenso langen Schweigen, erhob sich der Mann. „Sie wissen, Lieutenant, daß wir Ihren Antrag eingehend prüfen werden. Eine Institution wie die Space Force ..." Er ließ den halben Satz im Raum stehen, als müsse jedermann die Art und Weise kennen, in der man bei der Space Force mit Bewerbungen und Bewerbern umging.

Schließlich kam er um seinen Schreibtisch herum und blieb vor Philipp stehen. „Uns gefällt nicht sonderlich", sagte er, „daß Sie Ihre Arbeitsstellen häufiger als üblich gewechselt haben."

Phil atmete tief durch. „Sie werden festgestellt haben, Sir, daß jeder Wechsel eine Erhöhung meiner Bezüge zur Folge hatte."

Der Mann nickte. „Das ist wirklich ein guter Grund. Einer, den man akzeptieren kann." Er setzte sich nachlässig auf die Schreibtischkante. „Damit ist unser erstes Gespräch beendet, Lieutenant. Lassen Sie sich versichern, daß Ihre Chancen nicht schlecht stehen. Aber so schnell, wie Sie zu glauben scheinen, übernimmt die Space Force niemanden. Bei uns legt man Wert auf Sicherheit, das werden Sie begreifen. Ein halbes Jahr mindestens werden Sie sich gedulden müssen, ehe wir Ihnen unsere Entscheidung mitteilen. Ich halte es daher für das beste, wenn Sie vorläufig zu Ihrer Einheit zurückkehren und sich dort ..."

Phil stand auf. Das geschah rein automatisch. Ebenso automatisch, wie sich die Stimme seines Gegenübers zu einem fernen Murmeln abschwächte. Seine Gedanken überschlugen sich.

Damit hatte er nicht gerechnet. Zwei Möglichkeiten hatte er in Erwägung gezogen: abgewiesen oder angenommen zu werden. Diese dritte nun konnte sich als der gefährlichste Stolperstein auf seinem Weg erweisen. Nicht, was diesen Weg insgesamt anbetraf, obgleich es über weite Strecken ein fiktiver war, den er nur innerhalb von Computern, nicht aber in Wirklichkeit zurückgelegt hatte. Er war sicher, daß es niemandem gelingen konnte, den vielfach verschlungenen Kurven durch die Rechner mehrerer Großbetriebe zu folgen.

Ganz anders aber verhielt es sich mit seiner Zugehörigkeit zur Air Force. Keiner der Angehörigen seiner angeblichen Einheit in Oklahoma Sands kannte ihn. Nicht auszudenken, was geschehen könnte, wenn er dort auftauchen würde, um sich zurückzumelden.

„Ich sehe, daß Ihnen der Gedanke mißfällt, Lieutenant." Der Mann lächelte wieder, diesmal jedoch nicht mehr hintergründig, sondern irgendwie unverbindlich, als wären die Fäden bereits zerrissen und niemand könnte sich dafür verbürgen, daß sie je erneut geknüpft würden. Die Mimik seines Gesprächspartners erinnerte Phil an die Bildmuster eines Animationsgerätes, sie war anscheinend nach Belieben zu variieren.

„Sie haben einen ordnungsgemäßen Antrag auf Versetzung zur Space Force gestellt, ich weiß. Das war eine sehr gute Entscheidung. Weniger gut aber war, daß Sie danach sofort alle Brücken abgebrochen haben. Ich sagte Ihnen bereits, daß wir uns jeden Bewerber sehr genau ansehen. Und das ist nicht von heute auf morgen getan."

Der Mann beugte sich, obwohl niemand außer ihnen im Zimmer war, ein wenig vor. Vielleicht wollte er damit die Wichtigkeit dessen, was er zu sagen hatte, unterstreichen, bestimmt aber gehörte demonstrative Geheimnistuerei zu seiner Taktik.

„Sie sollen wissen, daß wir es nicht bei einer Untersuchung Ihrer Vergangenheit bewenden lassen werden, Lieutenant. Ihre Gegenwart und Zukunft interessieren uns mindestens ebenso. Sie sollten mit allem rechnen."

Als hätte er bereits zuviel verraten, senkte er den Blick und betrachtete eingehend den Teppichboden zu seinen Füßen. Auf seinem Gesicht zeigte sich ein Ausdruck von Konzentration.

„Nun gut!" fuhr er aufblickend fort und deutete ein Lächeln an, das jetzt sogar von einer Spur freundlichen Verständnisses überhaucht war. „Ich kann Ihnen nachfühlen, wie ungern Sie zu Ihrer Einheit zurückkehren würden. Schließlich könnte man dort annehmen, Ihre Bewerbung sei gescheitert. Das ist äußerst unangenehm, ich weiß, zumal wenn man ehrgeizig ist. Und Sie sind doch ehrgeizig, Lieutenant, nicht?"

Der Mann wartete die stumme Bestätigung seiner Vermutung durch Kopfnicken ab. „Also werden wir veranlassen, daß Sie in ein anderes Geschwader übernommen werden", erklärte er danach. „Oder erscheint Ihnen der Dienst an einer Feuerleitanlage der Basis geeigneter? Gebraucht werden Sie auch dort. Die Vorgänge im Süden ..."

Phil hoffte sehr, daß man ihm die Erleichterung ebensowenig ansah wie die Bestürzung zuvor.

„Ich glaube schon, Sir", sagte er verhalten. „Der Dienst an der Feuerleitstelle könnte sich zudem als vorteilhaft im Hinblick auf meine künftige Tätigkeit bei der Space Force erweisen." Er hatte Haltung angenommen. „Darf ich wegtreten, Sir?"

„Ich werde Ihre Umsetzung sofort veranlassen, McBruns", sagte sein Gesprächspartner, der plötzlich wesentlich verbindlicher wirkte als während der ganzen Zeit, in der sie einander gegenübergesessen und sich belauert hatten.

Philipp McBruns verließ den Raum mit festen Schritten nach einer militärisch exakten Wendung, bei der er die ausgestreckte Rechte des Mannes übersah, als stünde ihm die hohe Ehre eines Händedrucks nicht zu.

Innerlich aber triumphierte er. Zum erstenmal würde sein Name in einem echten, dienstlichen Befehl zu lesen sein.

Er konnte nicht wissen, daß ihn sein Eintritt in den Dienstbereich Gordon Point in ein Dilemma stürzte, das ihm kaum weniger Selbstbeherrschung abforderte als sein späterer Einsatz bei der Space Force.

Der Luftwaffenstützpunkt Gordon Point lag nur wenige Kilometer südlich von Gordon Springs, mitten in, oder besser, unter den Sümpfen der Everglades auf der Halbinsel Florida. Es war ein gigantisches Areal von unterirdischen Flugfeldern, Hangars, Rampen und Befehlsständen, das man unter Einsatz eines geradezu phantastisch anmutenden Aufwandes an Kosten und Material tief unter der Oberfläche des Morastes in den gewachsenen Boden getrieben hatte. Ende der achtziger, Anfang der neunziger Jahre war begonnen worden, bewehrte Stollen durch den von Moskitos, Kaimanen und Blutegeln bewohnten Sumpf in das darunter anliegende feste Erdreich zu bohren und danach das System ständig zu erweitern, wobei man den Aushub durch nur wenige, zudem noch in dichten Waldgebieten liegende Schächte entfernte und sofort abtransportierte. So hatte man sich einen Stützpunkt geschaffen, dessen aufwendiger Bau und gedeckte Lage die Militärs hoffen ließen, seine Existenz habe sich den scharfäugigen Aufklärungssatelliten des Gegners entzogen. Die gesamte Kommunikation von und nach Gordon Point verlief über unterirdische Leitungen und weit entfernte Relaisstationen.

Hin und wieder gab es Probleme mit der Belüftung. Vor allem

nach Probestarts mehrerer Raketen oder beim Einsatz von mehr als einem Dutzend Flugzeugen gleichzeitig kam es zu Zusammenbrüchen der Sauerstoffversorgung, weil die Exhaustoren die riesigen Abgasmengen nicht schnell genug durch Frischluft ersetzten. Man hatte nachträglich ein System von Atemgasleitungen mit Zapfstellen an allen wichtigen Punkten installiert und das im „Freien" eingesetzte Personal zusätzlich mit kleinen, tragbaren Sauerstoffgeräten ausgerüstet.

Von Gordon Point aus wurden sogenannte „verdeckte Einsätze" gegen den Süden geflogen, vor allem gegen die Mittelamerikanische Union, deren Parlament sich weigerte, die Kanalverträge zu verlängern. Diese Angriffe hatten eigentlich keinen strategischen Wert, man zerstörte Transportwege, belegte grenznahe Dörfer mit Napalm und verwüstete die Ernten. Es ging weder um das Leben der amerikanischen Nation noch um die Eroberung von Gebieten, diese Art der Kriegführung war lediglich eine probate Methode, die politische und wirtschaftliche Lage in Mittelamerika zu destabilisieren und neue konventionelle Waffen flächendeckender Kampfführung zu erproben. Die Industrie hätte nicht gern auf die Möglichkeit praxisnaher Tests verzichtet. Daß man dabei ohne besondere Risiken kompromißlose Kämpfertypen in den eigenen Reihen heranbildete, war ein Nebenprodukt, das in dieser Zeit besonders hoch im Kurs stand.

Meist flogen nur zwei oder drei Maschinen gleichzeitig, stets ausgezeichnet kaschiert, so daß weder Typ noch Nationalität festzustellen waren. Dadurch wurde es möglich, derartige Übergriffe links- oder rechtsradikalen Guerillas anzulasten, je nach Ort, Zeit oder Notwendigkeit modifiziert. Die Substanz entsprechender Kommentare wurde über Rechner modelliert, und so geschah es, daß ein Staatssekretär, der Außenminister oder gar der Präsident selbst in einer flammenden Rede einen Übergriff verurteilte, obwohl er mit ziemlicher Sicherheit annehmen konnte, daß dieser seinen Ausgang in Gordon Point genommen hatte.

Man war sich bewußt, daß diese Methoden nur so lange wirksam sein würden, wie es den anderen nicht gelang, eines Piloten lebend habhaft zu werden. Alle anderen Erfolge der Abwehrkräfte zählten nicht. Selbst Abschüsse brachten ihnen nicht mehr als das momentane Erfolgserlebnis. Die Maschinen verfügten nämlich über Anlagen, die sie im Augenblick eines Treffers automatisch entwaffneten, und niemand vermochte danach noch zu beweisen, woher die in weitem Umkreis verstreuten Trümmer der Bewaffnung stammten. Zumal sich die Suche in den dichten Wäldern Mittelamerikas alles andere als einfach gestaltete. Was sich im übrigen als ebenso vorteilhaft für die Piloten der havarierten Maschinen erwies. Noch nie war einer von ihnen lebend gefangen worden. Dank eines ausgezeichneten Überlebenstrainings und hervorragender Konstitution verschwanden sie spurlos, bis sie irgendwann wieder in Gordon Point eintrafen, stürmisch begrüßt und als Helden gefeiert.

Und doch war das Ganze weiß Gott kein frisch-fromm-fröhlicher Kampf, sondern harte und gefährliche Arbeit. Vor allem, weil sich die Halbinsel Yucatán von der einen, der westliche Teil Kubas von der anderen Seite her wie zwei Riegel in die Flugroute schoben, so daß als internationales Gebiet nur ein schmaler Streifen der Yucatánstraße für die Einflüge in das Karibische Meer zur Verfügung stand.

Sobald die Maschinen in den Überwachungsbereich der Grenzsicherungsanlagen von Pinar del Rio oder Puerto Juárez gerieten, stiegen unverzüglich Abfangjäger auf, meist kubanische und mexikanische gleichzeitig und offenbar koordiniert. Diese Meerenge war der neuralgische Punkt, neunzig Prozent der Verluste konzentrierten sich auf die Yucatánstraße und ihre nähere Umgebung. Wahrscheinlich hätte sich die UNO längst dieser Angelegenheit annehmen müssen, wären die Maschinen nicht stets ins Meer gestürzt und untergegangen.

Trotzdem erfreuten sich derartige Einsätze beim fliegenden Personal von Gordon Point großer Beliebtheit, das mit ihnen verbundene Risiko kam dem neugewonnenen Identitätsgefühl des Durchschnittsbürgers entgegen. Der Chile-Schock wurde verwunden und das Nikaragua-Syndrom ausgeheilt, nachdem Presse und Funk die Visionen der Industriellen und Militärs von der wiedererlangten Stärke und der Weltmacht mit Ordnungspflicht übernommen und verfeinert hatten. Jahrzehnte hatte es gedauert, ehe der Durchbruch erzielt worden war, aber dann erwies sich die Kampagne, wie ihre Befürworter einschätzten, als eine Meisterleistung angewandter Psychologie und Demagogie. Das Land, so hatte der Präsident erklärt, sei immer nur so stark wie das Selbstbewußtsein seiner Bürger, das also gelte es drastisch zu heben. Und so wurden Überlebenswille und persönlicher Mut als die wichtigsten und wertvollsten Eigenschaften des modernen Mannes propagiert und damit zu staatstragenden Eigenschaften.

Daß dadurch all jene, die diesem Ideal nicht entsprachen oder nicht entsprechen wollten, an den Rand der Gesellschaft gedrängt wurden, kümmerte weder die neuen Helden noch deren Erfinder. Es war eine Gesellschaft, die Frauen zu Spielzeugen, Schwache zu Schmarotzern und Individualisten zu Schädlingen stempelte.

Wer sich für „normal“ und damit für berechtigt hielt, auf alle, die anders waren, hinabzusehen, in dessen Bewußtsein gab es bald nichts und niemanden mehr, dem er sich nicht gewachsen gefühlt hätte, und demzufolge existierte kein Land, das dem eigenen in irgendeiner Hinsicht das Wasser hätte reichen können.

Dieses Bewußtsein einer neuen, besseren Identität, des Unangreifbaren, Auserwählten, entwickelte mit der Zeit mythische Züge, die in allen Lebensbereichen, unter anderem auch in der Kunst Einfluß gewannen. Die Helden kehrten zurück. Nicht unbedingt jene, denen man die Eroberung des Kontinents verdankte, doch ihnen sehr ähnliche, kaum verfeinert zwar, aber nach außen hin ein wenig modifiziert infolge ihrer modernen Ausrüstung und Bildung. Nach den haarigen, drogenverseuchten Antihelden nun also endlich wieder die harten, unerschrockenen Männer. Stuntmen, Superdetektive, Agenten, Magnaten und Weltraumkämpen erlebten eine Hochkonjunktur ohnegleichen. Man begegnete ihnen allenthalben, in Magazinen und Televisionssendungen, sie sprachen zur Nation und kämpften in den Stadien, sie lächelten zweidimensional von den Reklamewänden und plastisch aus den Schaufenstern von Textilgeschäften und in den Auslagen der Supermärkte. Und schließlich traf man sie auch auf den Straßen, vereinzelt erst und von Dutzenden bestaunt, dann zu Dutzenden und von Tausenden bewundert, und wenig später zu Tausenden, die sich für absolut normal hielten. Die wenigen Außenseiter, die sich, gestern noch bunt und voller Aggressionen, nun als dunkel gekleidete, stille Warner gebärdeten, zählten nicht mehr. Die Nation konnte sich als gerettet betrachten.

Lieutenant Philipp McBruns trug Zivil, als der Hubschrauber auf dem Flughafen Hennings landete. Die in Montgomery in einem Uniform- und Waffenstore gekaufte nagelneue Montur befand sich in seinem Köfferchen.

Der Jeep rollte so dicht an den Helikopter heran, daß Phil direkt von der mittleren Stufe der Gangway auf den Beifahrersitz steigen konnte. Der Fahrer, ein junger, milchgesichtiger Sergeant, setzte das Fahrzeug zurück, wendete und jagte mit einem solchen Tempo auf der Piste nach Süden, daß die Gebäude der Basis, der Kontrollturm und die überall herumstehenden Maschinen hinter einer dikken gelben Staubwolke verschwanden. Am Ende der Rollbahn wich er zwei warmlaufenden Lightning-Beams mit einer bei voller Geschwindigkeit gefahrenen S-Kurve aus, wobei die grobstolligen Reifen wimmernd über den Asphalt radierten.

„Besser so!“ bemerkte er nach dem gelungenen Manöver träge. „Sonst hätten sie uns womöglich noch den Lack vom Blech gebrannt.“

Gleich darauf betätigte er den Schließmechanismus des Faltverdecks, und nachdem sich die Lamellen vor den morgendlich blauen Himmel geschoben hatten, versah er auch diesen Vorgang mit einem entsprechenden Kommentar. „Sicherheit zuerst!“ erklärte er ebenso knapp wie vieldeutig.

Philipp antwortete nicht. Er hatte vollauf damit zu tun, sich auf dem Sitz zu halten.

Noch vor Hollywood verließen sie die achtspurige Küstenstraße. Als die Hochhäuser Miamis wie ein finster dräuendes Felsmassiv über den Frühdunst am Horizont zu steigen begannen, tauchten sie nach einer weiten Rechtskurve in die Zypressenwälder westlich der Hauptstadt Floridas ein. Der Sergeant atmete auf. Es klang wie ein Seufzer der Erleichterung.

Später sah Philipp einzelne Wasserläufe zwischen den Zypressen, denen bald danach kleine Teiche und schließlich zusammenhängende Seen folgten. Auf stillen schwarzen Wassern trieben ausgedehnte Inseln violett blühender Schwimmpflanzen.

An einer Stelle lag ein riesiger Kaiman quer über ihrer Fahrspur und genoß die milde Wärme der noch tief stehenden Sonne. Auch diesmal vollführte der Sergeant sein waghalsiges Lieblingsmanöver, die bei Höchstgeschwindigkeit gefahrene, enge S-Kurve. Der Kaiman flüchtete mit einer Behendigkeit, die Philipp solchen Tieren nie zugetraut hätte. Auf der Windschutzscheibe zerspellte ein handgroßer Schmetterling. Der junge Sergeant zuckte zusammen. „Mistzeug!“ murmelte er.

Schon nach knapp zwanzig Minuten Fahrt, sie konnten sich kaum mehr als zwanzig Meilen landeinwärts von Miami befinden, öffnete sich vor ihnen der Mund eines Straßentunnels, in den die vierspurige Straße ohne Einengung hineinführte. Erst jetzt fiel Philipp auf, daß sie bisher keinem einzigen Fahrzeug begegnet waren, der Swampy Highway, wie die Straße genannt wurde, war also wohl nur eine Maskerade. Eine ziemlich unzulängliche, wie ihm schien, denn den Aufklärungssatelliten der anderen Seite dürfte schwerlich entgangen sein, wie wenig Verkehr hier herrschte.

Im Inneren des Tunnels gab es mehrere Parkplätze, hallenartige Erweiterungen, die durch ein Röhrensystem belüftet wurden. In einer dieser Ausbauchungen, die unbenutzt waren wie die Straße selbst, bogen sie nach Süden ab. Der Sergeant steuerte direkt auf die scheinbar fugenlose Betonwand zu, und erst als das Licht der Scheinwerfer die graue Fläche traf, öffnete sich vor ihnen schnell und lautlos ein auf Rollen laufendes Schiebetor.

„Die Scheinwerfer strahlen einen Kode ab, auf den der Öffnungsmechanismus reagiert, einen elektronischen Schlüssel“, erklärte der junge Mann mit unverkennbarem Stolz auf sein Wissen.

Philipp hatte es sich gedacht. Solche Spielereien waren ihm durchaus nicht fremd. „Ich nehme an, daß wir dadurch gleichzeitig bei den Sicherungskräften angemeldet werden?“ sagte er.

Der Sergeant nickte. „Richtig, Sir!“

Danach schwiegen sie wieder. Und das Licht der Scheinwerfer fraß sich hurtig an den Wänden des grauen Tunnels entlang.

Hin und wieder passierten sie weitere Schleusentore. Es war anzunehmen, daß jedes dieser Hindernisse eines speziellen Kodes bedurfte, andernfalls wären sie sinnlos gewesen. Phil war sicher, daß er mit seiner Vermutung recht hatte, obwohl sich der Sergeant nicht dazu äußerte. Vielleicht war er nicht hinreichend informiert, vielleicht überstieg das Ganze auch sein technisches Verständnis oder seine Kombinationsgabe. Er war noch sehr jung.

Am Ausgang des Tunnels hatte sich Phil einer Reihe von Kontrollen zu unterziehen, die von einer eingehenden Leibesvisitation über Hautmusterprüfungen bis zur Blutentnahme reichten. Seinen Paß verlangte niemand zu sehen. Sicherlich lagen ihnen seine persönlichen Daten längst vor, und deshalb galt sein Ausweis im Augenblick nicht mehr als ein wertloses Stück Plastfolie.

Danach brachte ihn der Diensthabende zum Zuführer. Als er das Gebäude des Kontrollpostens verließ und zum erstenmal in die gigantische Halle tief unter den Everglades trat, blieb er überwältigt stehen. Dies war ein Lebensbereich für sich, hier hatte die irre Vision von der Welt im Inneren der Erde Gestalt angenommen.

Der Himmel, ein gewaltiger Dom aus Stahl und Beton, verbarg sich hinter dem Licht Tausender Tiefstrahler, die den Sichtbereich nahezu schattenlos ausleuchteten. Obwohl Phil sich darauf vorbereitet hatte, die gegenüberliegende Wand der Kuppel nicht sehen zu können, da sie meilenweit entfernt war, irrte sein Blick anfangs ziellos umher, nach einem Halt suchend, an den er sich klammern konnte, da der rational geprägte Verstand eine gegenüberliegende Wand nicht nur vermutete, sondern ihrer sogar bedurfte, wollte er nicht an sich selber zweifeln. Doch außer einigen schlanken Stützen, die sich hoch oben, hinter dem Licht der Strahler, in das Dunkel bohrten, fand sich kein fester Punkt. Und so taumelte der Blick von Säule zu Säule, vergleichbar der in einem Spielautomaten rollenden Kugel, die von Feder zu Feder geschleudert wird. Der Anblick war gleichzeitig beeindruckend und erschütternd.

Irgendwann begriff Phil, daß der Diensthabende das sprachlose Staunen eines Mannes, der das alles angeblich längst kannte, als verwunderlich empfinden mußte, und er bemühte sich um Fassung. „Von hier aus betrachtet, scheint alles beim alten geblieben zu sein", sagte er obenhin, und sie lachten beide, als sei ihm ein besonders guter Witz gelungen.

Die Zuführer erwiesen sich als automatisch gesteuerte Kabinen, die in einem unter den eigentlichen Flugfeldern verlaufenden Röhrensystem verkehrten. Die Zielkoordinaten wurden an der Abgangsstation von einem Bevollmächtigten programmiert und am Zielpunkt selbsttätig gelöscht. An den Stationen standen stets einige Ein- oder Zweimannkabinen in Warteposition, und die Länge der Bahnsteige deutete darauf hin, daß es auch Mannschaftstransporter gab.

Phil lehnte sich zurück und genoß die lautlose Fahrt durch konturenlose Finsternis. Er war froh, sich wenigstens für kurze Zeit entspannen und danach auf die nächste Begegnung konzentrieren zu können. Sein Herz schlug heftiger, als er es gewohnt war. Sein ganzes bisheriges Leben, oder doch zumindest den bewußt gelebten Teil, hatte er auf diese Zeit ausgerichtet, und nun, da sie endlich beginnen sollte, fühlte er sich viel zu schwach und viel zu mangelhaft vorbereitet, um das, was er zu erreichen hoffte, in Angriff zu nehmen. Zudem schien ihm jetzt plötzlich, daß ihm auf dem Weg bis hierher Fehler über Fehler unterlaufen waren. Eigentlich müßte es ein Kinderspiel sein, ihn zu entlarven.

Aber es war bereits zu spät, um noch umzukehren.

Die Kabine schoß hinaus in helles Tageslicht. Zumindest schien es ihm im ersten Augenblick so. Das Licht flutete in die Enge des kleinen Fahrzeugs herein wie ein Schwall neuen Lebens. Er blickte nach oben, und er sah, daß der Himmel über dem sich öffnenden Dach grau war, ein mattes Grau, ähnlich dem hochhängenden Nebel an einem kühlen Herbstmorgen. Doch dieser Himmel hier bestand aus Beton. Und er senkte sich in Sichtweite in sanftem Schwung herab, nicht wie der Himmel über dem Horizont draußen, der die Linie des festen Bodens in nicht abzuschätzender Entfernung berührt. Hier hätte Phil ziemlich genau sagen können, wie weit man zu gehen hatte, um den Himmel mit Händen greifen zu können. Trotzdem sah alles wesentlich freundlicher aus als drüben in der Nähe des Kontrollpunktes, der wohl ziemlich genau im Zentrum dieser riesigen, unterirdischen Glocke lag.

Eine Ordonnanz salutierte, und fast hätte er militärisch exakt zurückgegrüßt, angesichts des Zivils, das er noch immer trug, ein weiterer Fehler. So winkte er mit betonter Nachlässigkeit ab.

„Ich habe den Befehl, Sie zu Captain Morris zu begleiten, Sir", sagte die Ordonnanz, ein Soldier, ebenfalls noch sehr jung, jünger vielleicht sogar als der milchgesichtige Fahrer. Der Junge trug den tarnfarbigen Overall weit geöffnet, auf dem gelben T-Shirt darunter leuchtete irgendein Sinnspruch, den Phil lediglich wahrnahm, doch nicht entzifferte; ihn verwirrte die unmilitärische Aufmachung beträchtlich.

„Ist das üblich hier?“ fragte er und deutete auf das zwischen den Verschlußleisten des Overalls sichtbare Spruchfragment.

Der junge Soldat hob die Schultern. „Captain Morris hat nichts dagegen, Sir, glaube ich. Allerdings draußen ...“

„Was ist draußen?“

„Wenn Sie den Bau verlassen, Sir ...“

„Den Bau?“

„Die Basis, Sir! Außerhalb der Basis Gordon Point ist die Anzugsordnung exakt einzuhalten, Sir. Wollen wir gehen, Sir?“

Phil hob die Hand. „Augenblick noch, Soldier!“

Die flachen Gebäude, die sich allenthalben an die Wandung schmiegten, begannen trotz des taghellen Lichtes unter rötlichen Reflexen zu zucken. Querab zündeten die Nachbrenner zweier Maschinen, deren Typ nicht zu identifizieren war. Gleich darauf überfiel sie das Röhren der Triebwerke, brach sich an den Wänden und rollte zurück, es war wie eine von allen Seiten gleichzeitig heranbrandende Welle, deren schwingender Druck jedes einzelne Atom des Körpers in Bewegung zu versetzen schien. Der Soldat öffnete den Mund und hielt sich die Ohren zu, während die beiden Jets über die Piste rasten, zwei vorsintflutliche, feuerspeiende Saurier. Die Welt war rollender Donner und flackerndes Licht.

Dann verloren sich weit draußen, am Rand der Finsternis, Lärm und Feuer, der Lärm langsam verebbend, die feurigen, eben noch kreisrunden Augen der Strahltunnel, indem sie sich zuerst zu flachgequetschten Ellipsen und dann zu glühenden Strichen schlossen, ehe sie schließlich endgültig nach oben verschwanden.

„Gehen wir!“ sagte Philipp, und der Junge ging neben ihm her, bemüht, sich den Anschein militärischer Akkuratesse zu geben.

Captain Glenn Morris war ein großer, kräftig wirkender Mann mit dunklem Haar und grauen Augen, der sich sehr gerade hielt. Er gehörte zu denen, die überall auffallen, obwohl Phil nicht sofort hätte sagen können, weshalb. Vielleicht waren es die Augen, die Morris neben seiner beachtlichen Körpergröße aus dem Durchschnitt heraushoben, sie waren, wie gesagt, grau, aber das war längst nicht alles, sie schienen über eine gewisse durchdringende Kraft zu verfügen, das erste, was Phil angesichts dieser Augen einfiel, war, daß es sehr schwer sein würde, einen Mann mit solchen Augen erfolgreich zu belügen.

Morris trug einen jener Tarnanzüge mit graugrünem Zerlegungsmuster, wie sie für Dschungelkriege konzipiert worden waren. In der Zwischenzeit verfügten sie allerdings nur noch über symbolischen Wert.

Als Philipp, von der Ordonnanz eskortiert, das Büro betrat, war der Captain damit beschäftigt, in einer mit Computerausdrucken gefüllten Akte zu blättern, seiner verdrießlichen Miene nach zu urteilen, eine Tätigkeit, die ihm wenig Vergnügen bereitete.

„Lieutenant Philipp McBruns meldet sich zur Stelle, Sir!"

Der Captain blickte auf und klappte die Akte zusammen. Ein flüchtiges Lächeln huschte über sein Gesicht. „Ah ja!" sagte er, „sehr gut!" Und nachdem er das Bündel Papier mehrmals wie abwägend gehoben und gesenkt hatte, warf er es mit Schwung in den Schlitz des Dokumentenschluckers, der mahlende Geräusche von sich zu geben begann. „Das können wir uns dann ja wohl ersparen."

Es war eine etwas theatralische Geste ohne Bedeutung, denn der Captain hätte, wäre es ihm später erforderlich erschienen, innerhalb weniger Minuten über eine exakt identische Akte verfügen können. Der entsprechende Kode war keineswegs kompliziert.

Immerhin schien die so unmißverständlich demonstrierte Ablehnung bürokratischer Strukturen auf die Möglichkeit kameradschaftlicher Zusammenarbeit hinzudeuten. Philipp konnte das nur recht sein. In seiner derzeitigen Situation kam ihm nichts gelegener als ein vertrauensvolles Verhältnis zu seinem Vorgesetzten. Zumindest, was das Vertrauen seitens des Captains anbelangte.

„Setzen Sie sich, Lieutenant", sagte Morris.

Dieses Gespräch war lang und für Philipp nicht sonderlich informativ. Denn zumindest anfangs hatte er fast ausschließlich Fragen zu beantworten. Morris erkundigte sich angelegentlich nach dem Ausbildungsgang und dem bisherigen Dienstweg seines neuen Untergebenen, ließ sich, sehr kurz und ein wenig von oben herab, über den sagenumwobenen Geist der Militärakademie von Valley Forge aus, die er eine Schule der Persönlichkeitsdeformation nannte, fragte, ob es dort noch immer üblich sei, Toilettenbecken und Korridorfliesen mit Zahnbürsten zu schrubben, und verweilte lange bei Philipps Ausbildung zum Computerspezialisten.

Philipp, bemüht, auf keinen Fall den Anschein zu erwecken, er müsse vor bestimmten Antworten erst nachdenken, begann ein sich langsam steigerndes Ziehen in der Nackenmuskulatur zu spüren. Er kannte das, dieser Zustand trat immer dann ein, wenn er fürchten mußte, sich im Dschungel seiner fiktiven Vergangenheit selbst nicht mehr zurechtzufinden.

Dabei hatte er keineswegs den Eindruck, der Captain lege es darauf an, ihm Fallen zu stellen, das Informationsbedürfnis resultierte wohl eher aus einem Gemisch von gedämpftem Interesse und der Pflicht, sich ein Bild über die Persönlichkeitsstruktur eines Untergebenen zu verschaffen.

Auch dieses Gespräch verlief ohne Zwischenfälle. Selbst wenn der Captain Phils Antworten mit den Angaben des Computerauszugs verglichen hätte, es wäre nicht anders ausgegangen. Der Umfang der gespeicherten Daten war viel zu groß, als daß jemand eine genügende Anzahl von Fakten hätte per Hand nachprüfen können, um auf die eine oder andere Unzulänglichkeit oder gar auf Widersprüche zu stoßen.

Schließlich erhob sich der Captain. „Ihr Dienst beginnt frühestens in zwei Wochen, Lieutenant. Die Anlage, die Sie bedienen werden, ist zwar bereits installiert, aber noch nicht abgenommen. Sie werden also von uns hören. Mieten Sie sich in der Zwischenzeit eine Wohnung und einen Wagen, die Wohnung nicht unbedingt in Miami oder Hollywood und als fahrbaren Untersatz nicht unbedingt einen De Soto. Die Offiziere der Gordon Eagles sollten versuchen, nicht aufzufallen. Und Sie, Lieutenant, sollten ab heute Uniform tragen. Mit normalem Hemd und dunkler Krawatte. Nicht mit solchem Zeug auf der Haut wie unsere jungen Leute."

Er wies mit dem Kinn auf die Ordonnanz, die eben wieder den Raum betrat. „Welchen Sinnspruch tragen Sie eigentlich heute spazieren, Shriver?"

Der Soldat nahm Haltung an, grinste unsicher und öffnete den Verschluß seines Overalls über der Brust. Unter der Uniform kam ein gelbes T-Shirt zum Vorschein, auf dem in leuchtendem Rot die Aufforderung prangte, einen Trip nach Mexiko zu unternehmen und einem Indio zur Begegnung mit seinem seligen Inka zu verhelfen.

„Ich vermute, daß du diese Reise tatsächlich irgendwann antreten wirst, mein Junge", sagte der Captain, „und das vielleicht eher, als du denkst. Du solltest also schon heute anfangen zu beten, daß dir die Indios nicht früher den Arsch aufreißen, als du sie zu ihrem Inka schicken kannst."

Das Grinsen im Gesicht des jungen Mannes wurde zur Grimasse. Man sah ihm unschwer an, daß ihm der Gedanke, die Verwirklichung seines T-Shirt-Spruches in absehbarer Zeit selbst in Angriff nehmen zu müssen, erhebliches Unbehagen verursachte.

Captain Morris registrierte es unbeeindruckt. Er wandte sich wieder an Phil: „Lassen Sie mich wissen, wo Sie untergekommen sind, Lieutenant. In etwa vierzehn Tagen werden Sie im Sessel eines der modernsten Geräte der Air Force sitzen. NASA-Technologie, Sie verstehen?“ Er lächelte hintergründig. „Passen Sie in der Zwischenzeit auf sich auf, Lieutenant!“

Er hatte sich ein nicht allzu großes, dafür aber vollautomatisiertes Haus in Miamis Vorort Wilker's Beach zugelegt, eins von der Art, die man bei Verleihfirmen bestellen und schon einen Tag später beziehen konnte, weil sie von Hubschraubern auf komplett vorbereitete Fundamente gesetzt wurden. Die ganze Angelegenheit war nicht einmal besonders teuer, denn Wilker's Beach erfreute sich kaum noch nennenswerten Zuspruchs, seit mehrmals täglich der Donner startender Jets über den Ort rollte. So standen viele der mit allen Anschlüssen versehenen Fundamente leer, und die Verleihfirmen für Einfamilienhäuser waren gezwungen, erheblichen Rabatt zu gewähren, wenn sie die teuren Anlagen überhaupt nutzen wollten.

Aus diesen Umständen resultierte auch die besondere soziale Struktur dieses Ortsteils von Miami. Hier lebten zumeist Angestellte, Offiziere des nahe gelegenen Stützpunktes, kleine Kaufleute und vor allem Ruheständler, die von ihrem zurückgelegten Vermögen einen geruhsamen Lebensabend am Meer finanzierten. Es war die mittlere Schicht der Bevölkerung, die Reichen empfanden die Gegend als zu laut, und für die Armen war sie immer noch zu gut.

Philipp kostete die Tage der Untätigkeit aus, er ging viel im Meer schwimmen, aß meist in einem kleinen Kiosk am Ende der Straße, gönnte sich den seltenen Genuß ausgedehnter Lektüre oder wechselte ein paar Worte mit dem Verwalter der Häuser, der fast täglich mit einer Werkzeuglade in der Hand seinen Rundgang durch den Ort absolvierte. Phil mochte den Mann nicht sonderlich, weil er das Gefühl hatte, dessen Geschäftigkeit sei zu großen Teilen vorgetäuscht.

Gegen Ende dieser Tage, von denen sich einer so wenig von den anderen unterschied, daß sie kaum im Gedächtnis haftenbleiben konnten, begann Phil eine innere Unruhe zu spüren, die ihm nicht ganz unbekannt war. Anfangs führte er sie auf das unausgefüllte Leben zurück, das er nun seit einem Jahr zu führen gezwungen war, aber bald mußte er sich eingestehen, daß sie andere Ursachen hatte: Sein Ziel war in greifbare Nähe gerückt, und nun plagte ihn die Sorge, daß er kurz zuvor noch straucheln könnte.

In Gedanken ging er all die Schritte durch, die ihn hierher in die Nähe dessen geführt hatten, worauf er jahrelang hingearbeitet hatte, und war er bisher ziemlich sicher gewesen, keinen Fehler begangen zu haben, so stellte er nun bestürzt fest, daß er oftmals leichtfertig gehandelt hatte.

Mit dieser Erkenntnis vertiefte sich in ihm abermals das Gefühl, belauert zu werden. Zwar gab es auch diesmal keine konkreten Anhaltspunkte, aber sooft er sich auch sagte, daß er unter einer Art Manie litt, das Gefühl der Gefahr blieb.

Eines Abends saß er am Tresen der kleinen Bar am Südende von Wilker's Beach, trank einen Jim Beam ohne Soda und sah den Bewegungen der von Scheinwerfern angestrahlten Palmen zu, deren Wedel träge in der abendlichen Meeresbrise wogten. Die Bar war gut besucht, wie meistens an den langen Abenden des Herbstes, die eigentlich keine Abende waren, denn in dieser Jahreszeit ging der Tag innerhalb von zwanzig Minuten in die Nacht über. Er trank hier allabendlich seinen Whisky, denn die platten Unterhaltungssendungen der Televisionsstationen, zumeist Quiz-Veranstaltungen oder Music-Shows, minütlich unterbrochen von den blödsinnigsten Reklamen, ödeten ihn an oder brachten ihn in Rage.

Als er sein Glas eben aus der Hand gestellt hatte, setzte sich der Verwalter neben ihn an den Tresen und begann sofort ein Gespräch über die Angewohnheiten und Unsitten der Leute, deren Häuser er zu betreuen hatte.

Phil antwortete, wenn überhaupt, dann sehr einsilbig, es war ihm unangenehm, die kleinen Schwächen seiner Mitmenschen zur Kenntnis nehmen zu müssen. Was interessierte ihn schon, daß Mrs. Phyllis' Pekinese Löcher in den Rasen buddelte, um seine spärliche Notdurft unterzubringen, oder daß die Tochter von Barbers auf den Strich ging. „Mit Offizieren vor allem!" wie der Verwalter nicht ohne einen Anflug von Bosheit hinzusetzte.

„Sie sind nicht gerade gesprächig, Lieutenant", fuhr er nach einer kleinen Pause fort. „Typisch Ire, würde ich sagen."

Phil war sofort hellwach. „Wieso Ire?"

Der Verwalter winkte ab. „Ist nur so eine Vermutung. Die Iren sollen sehr schweigsam sein."

„Reden Sie keinen Unsinn, Mann! Ich bin Amerikaner!"

„Und dazu Nationalist, wie?"

„Nein, Amerikaner! Nicht mehr und nicht weniger." Phil spürte, daß er sich zu ereifern begann.

„Schon gut!" sagte der Mann neben ihm. „War ja nicht so gemeint. Trinken Sie einen Whisky mit mir, Lieutenant?"

Phil schüttelte stumm den Kopf, warf ein Zweidollarstück auf den Tresen und ging, wütend auf die eigene, unbeherrschte Reaktion. Über die Schulter zurückblickend, sah er, daß der Verwalter ihm höhnisch nachgrinste.

Von dem Tag an ging er dem Mann mit der Werkzeuglade aus dem Weg und suchte die Bar am Südende ebenfalls nicht mehr auf.

An den nächsten beiden Abenden legte er sich nach dem Essen, das er sich direkt in der Dose zubereitet hatte, auf die Couch und las. Aber da nun auch das leere Haus, in dem es bis auf das leise Summen der Servicegeräte totenstill war, seine Nerven strapazierte, ging er am dritten Tag doch wieder aus. Er verließ Wilker's Beach, ging durch Straßen, in denen er bisher noch nie gewesen war, hinunter zum Meer und bummelte auf der Strandpromenade in die sin-

kende Nacht hinein. Als sich vor ihm aus dem Schatten eines Palmenstammes eine Gestalt löste, schrak er zusammen.

Es war eine junge Frau, deren große, hungrige Augen in der Dämmerung zu leuchten schienen, und wieder witterte er Gefahr. Dabei hätte er zu jeder anderen Zeit keinerlei Zweifel über ihr Metier gehegt, der kurze Lederrock und die Trippelschritte ihrer überlangen Beine wären ihm Markenzeichen genug gewesen.

Als sie ihn ansprach, wandte er sich um und ging mit hastigen Schritten den Weg nach Wilker's Beach zurück. Das Mädchen rief ihm ein paar Worte nach, die er nicht verstand, er war vollauf damit beschäftigt, sich einzureden, daß er mit Frauen ihres Gewerbes nichts zu tun haben wolle.

Vorfälle solcher und ähnlicher Art begegneten ihm während der Zeit, in der er in Wilker's Beach wohnte, ohne seinen Dienst bereits angetreten zu haben, mehr als ein dutzendmal. Der kleine Vorort schien überzuquellen von Leuten, die ihn beobachteten, verfolgten, ausspionierten. Und immer wieder sagte er sich, daß es sich um ganz normale Begegnungen handele, hinter die er, voller Besorgnis, enttarnt zu werden, Absichten projiziere, die nicht vorhanden waren.

Sie ereigneten sich auch später noch, aber nachdem er täglich seinem Dienst nachging, berührten sie ihn nicht mehr.

Während der Anfahrt zur Basis hielt er sich genau an die Weisung, die ihm tags zuvor von einem Boten überbracht worden war. Er stellte seinen gemieteten Kleinwagen auf dem Parkplatz einer Raststätte südlich von Hollywood ab und benutzte von dort aus einen der basiseigenen Wagen. Es war ein älteres ziviles Fahrzeug, das von einem Mann in Farmerkleidung gesteuert wurde.

Wahrscheinlich, sagte er sich, hofften die Sicherheitsleute, eventuelle Beobachter des Gegners könnten solche Fahrten für die normalen Ausflüge der in dieser Gegend ansässigen Farmer halten, wenn auch der Umstand, daß außer dem Fahrer alle Insassen Uniform trugen, nicht dazu angetan war, eine solche Annahme zu rechtfertigen. Doch die verschlungenen Gedankenwege der Abwehrexperten waren nur schwer zu durchschauen, manchmal schien ihm, daß eins ihrer beliebtesten Arbeitsmittel das Erzeugen ungesteuerter Konfusionen war.

Neben ihm im Fond saß ein Major, der seinen Gruß nur mit einem kurzen Kopfnicken beantwortet hatte und ansonsten tat, als sei er viel zu tief in Gedanken versunken, als daß er sich mit jemandem hätte unterhalten können.

Er hatte angenommen, die Kontrollen am Passierpunkt würden sich diesmal auf das Notwendigste beschränken, aber dem war nicht so. Man unterwarf ihn genau der gleichen Zeremonie mit Hauttest, Leibesvisitation und Blutentnahme wie bei seinem Antrittsbesuch. Und auch diesmal hatte er sich lange zu gedulden, ehe die Auswertung abgeschlossen war und die Passage endlich freigegeben wurde.

Daß es sich um einen alltäglichen Vorgang handelte, stellte er spätestens fest, als er den Zuführer bestieg. Gleich nach ihm erschien der Major und nahm in der Nachbarkabine Platz. Sie lächelten sich durch die doppelten Fensterscheiben zu, aber es war kein Lächeln, das eine wie auch immer geartete Verbindung geschaffen hätte. –

Der Captain wies ihn persönlich ein. Glenn Morris war diesmal mit einer Bananenkombi bekleidet, einem jener einteiligen Overalls, wie sie von den Frontberatern während der Kampfhandlungen in und um Nikaragua getragen worden waren. Sie bestanden aus einem sehr dichten und dabei leichten Stoff, der mit grüngelbem Tarnmuster versehen war und angeblich über hervorragende thermische Eigenschaften verfügte.

Bei den Beamten des Verteidigungsministeriums standen solche Relikte unrühmlich verlaufener Auseinandersetzungen nicht gerade hoch im Kurs, vielleicht weil sie wachhielten, woran man sich nur ungern und mit einem Gefühl der Ohnmacht erinnerte. Ein Volk, das sich seiner neugewonnenen, selbstbewußten Identität rühmte, litt unter Rückschlägen naturgemäß mehr als Völker mit kontinuierlicher Entwicklung.

Als Philipp die Stube des Captains betrat, erhob sich Morris vom Datenterminal, auf dessen Bildschirm grünliche Ziffernkolonnen glommen, und reichte ihm wortlos die Hand. In seinem enganliegenden Kampfanzug wirkte er ungewöhnlich groß und knochig, und Philipp fragte sich, ob Leute von solchem Körperbau im Cockpit einer normalen Maschine wohl ausreichend Platz fänden, um ihre überlangen Beine in, wie es im Reglement hieß, lockerer Haltung auf den Reglern der Querstabilisatoren unterzubringen.

Die Kammer war klein, kaum größer als die der subalternen Offiziere. Sie wirkte sehr sauber und war äußerst spartanisch eingerichtet. Zwei Einbauschränke, zwei Stühle, wirklich Stühle, keine Sessel, ein großer Schreibtisch, das Datensichtgerät als einziger, allerdings unabdingbarer Glanzpunkt und ein Wandklappbett, auf dem Decke und Kopfkissen mit Riemen festgezurrt waren.

Der Captain gab sich sehr schweigsam. Mehr als die zwei Worte: „Gehen wir!" sagte er vorerst nicht. Und auch während der Fahrt zum Leitstand, die sie ebenfalls im Zuführer absolvierten, brachte er keine Bemerkung über seine schmalen Lippen. Er saß neben Philipp, bequem zurückgelehnt und mit ausgestreckten Beinen, die großen Hände zwischen den Knien gefaltet. Er sah aus, als grüble er über einem schwer zu lösenden Problem.

Das Leitgerät erwies sich als Fernsteueranlage für halbautomatische, unbemannte Flugkörper. Das Neueste und gleichzeitig Wesentlichste daran war die Rückkopplungseinrichtung, die nicht nur die visuellen Eindrücke des Fluges übertrug, sondern Teile des Flugverhaltens auch in Bewegungen der gesamten Anlage umsetzte. Das Gerät erinnerte ihn bestürzend an das Innere eines Cockpits, mehr als ein Drittel der Instrumente, Displays und Bedienungselemente vermochte er im ersten Moment nicht eindeutig zuzuordnen.

Er mußte sich sagen, daß genau das eingetreten war, wovor er sich gefürchtet hatte: Er sah sich mit einer Anlage konfrontiert, deren Bedienung ihm, legte man seine fiktive Ausbildung zugrunde, zumindest annähernd geläufig sein mußte, von der er aber in Wirklichkeit nur wenig mehr wußte als ein Bankangestellter von der statischen Berechnung des Gebäudes, in dem er beschäftigt war.

Morris blieb am Eingangsschott stehen und überflog die Instrumente mit einem Blick, in dem sich Hochachtung und Distanz die Waage hielten. „Damit werden wir die Risiken der verdeckten Einsätze wesentlich einschränken können", sagte er. „Der Gedanke, sie könnten einen von uns lebend fangen, begann mir in letzter Zeit schon Alpträume zu verursachen."

Zum erstenmal an diesem Tag sah Phil ihn lächeln. Dann trat Glenn Morris einen Schritt zurück und berührte Phil flüchtig an der Schulter. „Ich gebe Ihnen vier Wochen Zeit, Lieutenant."

Danach ging er, groß, eckig und aufrecht. Die Bananenkombi schimmerte fettiggelb im Licht der Deckenstrahler. Und Philipp konnte sich des Gefühls nicht erwehren, dieser Mann dort drüben bedaure, daß sich der Krieg abermals um einen kleinen Betrag von ihm entfernen würde.

Als er sich im Konturensessel zurechtrückte, zog es wie Wetterleuchten über die durch Bildschirme simulierten Kabinenfenster. Dann hellten sie sich ganz auf. Es wirkte wie eine sehr schnelle Morgendämmerung hinter den milchigen Schleiern des Frühnebels. Und den Lieutenant der Air Force Philipp McBruns überkam ein Gefühl, wie es wohl ein Nichtschwimmer haben muß, wenn ihn jemand in das Wasser eines reißenden Flusses gestoßen hat.

Diesen Tag, den ersten wirklichen im Dienst der Air Force, begann er mit dem Studium der Gerätedokumentation. Er saß stundenlang und versuchte sich die Begriffe, Daten und Zusammenhänge einzuprägen. Als er schließlich feststellen mußte, daß er sich nur noch mit Mühe auf die fachspezifischen Termini zu konzentrieren vermochte, aktivierte er den Simulatorblock und wechselte hinüber auf den Pilotensitz.

Das Startmanöver lief, nachdem er Höhe, Geschwindigkeit und Flugrichtung eingegeben hatte, vollautomatisch ab. Es war so beeindruckend, daß das Fehlen der Beschleunigungs- und Verzögerungskräfte, die sich lediglich durch Lageänderungen des Sessels bemerkbar machten, kaum ins Gewicht fiel.

Der simulierte Jagdbomber hob, vom Nachbrenner auf 2,4 g beschleunigt, nach extrem kurzer Rollstrecke ab, flog eine weite Kurve, wobei auch die Querstabilisation automatisch geregelt wurde, und ging, ständig an Höhe gewinnend, auf vorgegebenen Kurs. An den Kabinenfenstern glitten kurzzeitig Nebel- und Wolkenschwaden vorbei und ließen für einige Sekunden die rotierenden Klarsichter anlaufen. Gleich danach sanken die Wolken zurück, und von da an lag unter der Maschine eine weite, fast unbewegliche Fläche, die aussah wie ein von Riesenhänden geformtes, schneebedecktes Gebirgsmassiv. Er unternahm mehrere Kurvenflüge, die sich außer auf den Instrumenten auch durch Verschiebungen seines Sessels und durch seitliches Abkippen der Schneeberge dokumentierten.

In einer Steilkurve, die er wahrscheinlich mit zu geringer Geschwindigkeit angegangen hatte, schmierte die Maschine ab und überschlug sich mehrmals, bevor die Automatik eingriff und die Fluglage stabilisierte. Ihm war klar, daß er den Flugrechner überforderte, sobald ihm Steuerfehler unterliefen, die durch die Automatik nicht sofort als solche zu identifizieren waren.

Nach dem Manöver war er in Schweiß gebadet, und er ahnte, daß ihn die vor ihm liegende Zeit bei der Air Force nicht nur, wie er angenommen hatte, psychisch, sondern auch in hohem Maß physisch fordern würde.

Der Vorgang erinnerte ihn an eine gewisse Art von Träumen, wie er sie früher in seiner Jugendzeit in Calman's Edge hin und wieder erlebt hatte. In solchen Träumen hatte er manchmal Dinge tun können, zu denen er in wachem Zustand nicht annähernd in der Lage gewesen wäre. Er hatte beispielsweise die Gunslinger aus der Luft anzugreifen vermocht, einer Schwalbe gleich in lautlosem, blitzschnellem Gleitflug über ihre behelmten Köpfe hinwegrasend und dabei selbstgebastelte Bomben werfend, von denen er eine erstaunlich große Menge in seinen Hosentaschen unterbringen konnte und die immer wie kleine Bierbüchsen aussahen.

Häufig war in diesen Träumen, die sich stets in zwei gleichbleibenden Varianten abgespielt hatten, alles gut gegangen, er hatte seine Bomben geworfen, selbst erstaunt über deren vernichtende Wirkung, und war dann mit ausgebreiteten Armen in Richtung südlicher Ebene abgedreht, wobei er sehr niedrig zwischen den Stämmen der leuchtenden alten Kiefern hindurchgehuscht war. Diese Variante seines Traumes hatte immer auf dem Hexenstuhl geendet, den er von unten her, von der Geröllhalde aus, auf der man den verunglückten Lehrer gefunden hatte, angeflogen war. Danach hatte sich regelmäßig eine Phase tiefen Schlafes eingestellt. Am Morgen danach war er jedesmal mit dem Gefühl erwacht, die ganze Welt einreißen zu können.

Völlig anders aber war es gewesen, wenn in diesen Träumen etwas schiefgegangen war, was stets an exakt derselben Stelle zu geschehen pflegte, nämlich während der ersten Bombenabwürfe über den Magazinen des Camps. In dieser zweiten Variante traf er das Munitionsdepot, geriet in das Epizentrum einer gewaltigen Explosion und stürzte ab. Obwohl er trotz des Aufpralls keinerlei Schmerzen verspürte, vermochte er sich doch nicht von der Stelle zu bewegen, und anfangs, als er noch nicht gelernt hatte, den Traum rechtzeitig abzubrechen, war er jedesmal zu Tode geprügelt worden.

Nach einiger Zeit hatte er herausgefunden, daß der Ausgang des Traumes von seinem jeweiligen Gemütszustand abhängig war, daß seine Besorgnisse und Hoffnungen gewissermaßen auf das Ende dieser inneren Erlebnisse projiziert wurden. Am schlimmsten war es, wenn er kurz zuvor mit Danny Clearwater gestritten hatte.

Vielleicht deshalb hatte er Dannys ständigem Drängen wenigstens im Traum immer wieder nachgegeben und versucht, das Depot des Camps zu vernichten, wenn er auch danach manchmal über das eigene Tun so entsetzt gewesen war, daß er sich am liebsten irgendwo verkrochen hätte.

Der Traum hatte ihn auch noch verfolgt, als Danny schon verschwunden war, aber da hatte er bereits gelernt, aus ihm zu entfliehen, wenn diese Flucht ihn auch stets ungeheure Anstrengungen kostete. Nur durch fast schmerzhafte Konzentration auf die einzige Möglichkeit, seinem Tod zu entgehen, vermochte er noch vor dem Aufprall zwischen den brennenden Baracken zurückzutauchen in die triste, aber doch ziemlich sichere Realität seines kindlichen Daseins. Und regelmäßig war er danach zu Tode erschöpft und mit kaltem Schweiß bedeckt.

Diesmal fand er schneller in die Realwelt zurück. Ein Fingerdruck auf die rotleuchtende Bereitschaftstaste genügte, und die weißen Wolkenberge verkrochen sich hinter dem grauen Nebel toter Bildschirme.

Gegen Abend befahl ihn Glenn Morris über das Perkom zu sich. Der Captain ging unruhig in seiner Stube hin und her. Phils vorschriftsmäßigen Gruß erwiderte er lediglich mit einem knappen Neigen des Kopfes. Sein grüngelber Overall war über der Brust geöffnet. Zwischen den Leisten des Gleitverschlusses quoll eine wirre Fülle brauner Locken hervor. Er war barhäuptig. Sein Haar begann sich bereits zu lichten.

„Setzen Sie sich, Lieutenant!“ sagte Morris schließlich, während er mit abgewandtem Gesicht am Fenster vorbeiging.

In Philipp begann sich ein Gefühl der Bedrohung zu regen, aber noch hätte er nicht zu sagen vermocht, woher er die Gefahr zu gewärtigen hatte. Das Gefühl blieb diffus, da er, wenn er es einzuordnen versuchte, entweder auf zu viele oder auf zu wenige Anhaltspunkte stieß. So entschloß er sich, anzunehmen, daß es mit seinem ersten Flug zusammenhing. Daß er mit seiner Vermutung recht hatte, bewiesen ihm bereits die ersten Worte des Captains.

„Wie viele Alleinflüge haben Sie bisher absolviert, Lieutenant?" fragte Glenn Morris plötzlich und wandte dem Fenster den Rücken. Sein Blick ging ruhig über Phil hinweg.

„Das steht in meinen Unterlagen, Sir. Ich war Bordschütze und später Feuerleitoffizier ..."

„Wie viele, Lieutenant?" Jetzt waren die Augen des Captains unvermittelt hart geworden.

„Acht, Sir!" In Phils Nacken zog sich wieder die Haut zusammen.

„Nicht allzu viele, wenn Sie mich fragen."

„Ich war, wie gesagt, Bordschütze, Sir. Ich bin nicht öfter allein aufgestiegen, als es das Ausbildungsprogramm für Bordpersonal vorsieht."

„Ich weiß!" Morris nickte. „Das geht ja schließlich aus Ihren Akten hervor." Er blickte Phil nach wie vor forschend an, doch langsam verlor sich die Härte in seinen Augen.

Phil war überzeugt, daß der Captain die Akte nicht gelesen hatte, allerhöchstens überflogen hatte er sie. Dieser Mann da am Fenster gehörte nicht zu denen, die ihre Zeit mit Lesen vertrödeln. Insofern befand sich Glenn Morris jetzt in einem Dilemma, in das er sich mit seiner Bemerkung, er kenne Unterlagen, selbst hineinmanövriert hatte. Wollte er nicht unglaubwürdig erscheinen, durfte er nun keine Fragen mehr stellen, die sich mit dem militärischen Werdegang seines Untergebenen befaßten.

Doch schon angesichts der nächsten Frage mußte sich Phil eingestehen, daß er sein Gegenüber unterschätzt hatte. Denn selbstverständlich gab es sehr wohl Bereiche, von denen nichts in den Akten Eingang gefunden hatte. Und die kannte Glenn Morris.

„Haben Sie wenigstens eine Reihe scharfer Einsätze hinter sich gebracht, Lieutenant? Meinetwegen auch als Bordschütze?"

Das nun war ein Thema, das Phil überhaupt nicht gefiel. Denn gerade darüber hatte er lange nachgegrübelt, als er beim Zusammenbasteln seiner fiktiven Vergangenheit an die Art seiner Ausbildung und des sich daran anschließenden Dienstes gelangt war. Vielleicht, nein, sicherlich war es ein Fehler gewesen, seiner fiktiven Ausbildung zum Feuerleitoffizier nicht auch noch die fiktive Vernichtung von Menschenleben folgen zu lassen. Immer wieder hatte er sich gesagt, daß er damit ja niemandem Schaden zufüge, aber die sich vor ihm auftürmende moralische Barriere hatte sich trotzdem als zu hoch erwiesen.

„Nein, Sir!“ sagte er, und dabei gab er sich Mühe, ein gewisses Bedauern in Stimme und Mimik zu legen.

Morris stieß pfeifend die Luft aus. „Akademiker!“ brummte er abfällig. „Bilden sich ein, um bei der Space Force einzusteigen, reiche es aus, Erfahrungen im Schrubben von Kloschüsseln mittels Zahnbürsten gesammelt zu haben. Die haben dort ganz andere Toiletten als wir hier, Lieutenant.“

„Ich weiß, Sir“, sagte Phil. Etwas Besseres fiel ihm nicht ein.

„Ich weiß, ich weiß!“ äffte ihn der Commander nach. „Wachen Sie endlich auf, Mann! Die dort oben stöbern nicht nur in Ihren Akten herum, die beobachten Sie auch jetzt. Die wissen längst, daß Sie heute um ein Haar abgeschmiert wären, Herr Akademiker!“

„Mir ist angedeutet worden, daß man mich unter die Lupe nehmen würde, Sir.“

„Ach, wirklich?“ sagte Morris, auf dessen Gesicht sich unmerklich ein müder Zug geschlichen hatte. „Vielleicht sollten Sie wissen, daß sich seit kurzem hier ein paar Leute herumtreiben, die bestimmt nicht zum Personal gehören. Und Sie, McBruns, machen solchen Mist.“ Das klang, als bedauere er die Ungeschicklichkeit seines Untergebenen.

Selbstverständlich hatte Phil damit gerechnet, daß man ihn sehr genau beobachten würde. Der Mann, der mit ihm das Einstellungsgespräch geführt hatte, war offen genug gewesen, es ihm zu sagen. Als freundliche Geste zum Abschluß gewissermaßen oder, was wahrscheinlicher war, um den Bewerber zu verunsichern.

Man mußte also damit rechnen, daß die da oben, wie der Commander sie nannte, über diesen ersten Flug und dessen unrühmliches Ende informiert waren. Nichts war einfacher, als das Programm des Trainingsgerätes und die Reaktionen des Trainierenden zu übertragen, zu speichern, auszuwerten und was sonst noch alles möglich war.

Seltsamerweise verspürte Phil keine speziell auf diesen Umstand bezogene Besorgnis. Er war als Feuerleitoffizier und nicht als Pilot ausgebildet worden, und er hatte stets nur als Bordschütze oder Feuerleitoffizier Dienst getan. Die da oben konnten also, urteilten sie objektiv, nichts dabei finden, daß er die Steuerung hochmoderner Flugzeuge noch nicht ganz beherrschte.

Was blieb, war die allgemeine, auf keinen bestimmten Punkt orientierte Sorge, die er nun schon seit Jahren empfand. An die er sich längst gewöhnt hatte und die doch ziemlich belastend war.

Glenn Morris stand wieder mit dem Gesicht zum Fenster. „Sie werden Gelegenheit haben, den Erfahrungsschatz scharfer Einsätze nachzuholen, Lieutenant“, sagte er schleppend. „Sie wollen die da oben doch nicht enttäuschen, wie?“

Philipp erhob sich und nahm Haltung an. „Nein, Sir!“

Nein, enttäuschen wollte er die da oben wirklich nicht. So kurz vor dem Ziel gewiß nicht. Nur, angesichts der Art der Beweisführung meldeten sich abermals seine moralischen Skrupel.

Das Eliteprinzip

Er atmet aus, es ist wie eine Explosion, er muß wohl sehr lange die Luft angehalten haben.

Die kleine Kugel an Howard Skeltons Schläfe bewegt sich plötzlich heftiger, schwankt hin und her, platzt schließlich geräuschlos, vom Rand des winzigen, bräunlichen Loches löst sich träge ein farbloser Tropfen.

Philipp McBruns wendet sich angewidert ab.

Schon in der Bewegung bereitet er sich auf das vor, was er sehen wird, das Gesicht Doras, das so hart und entschlossen sein kann und so weich und verträumt. Jetzt wird es hart sein, mit schmalen Augen und dünnem Mund, und ihre Hand wird das Laserrohr halten, als wäre es in ein Stativ geschraubt.

Sie klammert sich an den Rahmen des Zwischenschotts, ihr giftgrüner Dienstoverall ist hoch geschlossen. Nein, Härte ist da wohl nicht mehr, sie sieht im Gegenteil aus, als habe sie alle Kraft verloren, wahrscheinlich bräche sie auf der Stelle zusammen, kehrte jetzt die künstliche Gravitation zurück. Ihr Gesicht ist fast so weiß wie der Verband, der den Ansatz ihres dunklen Haares wie ein Stirnband verdeckt. Die Waffe hat sie gesenkt, als wäre die zu schwer für den kraftlos gewordenen Arm.

Einem inneren Antrieb nachgebend, schiebt er sich von Skeltons Sessel ab und schwebt zu ihr hinüber. Er nimmt ihr die Waffe aus der Hand, deren Finger den Kolben längst nicht mehr halten, und schiebt das Rohr in die Oberschenkeltasche seines Overalls. Dann faßt er Dora an beiden Schultern und zieht sie zu sich in die Zentrale hinein. Nichts scheint ihm jetzt wichtiger als eine exakte Analyse der Situation und unverzügliches Handeln. Doch nichts ist ihm im Moment ferner als die Fähigkeit zu emotionslosem

Abwägen. Er weiß nur, daß sie sich in einer äußerst prekären Lage befinden.

Er spürt die heftigen Schläge seines Herzens, und um überhaupt etwas zu tun, dirigiert er die in der Schwerelosigkeit haltlos schwebende Dora hinüber zu dem Sessel, in dessen Gurten die Leiche Skeltons hängt. Dora läßt es mit sich geschehen. Sie wirkt auf ihn, als sei sie absolut leer, ohne Gedanken und ohne Kraft, eine Hülle, deren Inhalt sich in einer einzigen, außerordentlichen Handlung verzehrt hat.

Die Nähe des Toten kann er ihr nicht ersparen. Sein erster, rationaler Gedanke ist, daß sie ihn mit ihren Körpern abschirmen müssen, denn jeden Augenblick kann einer der anderen die Zentrale betreten.

So schweben sie hinter dem Toten, blicken über dessen ein wenig schräg hängenden Kopf hinweg auf den erloschenen Schirm der Feuerleitanlage, und während sich ringsum eine fast körperlich spürbare Stille ausbreitet, die durch die aus weiter Entfernung herüberhallenden Schläge der Fügegeräte eher vertieft als aufgehoben wird, beginnen sich Philipps Gedanken endlich zu ordnen. Er könnte die Wege, die sie gegangen sind, später sicherlich nicht nachvollziehen, er spürt nur, daß da plötzlich die Lösung ist, aufleuchtend wie ein Blitz in der Finsternis. Aber es ist eine Lösung, die ihm im ersten Augenblick wie der Einfall eines Irrsinnigen erscheinen will.

Trotzdem geht er, überzeugt, daß sich alle anderen Möglichkeiten als ebenso verrückt herausstellen würden, aber wahrscheinlich noch geringere Erfolgschancen hätten, unverzüglich an die Ausführung.

Als erstes nimmt er auch Skeltons Waffe an sich. Es ist ihm unangenehm, die Leiche berühren zu müssen, der Körper pendelt in den Gurten hin und her, als er ihn in die günstigste Position zu bringen versucht. Dann erst gelingt es ihm, die Hand in den schmalen Spalt zwischen der Seitenschale des Sessels und dem Oberschenkel des Toten zu schieben.

Danach wendet er sich Dora zu. Das Leben ist in ihre Augen zurückgekehrt, und sie blickt ihn an mit einer Mischung aus Interesse und Verwunderung.

„Sie dürfen ihn hier nicht finden", sagt er.

Sie hebt langsam die Schultern. „Ist es nicht einerlei, ob man ihn hier oder woanders entdeckt?"

„Nicht, wenn es uns gelingt, ihn unbemerkt in die Nähe der Schleuse fünf zu bringen."

Sie begreift sofort, und ein matter Schimmer erhellt ihr Gesicht. Sie strafft sich.

„Faß seinen linken Arm an!" sagt er, und gehorsam wie ein Kind greift sie zu.

Sie nehmen den Toten in die Mitte und schieben sich mit sparsamen Bewegungen hinaus in den Gang, der leer und verlassen liegt, als befände sich an Bord dieser Station niemand außer ihnen – zwei Lebenden und einem Toten. Nur die hallenden Schläge aus der Gegend der Sektion vier laufen, vielfach gebrochen, an den gewölbten Wänden entlang. Doch auch sie klingen jetzt leblos, mechanisch, wie eine Glocke, die ihre letzte Kraft in verebbenden Schwingungen verströmt.

„Sie werden alle dort vorn sein, in der Nähe der Schleuse fünf", sagt Dora unterwegs. Ihre Stimme hat ein wenig an Klarheit gewonnen, aber noch immer ist sie leise und ohne den ihm liebgewordenen dunklen Klang. Mehr sagt Dora nicht, und sie schweigt auch, als weit vor ihnen das Schott auftaucht, auf dem nach wie vor das gelbe Kreuz blinkt.

Der Gang vor ihnen ist ebenso leer wie die Strecke, die sie hinter sich gebracht haben. Niemand will sich eine Begegnung mit den Monteuren der Basis entgehen lassen.

Er hört das Aufatmen Doras.

Auch der letzte Teil der Aktion verläuft planmäßig. Sie geben den Toten in der Nähe des Außenschotts frei, bremsen die eigene Bewegung ab und beobachten, wie der leblose Körper den Gang entlang weitertreibt, bis die gewölbte Platte der Schleuse ihn auffängt. Der sanfte Anprall verursacht fast kein Geräusch.

Als letztes legt Philipp McBruns eine falsche Spur. Mit dem auf Minimalemission geschalteten Laser Skeltons brennt er eine verwischte Linie in eine der seitlichen Metallplastplatten des Ganges und läßt die Waffe einfach in der Luft hängen.

Danach wenden sie sich ab und gleiten zurück. Und je weiter sie sich von der Stelle entfernen, an der sie den Selbstmord Skeltons inszeniert haben, um so schneller und sicherer werden ihre Bewegungen.

Du liegst neben ihr, doch du spürst sie nicht, weder ihre Wärme noch den Druck ihres Körpers an deiner Seite, obwohl ihr euch berührt, obwohl sich eure Overalls berühren, ihr giftgrüner und dein graubrauner.

Selbst der Begriff „liegen" trifft nicht zu. Ihr schwebt nebeneinander, locker gehalten von den Schlaufen, die ihr nur lose um Brust und Oberschenkel gelegt habt. Als hättet ihr Angst, eine engere Befestigung könnte euch zu Berührungen zwingen, die euch jetzt fehl am Platz zu sein scheinen.

Ihr schweigt. Einer dem Atem des anderen lauschend. Und den Lärm draußen im Gang erwartend, der irgendwann in den nächsten Minuten den Klang der Reparaturglocken übertönen wird. Denn es wird Lärm geben, wenn sie Skeltons Leiche entdecken.

Später, eine Ewigkeit scheint vergangen zu sein, draußen auf dem Gang ist immer noch Stille, und die Schläge der Montiergeräte sind seltener geworden, spürst du, wie sie sich neben dir bewegt, und du hörst sie flüstern, als spräche sie zu sich selbst: „... mußte es tun. Wir hatten keine Wahl. Die letzte Chance muß uns bleiben. Es gab keine andere Lösung für ...“ Und plötzlich lauter, sehr laut: „Sag, daß es richtig war, Phil!“ Es klingt wie ein Hilfeschrei.

Da berührst du mit der Hand ihre Hüfte, vorsichtig, ganz sacht, diese Berührung spürst du kaum, statt dessen merkst du, wie Doras Körper sich verkrampft.

„Nein, einen anderen Weg gab es nicht“, sagst du. „Keinen, der uns Rettung versprochen hätte.“ Und das meinst du ganz ehrlich, du weißt, daß ihr verloren gewesen wärt, du zumindest. Sie hat dir Freiheit und Leben gerettet. Bis hierher. Was noch kommen wird, vermag jetzt noch niemand zu sagen. Und während du ihr all das erklärst, deine Gedanken vor ihr ausbreitend, fühlst du, daß sie sich ein wenig entspannt, daß sie deiner Hand um eine Winzigkeit entgegenkommt, und da begreifst du plötzlich, daß ihre Erstarrung vorhin nichts mit der Angst vor eurer Enttarnung zu tun hatte, sondern daß sie der Ausdruck eines tiefgehenden Schocks war. Der Schock eines Menschen, der das Töten eines anderen als Ungeheuerlichkeit empfindet und der doch töten mußte, wollte er millionenfachen Tod verhindern.

Was mag in der letzten halben Stunde in Dora vorgegangen sein, und wie mag es jetzt in ihr aussehen?

Und du liegst, schwebst neben ihr auf dem gemeinsamen Lager, und du bist außerstande, ihr Trost zu spenden, du vermagst sie nicht einmal in die Arme zu nehmen, denn jedes Wort, jede Berührung kämen dir jetzt dumm und geschmacklos vor, angesichts ihrer Erschütterung. Ein solches Ereignis kann das Leben eines Menschen von Grund auf verändern, von einem Tag auf den anderen.

So liegst du also neben ihr, und es ist euch nicht vergönnt, einander wenigstens schweigend zu spüren. Nicht einmal das.

Dann dröhnt die Stimme des Commanders aus den Lautsprechern, so plötzlich, daß Philipp McBruns auffährt. Noch bevor er sich dem Inhalt der Worte zuwendet, analysiert er den Klang der Stimme, in der ein kaum merkliches Vibrieren ist.

„Sie haben ihn gefunden“, flüstert er.

„… minus zwanzig Minuten", sagt die Stimme des Commanders. Das Vibrieren weicht zunehmend dem gewohnt sicheren Klang. „Ich wiederhole: Die Drehung der Station wird in Kürze wieder aufgenommen. Start nach Countdown. Ich befehle alle Dienste der Kernmannschaft unverzüglich auf ihre Positionen. Den Funkdienst übernimmt ab sofort Lieutenant Walter Graves vom Versorgungstrupp, die Feuerleitstelle wird durch Captain McBruns besetzt, Navigation vorläufig durch Captain Newman. Ich erwarte Meldung über den Gesundheitszustand des Ersten Navigators, Lieutenant Taylor. Volle Einsatzbereitschaft spätestens zehn Minuten nach Nullzeit. Zeit jetzt: null minus zwanzig Minuten. Ich wiederhole …"

Philipp löst seine Gurte, schiebt sich ab und schwebt über der Lagerstatt. Dora liegt noch immer bewegungslos, nur ihr dunkles Haar wogt im Takt ihrer Atemzüge über der weißen Stirnbinde. Ihr Atem geht langsam und gleichmäßig.

„Bleib liegen", flüstert er. „Schlaf dich aus."

Sie rührt sich auch jetzt nicht, vielleicht ist sie wirklich eingeschlafen. Es wäre das Beste, was ihr in dieser Situation widerfahren könnte.

Da wendet er sich ab und katapultiert sich hinaus in den Gang.

Die meisten Stände in der Zentrale sind noch unbesetzt. Commander Morris schwebt mitten im Raum, die Hände tief in den Taschen seiner rostroten Kombination. Ein Symbol soldatischer Härte und Gelassenheit. Oder doch fast. Denn als er mit einem knappen Neigen des Kopfes grüßt, ist er gezwungen, den auf seinen Körper wirkenden Gegenimpuls durch einen schnellen Griff zur Rückenlehne des Funkersessels aufzufangen.

Das Funkpult ist bereits besetzt. Ein grellgelber Overall zwischen den lackschwarzen Seitenschalen des Sessels. Darüber jedoch nun nicht mehr der blonde Haarschopf Lilianas, sondern ein dunkler, ein sehr dunkler.

Das ist ungewöhnlich. Zum erstenmal gehört zur Kernmannschaft der Station Odin jemand, dessen Haar so glatt und so dunkel, fast schwarz ist. Glenn Morris mag Leute mit glattem schwarzem Haar nicht sonderlich. Und er hat seine Gründe dafür, denn er verfügt über einschlägige Erfahrungen.

Der dort im Sessel der Funkanlage ist also der Neue, der Mann vom Versorgungstrupp, Walter Graves. Der Schalensessel hat ihn fast verschluckt, Graves dürfte nicht allzu groß sein und auch nicht sehr kräftig gebaut. Er wird es nicht leicht haben in der Kernmannschaft.

Philipp McBruns nimmt im Sessel der Feuerleitanlage Platz, rastet die Haltegurte ein und aktiviert die Geräte. Noch einmal, während die Bildschirme und Anzeigen zum Leben erwachen, wendet er sich dem Commander zu. „Lieutenant Taylor hat ein Schlafmittel genommen, Sir", sagt er. „Ich glaube, daß ihre Verletzung in wenigen Tagen ..."

Glenn Morris unterbricht ihn mit einem akzeptierenden Nicken und stabilisiert sich durch einen abermaligen Griff zum Sessel der Funkanlage.

Phil spürt eine plötzliche, kaum motivierte Erleichterung. Vielleicht, sagt er sich, gelingt es Dora, sich über die Erschütterung hinwegzuschlafen. Für die zu erwartende Untersuchung wäre das von nicht geringem Vorteil.

Auf dem Display der Feuerleitanlage ist nicht allzuviel zu erkennen. Die Außensensoren fassen zur Zeit lediglich die in der Nähe der Sektion vier vertäute Reparaturfähre auf und einige im Nahbereich treibende Teile, Schrott wahrscheinlich, der sich langsam von der Station entfernt. Danach einen schnell das Koordinatennetz durchquerenden Körper, den die Kennung als einen der Monteure ausweist. Bei dem Reflex vor ihm könnte es sich um eine Baugruppe handeln, die er an ihren Einsatzort transportiert. Mehr zeigt der Schirm nicht.

Eine nach wie vor unerklärliche Lücke bleibt. Die Geräte geben noch immer nicht den geringsten Hinweis auf fremde Satelliten oder Sonden. Es ist, als bestünden die Raumkörper der anderen aus weniger als Luft.

Nach allem, was sich in den letzten Tagen ereignet hat, müssen sie aber noch dort draußen sein, irgendwo in der Dunkelheit des Raumes oder im Licht der Erde verborgen, sie existieren, sie treiben auf ihren komplizierten Bahnen dahin, vielleicht sogar in Sichtweite, und doch dringt nicht der geringste Reflex von ihnen durch die hochsensiblen Geräte.

Auch im Fernbereich hat sich nichts geändert. Selbstverständlich nicht. Die Lichtpunkte der Sterne, optisch projiziert, hängen unbeweglich in der Wölbung des Navigationsschirms, unendlich weit entfernt und starr.

Schließlich betreten auch Jane Blackwood und Harold Newman die Zentrale. Die schweigende Zeremonie der Begrüßung wiederholt sich, das Nicken des Commanders und sein Griff zur Sessellehne.

Sie sind pünktlich, die Disziplin scheint unter den Tagen der Untätigkeit nicht gelitten zu haben. Sie haben ihre Plätze eingenommen, haben sich in den Sesseln festgeschnallt, sind wieder zu Teilen der Maschinerie geworden, sie beobachten die Bildschirme und Anzeigen, fühlen sich hinein in die Welt außerhalb der Station, tasten sich in den dunklen Raum hinein und an die helle Erde heran, sie warten auf den Countdown. Stunden scheinen vergangen zu sein, als die Computerstimme die Zeit in Sekundenstücke zu zerhacken beginnt.

Exakt bei „Null" beginnen die Lichtsplitter auf dem Navigationsschirm zu zucken, springen mehrmals hin und her, dann hat der Rechner die Rotation aufgemessen und eingearbeitet, die Sterne stehen wieder wie festgeschraubt, und das Gefühl weigert sich, zur Kenntnis zu nehmen, daß die Station jetzt rotiert, daß die Schwerkraft in den Außenbereichen sich weiter den Werten der irdischen Gravitation nähert.

Hier, unweit des Rotationszentrums, hat sich anscheinend nichts geändert, die Gravitation liegt im Bereich nahe Null, die scheinbaren Bewegungen ferner Sterne, naher Raumkörper und auch der Erde, die fast ein Drittel des Sichtbereiches einnimmt, werden durch den Rechner ausgeglichen. Nahezu unmerklich kehrt die Kampfkraft der Odin zurück. Die Dienste beginnen ihre Einsatzbereiche gefechtsbereit zu melden.

Jane Blackwoods Meldung kommt ein wenig zögernd. Vielleicht verursacht ihr die Leere ihrer Navigationsschirme Unbehagen. Verständlich wäre es; sie weiß ebensogut wie alle anderen, was es mit den unsichtbaren Beobachtern da draußen auf sich hat, daß sie sich nach wie vor in unmittelbarer Nähe der Station herumtreiben. Eine äußerst beunruhigende Gewißheit.

Phil meldet entsprechend der Struktur der Dienste und des Reglements als letzter. „Feuerleitanlage gefechtsbereit!" sagt er, und er stellt fest, daß Glenn Morris einen Moment lang zögert, ehe er sich zur Weiterführung des vorgegebenen Regimes entschließt.

„Ich übernehme!" sagt der Commander schließlich, drei, vier Sekunden zu spät, dann schiebt er sich in den Sessel des Leitstandes und hakt sich fest. Sein Blick überfliegt ein letztes Mal die Zentrale. „Handlungen ab jetzt nur noch auf mein Kommando!" vollendet er und strafft sich.

Danach schweigt er abermals lange, viel zu lange. Sein Schweigen deutet auf Unentschlossenheit, die zum erstenmal mit solch unmißverständlicher Deutlichkeit zutage tritt. Ihm muß zumute sein wie einem ins Fangnetz geratenen Tier, das die Jäger heranschleichen hört, ohne sie jedoch in der Finsternis sehen zu können.

Endlich hebt er mit einer zögernden und sicherlich auch unbewußten Bewegung die Schultern und entschließt sich zu einem Befehl, der unter den gegebenen Umständen wie eine Ersatzhandlung wirken muß. Über die Rufanlage bittet er Dora Taylor zu sich, wartet ihre Bestätigung, die sehr spät und sehr leise kommt, ab und trennt durch einen Schalterdruck den Kommunikationsblock der Zentrale vom übrigen System der Station.

Vier Minuten danach, Minuten, die Phil wie Stunden vorkommen, betritt Dora die Zentrale. Sie hat volle Ausrüstung angelegt, ihr grüner Overall ist hoch geschlossen, aus der Oberschenkeltasche ragt der Kolben eines Fächerlasers, in dessen unmittelbarer Nähe sie ihre Rechte hält. Über Haar und Stirnbinde hat sie ein engmaschiges Netz gestülpt, ihr Gesicht ist blaß, aber sehr gesammelt. Den Helm trägt sie unter dem linken Arm.

„Lieutenant Taylor zur Stelle, Sir!" meldet sie ruhig und exakt. Dann gleitet sie mit den sparsamen Bewegungen eines großen Fisches durch die Schwerelosigkeit der Zentrale und nimmt ihren Platz neben der Lokatorin ein. Das Klicken ihrer Gurtverschlüsse durchbricht die Stille wie Schüsse.

Und wieder vergeht geraume Zeit, bis Glenn Morris das Wort ergreift.

„Ich muß Sie von einem Vorfall in Kenntnis setzen, der, wie ich hoffe, die Serie der unangenehmen Ereignisse an Bord dieser Station abschließt", beginnt er und blickt einen nach dem anderen an. Das ist lediglich eine Geste, in seinen Augen fehlt jeder Schimmer von etwas, was man als Aufmerksamkeit deuten könnte. „Lieutenant Skelton hat vor wenigen Stunden Selbstmord begangen. Er wurde in der Nähe der Schleuse fünf tot aufgefunden. Kopfschuß. Ich habe nicht die Absicht, nach den Gründen dieser Kurzschlußhandlung forschen zu lassen. Ich gehe davon aus, daß sie mit den Ereignissen der letzten Tage in Zusammenhang steht. Skelton war ein Mensch, der zu depressiv und emotional belasteten Handlungen neigte. Sie alle wissen das. Im Interesse der Einsatzbereitschaft der Station ..."

Phil sieht den schnellen Blick Doras, in dem kein Triumph ist, und er hört die Worte des Commanders nicht mehr, nur noch die Stimme, die dahinrinnt, ohne Höhen und Tiefen, ohne Anteilnahme. Selbstverständlich hat Glenn Morris recht, wenn er Skelton als depressiv und emotional reagierend bezeichnet, aber wie er das gesagt hat, das klang abwertend, in derselben Art und Weise hätte er erklären können, immerhin sei Skelton ja schwarzhaarig und von kleiner Statur gewesen. Und wahrscheinlich wäre dies seiner wirklichen Einschätzung nähergekommen. Er hatte Skelton nie gemocht. Und die Gründe dafür lagen nicht in Skeltons Charakter, sondern in Skeltons Äußerem. Solche Aversionen sind nicht eben selten, nur verstehen die meisten, sie zu verbergen. Glenn Morris verbirgt sie nicht.

Erst daraus wird deutlich, unter welchem Zwang er gestanden haben muß, als er sich entschied, Lilianas verwaisten Platz mit einem Mann wie Walter Graves zu besetzen.

Irgendwann kehrt Phil aus seinen Gedanken in die Realität zurück.

„... die entstandenen Lücken in der Kernmannschaft der Station aufzufüllen", hört er den Commander sagen. „Das gilt sowohl für den Bereich Funkanlage wie auch für den Feuerleitstand. Die Aufgaben des Ersten Funkers wird ab sofort Lieutenant Walter Graves übernehmen, für die Funktion des Zweiten Feuerleitoffiziers gibt es bisher noch keine Festlegungen. Ich erwarte bis spätestens morgen, vierzehn Uhr Ihre Vorschläge. Das ist alles! Gibt es Fragen?"

Selbstverständlich gibt es keine Fragen. Der Schluß der Ansprache war rhetorisch gemeint. Jeder weiß es.

„Also nicht?" Ein abermaliges Zögern. Dann: „Captain Newman!"

„Sir?"

„Übernehmen Sie das Kommando, Captain Newman!"

„Verstanden, Sir! Kommando übernehmen!"

„Captain Philipp McBruns!"

„Sir?"

„Sie kommen mit mir!"

Sie treiben durch die Zentrale hinaus in den Gang, der durch eine der Speichen hinab zu den Außenbereichen der Station führt, und hinter ihnen schließt sich das Schott der Schleuse vor den Gesichtern der anderen. Auch vor Doras blassem Gesicht.

Der Commander schweigt. Stumm betreten sie den Lift, stehen stumm nebeneinander und spüren die Gravitation wachsen, bis die irdische Last in ihre Körper zurückgekehrt ist, sie laufen den Gang mit den Türen zu den Unterkünften entlang, immer noch schweigend, und schließlich bleiben sie vor der Kammer des Commanders stehen. Dann fällt das einzige Wort, das auf diesem langen Weg gesprochen wurde, Glenn Morris öffnet die Tür und sagt: „Bitte!"

Auch danach, während sie einander gegenübersitzen, die Gläser mit gelbem Juice in den Händen drehend, benötigen die Gedanken des Commanders lange, ehe sie sich zu Worten formieren. Und Phil ist nicht sicher, ob Glenn Morris mit dem beginnt, worüber er reden möchte, oder mit ganz anderem, um sich auf Umwegen an sein eigentliches Ziel heranzupirschen.

„Wie konnte all das nur geschehen, Phil?" fragt Glenn Morris irgendwann, und er blickt nicht auf dabei. Er öffnet gedankenverloren den Verschluß seines rostroten Overalls über der Brust und fährt sich mit der Hand durch die Locken, die längst nicht mehr in diesen kupfernen Brauntönen schimmern, sondern dunkelgrau geworden sind mit der Zeit.

Auch das ist nur eine rhetorische Frage. Glenn Morris hat die seinem Verständnis der Zusammenhänge entsprechenden Gründe mehrmals dargelegt, und diese Meinung ist offiziell.

Phil antwortet nicht.

Da blickt Glenn Morris auf. Er sieht müde aus, der Alte, aber um seinen Mund hat sich wieder der gewohnt harte Zug eingegraben, und seine Augen blicken klar und fordernd.

„Hör zu, Phil! Ich weiß, daß der Alkohol der Auslöser war, und dabei bleibe ich auch. Was aber steckt dahinter? Oder besser: Was war davor?"

Die Frage erstaunt Philipp nicht. Er weiß, daß Morris sie sich tausendmal selbst gestellt hat. Er wäre nicht Commander, wenn er sich nicht angewöhnt hätte, hinter die Dinge zu blicken. Was Phil aber verwundert, ist, daß Morris sie nun auch anderen stellt, daß er sich offenbar dazu durchgerungen hat, die eigene und damit offizielle Version nicht nur in Frage zu stellen, sondern sie sogar partiell zu verneinen. Was will er hören?

Und da sitzt du ihm nun gegenüber in seiner kärglich eingerichteten Kabine, drehst dein Glas mit gelbem Juice in den Händen und witterst eine Falle, wie du überall bei Dingen und Vorgängen, die du nicht sofort durchschauen kannst, eine Falle witterst.

Vielleicht ist die Frage ohne jede Hinterhältigkeit gestellt, gewissermaßen von Mensch zu Mensch, denn Glenn Morris ist ein Mensch, wahrscheinlich nicht einmal ein so schlechter, wenn man davon ausgeht, daß jeder seine Fehler hat, sichtbare und verborgene. Wahrscheinlich ist sein größter Fehler die Erziehung, die er genossen hat. Die Erziehung zu einem, der über den Dingen zu stehen hat. Dort aber ist er allein. Und ein menschliches Wesen kann nicht immer allein sein. Es kann auch nicht immer über den Dingen stehen. Es irrt. Und es zweifelt. Auch an sich selbst und auch dann, wenn es nicht irrt.

Nimm also an, dieser Glenn Morris suche nur jemanden, mit dem er über all diese Zweifel und Zwänge reden kann, einen, der ihm sympathisch ist, soweit ein Commander solche Gefühle in sich aufkommen lassen darf.

„Sicherlich hat auch die Angst eine Rolle gespielt, Sir", sagst du zögernd.

„Angst als Grund für Sabotage und Selbstmord? Ist das wirklich dein Ernst?" Seine Stimme ist ruhig, fast wie im Selbstgespräch, und außerdem ist er wieder einmal zum vertrauteren Du übergegangen. Das geschieht bei ihm ohne Absicht, aus dem von ihm selbst vielleicht unbemerkten Wunsch heraus, dem anderen näherzukommen. Jetzt kannst du sicher sein, daß er nicht beabsichtigt, dich in einen Hinterhalt zu locken.

„Ich sagte: ‚auch die Angst', Sir. Nicht ausschließlich. Aber ich habe Leute gekannt, die aus Furcht vor dem Tod Selbstmord begangen haben."

„Eine ziemlich abstruse Idee, nicht?"

„Unser Handeln ist nicht immer rationalen Kategorien unterworfen, Commander. Das wissen Sie so gut wie ich. Wir neigen dazu, Dinge zu tun, die uns das Gefühl diktiert und die manchmal widersinnig erscheinen, wenn man sie später bewertet. Weil wir Menschen sind, Sir. Würden wir jede unserer Handlungen vorher auf ihren Sinn untersuchen und dann nur das Vernünftige tun, wir wären erstens keine Menschen mehr und zweitens ..."

„Ja, zweitens, Phil?"

„Zweitens gäbe es keine Verbrechen, keinen Streit, keine Auseinandersetzungen, keine ..., auch keine Kriege, Sir. Denn wenn man Vernunft, Sinn und Effektivität als Maßstäbe setzte, dann ..."

Glenn Morris winkt ab. „Ich weiß, ich weiß!" sagt er. „Eine uralte Kiste! Das Tier steckt in uns, nach wie vor. Was soll das?"

„Aber wir sind doch aus den Tieren hervorgegangen, Sir. Und sehr weit von ihnen entfernt haben wir uns weiß Gott noch nicht. Evolutionär und vor allem genetisch betrachtet ..."

„Hör auf damit! Du mußt mir nicht beibringen wollen, daß ich Ähnlichkeit mit einem Affen habe. Und daß ich manchmal ganz ähnlich wie ein Affe reagiere." Er fährt mit beiden Händen demonstrativ und ausgiebig durch die dunkelgrauen Locken auf seiner Brust. „Da! Siehst du? Aber das ist nicht unser Thema. Und laß endlich das Sie weg. Wenigstens hier in meiner Kabine. Hier kann uns niemand hören. – Also Angst, sagst du. Angst! Und was noch?"

„Vielleicht Widerstand gegen Gewalt."

Da blickt er auf, und seine Augen werden ganz schmal. „Ah!" sagt er. „Widerstand gegen Gewalt! Haben wir denn Gewalt angewendet? Wo und gegen wen?"

„Haben wir denn nicht Sonden gestartet, die Krankheitserreger in sich trugen, Seuchen, den Tod? Haben wir das nicht? Und ist das etwa keine Gewalt?"

Seine Wangenknochen werden plötzlich spitz, unheimlich scharf zeichnen sie sich unter der Haut ab. Etwas ist jetzt in ihm, was sein Gesicht verändert hat. „Nein!" sagt er laut, offenbar um Fassung kämpfend. „Das war keine Gewalt. Das waren Tests. Nichts anderes. Medizinische Tests, hörst du? Sie sind notwendig. Für unser Land, für dich und mich! So ist das!"

Du hast das bestimmte Gefühl, daß sich um dich ein Netz zusammenzieht, enger und immer enger. Und du weißt, daß du diesem Netz nur entrinnen kannst, wenn du schweigst, schluckst. Auch das Wort von den medizinischen Tests. Stell dich tot, Philipp!

Aber du bist keine Maschine, die sich abschalten ließe. „Medizinische Tests?“ fragst du, und die Stimme zittert dir vor Erregung. „An Menschen? Das gab es schon einmal, Sir. Erinnern Sie sich, was man Sie über jene Zeit in der Schule gelehrt hat? Wie die Welt solche Tests beurteilt und jene, die dafür verantwortlich sind? Ich bin sicher, Commander, daß man über uns dasselbe sagen wird.“

„Weiter!“ zischt Glenn Morris. „Sprich nur weiter!“

„Nichts weiter, Commander. Bergerson und Liliana Brix haben sich dieser Last entledigt. Jeder auf seine Weise. Das ist alles.“

Da springt er auf, hochrot im Gesicht. „Ja, sind wir denn Verbrecher, Mensch?“ schreit er. „Wirfst du mir und dir vor, daß wir mit unserem Leben für Millionen unserer Landsleute einstehen? Wer oder was bist du, Philipp McBruns?“

Das Netz ist zu. Du hast ihm einen Blick in dein Inneres gestattet, und was er dabei gesehen hat, muß ihn entsetzt haben.

Steh auf, Philipp, geh! Noch ist es vielleicht nicht zu spät. Geh auf deinen Leitstand und lege den kleinen, kaum fingernagelgroßen Schalter um. Danach magst du dich irgendwo verkriechen. Der nächste Schuß, einerlei, wer ihn abfeuert, der Zweite Leitoffizier, Morris selbst oder Newman, einerlei, der nächste Schuß wird die Odin in einen Feuerball verwandeln. Es wird alles so schnell gehen, daß du kaum etwas davon spüren wirst. Steh endlich auf und geh, Philipp McBruns!

„Setzen Sie sich, Phil! Lassen Sie uns vernünftig reden.“

Wie hart dieser Stuhl ist. Als säßest du auf einem Stein irgendwo auf deiner Erde, auf einer Wiese deiner Heimat, auf einem kühlen, harten Stein. Wie gern würdest du jetzt auf dem Hexenstuhl sitzen, Philipp Barrymore.

Willst du etwa wieder gegen Campzäune anrennen?

„Diese Tests waren notwendig, Phil. Versuch die Natur in ihrer Ganzheit zu begreifen. Immer hat nur der Stärkere überlebt, Phil. Das ist ein Naturgesetz. Ohne die Wirkung dieses natürlichen Grundsatzes hätte die Evolution nicht stattfinden können, er ist eine ihrer wichtigsten Komponenten. Kann man uns vorwerfen, daß wir die Stärkeren sind, und kann man uns verdammen, weil wir die Stärkeren bleiben wollen? Darf man uns deshalb zu Verbrechern stempeln? Diejenigen, die dort unten starben, waren schwächer als wir, viel schwächer. Sie waren zu schwach, um der Evolution des Menschen von Nutzen sein zu können. Begreif das doch, Phil.“

Es sind die gleichen entsetzlichen Argumente, es ist die gleiche blutige Deformation wissenschaftlicher Erkenntnisse, es ist das Gedankengut eines Faschisten.

Schweig, Phil! Du mußt schweigen. Laß ihn reden! Er redet mehr für sich selbst als zu dir. Sich will er überzeugen. Sich selbst seinen Frust und seinen Ekel vom Herzen reden. Laß ihn, schweig!

„Sie wären ohnehin gestorben. Wenn nicht heute, dann morgen. An Hunger, Vitaminmangel, verseuchtem Trinkwasser. Oder sie hätten sich gegenseitig umgebracht, denn auch unter den Schwachen gibt es wieder Stärkere. Sie nützen der Menschheit nichts. Sie sind wie ..., wie Skelton. Wenn du weißt, was ich meine."

„Oder wie der kleine Graves, ja?"

Er blickt dich an, der Commander, und in seinen Augen ist etwas wie Besorgnis. „Meinetwegen auch wie Graves", sagt er schließlich.

Er hat sich etwas beruhigt, dieser große Mann im rostroten Overall, und doch kannst du dich des Eindrucks nicht erwehren, daß er sich bewußt an seine Überzeugung klammert, krampfhaft fast, wie dir scheinen will, an einem Weltbild festhaltend, das doch längst durchlöchert ist von Virusmutanten und Laserstrahlen, von künstlichen Krankheiten und kalkuliertem Tod, Megatod. Und jetzt plötzlich sieht er wieder müde aus, sehr müde.

Geh endlich, Philipp Barrymore!

„Du sollst dich setzen!" sagt Morris leise. Seine Fingernägel verursachen ein schabendes Geräusch zwischen den Locken auf seiner Brust.

Das Netz um dich her scheint sich aufgelöst zu haben wie Winternebel in den ersten Stürmen des neuen Frühlings. Doch sieh dich vor, Philipp, er ist unberechenbar. Und er ist durch nichts zu überzeugen als durch eigene, hautnahe Erkenntnis.

Glenn Morris legt die Hände vor sich auf dem Tisch zusammen, blickt hinab auf die Haarfülle, die zwischen den Verschlußleisten seines Overalls hervorquillt, und lächelt ein wenig.

„Stört dich das?" fragt er versonnen. „Nein? Ich brauche das, weißt du? Es ist so ..., so beruhigend, sich selbst zu spüren. Man weiß, daß man existiert, daß dieser vergängliche Körper noch immer funktioniert. Es ist angenehm, verstehst du?"

Hätte das nicht Glenn Morris gesagt, der Commander dieser Vernichtungsmaschine, der Erfüllungsgehilfe tausendfachen Todes, wahrscheinlich täte dir jemand, der nur die eigene Brust hat, um sich an ihr aufzurichten, entsetzlich leid. Ist es nicht so, Philipp McBruns? Du würdest ihn für einen armen, von Zweifeln geplagten Menschen halten, der irgendwann an sich selbst zerbrechen wird. Das alles ist Unsinn, mein Lieber! Leute wie dieser Commander funktionieren weiter, auch wenn sie längst schon zerbrochen sind. Sie sind wie Drachen, deren giftiges Blut auch dann noch tötet, wenn man ihnen die Köpfe abgeschlagen hat. Sie sind längst selbst zu Vernichtungsmaschinen geworden.

„Was hältst du von diesen sogenannten Vier-D-Satelliten, Phil? Liegt derartiges überhaupt im Bereich der heutigen technischen Möglichkeiten?“

Jetzt endlich ist er bei seinem eigentlichen Thema angelangt. Das ist es, was ihm Sorgen bereitet. Nicht der tausendfache Tod, nicht das millionenfache Leid, für das er verantwortlich zeichnet, sondern die Furcht, daß er einem Stärkeren unterliegen könnte, daß er jetzt zu den Schwächeren, zu den nach seinem Verständnis Todgeweihten gehört, von der Evolution nur noch als Humus verwendet, wie vormals die Saurier. Das ist es! Er hat nichts gelernt. Er fürchtet um seine und seinesgleichen Stellung in der menschlichen Entwicklungsgeschichte.

„Daß mehr als nur drei Dimensionen existieren, wissen wir spätestens seit Einstein“, sagst du vage, und du weißt bereits, daß er damit nicht zufrieden sein wird.

„Einstein war wenigstens ein Deutscher“, murmelt er.

Wenn du ihm jetzt erklärst, daß es Deutsche gegeben hat, die diesen Einstein nicht einmal haben wollten, weil er Jude war, daß sie seine Erkenntnisse als undeutsch und pervers abtaten, dann wird er dich anblicken, als seist du geradewegs der Hölle entstiegen, und er wird überhaupt nichts begriffen haben. Es gibt Dinge, für die er keine Rezeptoren besitzt. Und es gibt andere, über die man in seinen Kreisen nicht redet. Nicht in seiner Familie, nicht auf der Schule, in die man ihn geschickt hat, und schon gar nicht auf den Akademien, die ihn endgültig zu dem gemacht haben, was er heute ist.

Also wird er rückfragen. Und deine Antworten werden seinen Zorn erneut anheizen. Denn ändern kannst du ihn nicht.

„Einstein war ein kluger Mann“, fährt er endlich fort. „Aber mir geht es nicht um die Theorie, Phil. Nicht um einen wie Einstein. Ich will von dir wissen, ob dir die technische Ausführung eines solchen Projektes als prinzipiell möglich erscheint.“

Halt dich zurück, Philipp McBruns! Sei vorsichtig. Hast du dir nicht vorgenommen, wie ein Chamäleon zu sein? „Ein bedeutender Mann soll einmal gesagt haben, daß die Menschen alles, was sie gedanklich vollziehen können, irgendwann auch Realität werden lassen. Ich weiß nicht, Sir, ob er das im positiven oder negativen Sinn gemeint hat, aber ich fürchte, daß er damit recht behalten wird.“

Er lauscht deinen Worten nach, Philipp Barrymore. Der kritische

Ton wird ihm nicht entgangen sein. Doch sein Gesicht bleibt blaß, und seine Reaktionen sind gehemmt. Nur seine Hand fährt wieder zwischen die Verschlußleisten des Overalls. „Ich erwarte eine klare Antwort", hakt er nach.

„Gut, Commander! Ich werde mich bemühen. Ich halte die Schaffung von Flugkörpern, die sich in anderen als den uns bisher bekannten drei Dimensionen bewegen können, für prinzipiell möglich. Doch ich glaube nicht, daß es unseren Wissenschaftlern in absehbarer Zeit gelingen wird ..."

„Unseren?" fragt er da scharf, und nun beginnt wieder eine leichte Röte sein Gesicht zu färben. „Unseren Wissenschaftlern traust du das also nicht zu. Aber denen der anderen, wie? Den Chinesen, Russen, Kubanern, Mexikanern, den ..."

„Sie sollten die Japaner nicht vergessen, Sir!"

Er stutzt. Doch dann bläst er die Wangen auf. „Japaner? Weißt du, was ich von den Japanern halte? Ein Ameisenvolk ist das. Sie leben ja überhaupt nicht, deine Japaner, sie schuften nur, Tag und Nacht. Wie all diese andern Völker, die Gelben, die Roten und die Schwarzen. Ameisen, die wie die Irren schuften müssen, um mit uns Schritt zu halten. Was ist das schon für ein Leben, he? Kann man denn an einem solchen Leben hängen, frage ich dich. Kommt mir mit den Japanern, dieser Spinner! Ausgerechnet mit denen. Die wagen doch nicht einmal ihre Köpfe zu erheben, deine Japaner. Denen wird der Schock von fünfundvierzig noch so lange in den gelben Knochen stecken, wie es sie gibt, deine Japaner. Daß ich nicht lache!"

Er ist ein Hai. Ein stumpfäugiger, gefräßiger Hai. Was dir jetzt den Atem stocken läßt, das ist der Zorn, nein, die kalte Wut ist es. Welch ein Genuß wäre es, deinen ganzen Haß und deinen Hohn über seine Borniertheit auszugießen. Doch wenn du jetzt auch nur ein Wort sagst, dann wird es sein, als wolltest du seinen Gott stürzen. Wenn du jetzt offenbarst, was du denkst, wirst du sein Heiligstes mit Füßen treten. Er wird niemals verstehen können, daß jemand wagt, andere denjenigen gleichzustellen, deren Macht und Recht er, Commander Glenn Morris, vertritt. Das kann er sich nicht bieten lassen. Nun erst recht nicht, nachdem er dir sein nacktes Gesicht gezeigt hat.

„Sie haben mich falsch verstanden, Sir."

„Dann drück dich gefälligst deutlicher aus, verdammt noch mal!"

„Ich glaube nicht, daß die derzeitigen Erkenntnisse und Mittel irgendeines Landes ausreichen, um derartige Raumkörper zu schaffen."

„So! Du glaubst also nicht daran. Aber sicher bist du dir dessen nicht. Du räumst die Möglichkeit ein, daß die anderen, die Ameisen, diese Mittel und Erkenntnisse bereits besitzen. Ist das richtig?"

„Nein, Sir! Eben daran zweifle ich. Eine derart umfangreiche und aufwendige Entwicklung hätte sich nicht geheimhalten lassen. Einerlei, wo immer sie durchgeführt worden wäre. Wenn wir wollten, wir könnten denen dort drüben mit unseren Aufklärungssatelliten in die Schlafzimmer blicken. Und umgekehrt ist es ähnlich, Sir."

Der Commander lächelt. Aber sein Lächeln ist mißlungen, es ist die Grimasse eines Luftakrobaten, der das Trapez eben noch mit den Fingerspitzen greifen konnte. „Ist das deine ehrliche Meinung, Phil?"

Du solltest dich bemühen, dieses Gespräch zu Ende zu bringen, Philipp Barrymore. Denn es führt zu nichts. Zumindest zu nichts, was dir irgendwie nützen könnte. Du sitzt hier herum, kochst innerlich vor Wut und bist gezwungen, jedes deiner Worte genauestens abzuwägen. Das ist eine frustrierende Situation.

Du zuckst also mit den Schultern und sagst: „Ich weiß nicht mehr als Sie, Sir. Mit diesen Vier-D-Satelliten ist es wohl wie mit allem anderen auch, einerseits sind da die objektiv eingegrenzten Möglichkeiten und andererseits die Träume. Ich bin ziemlich sicher, daß man über das Stadium der Träume noch nicht hinausgelangt ist."

„Alpträume, wenn du mich fragst", zischt er, und sein aus der Hilflosigkeit geborener Zorn sucht nach einem Ausweg. „Seit Jahrzehnten zwingen sie uns zu immer neuen Anstrengungen, die da drüben. Das breitet sich aus über unsere Erde wie ein Krebsgeschwür, langsam zwar, aber anscheinend unaufhaltsam, gelb und schwarz und rot. Das schleicht sich sogar bis hier herauf in unsere Station und überfällt meine Leute. Was ist das nur für eine Welt geworden, verdammt noch mal! Ist sie denn überhaupt noch wert, daß man für sie kämpft, leidet, blutet, krepiert?"

Laß dich nicht täuschen, Philipp Barrymore! Er zweifelt nicht an seiner Welt, nicht an dem Bild, das er sich von ihr geschaffen hat. Er ist lediglich auf die eigene Unfähigkeit gestoßen, zu ihrer Erhaltung beizutragen. Deshalb dieser verzweifelte Aufschrei. Zögst du auch nur die Möglichkeit in Betracht, er könnte sein Weltbild korrigieren, du unterlägst einem verhängnisvollen Irrtum.

Für ihn gibt es nur eine akzeptable Welt. Die, in der er sich emporgerackert hat zu dem, was er heute ist. Geboren in einer einfachen Familie, wie man kleine Verhältnisse dort drüben, westlich des Colorado, in freundlicher Umschreibung nennt, hat er, der von klein auf ganz nach oben wollte, um jede Sprosse auf der Leiter kämpfen müssen. Nun kann er nicht mehr damit aufhören.

Und er hat überhaupt keinen Grund, an den Vorteilen seiner Welt zu zweifeln. Denn für ihn ist es eine gute Welt, und eine überschaubare dazu. Weil diejenigen, denen sie nicht behagt, denen sie nichts gibt, aber alles genommen hat, die arbeitslos sind oder farbig, krank oder schwach oder alles zusammen, nicht zu ihr gehören, weil sie Außenseiter sind, nicht wert, in einer solchen Welt zu leben. Schon weil sie sich, wie in diesen Tagen, zu Millionen gegen sie erheben.

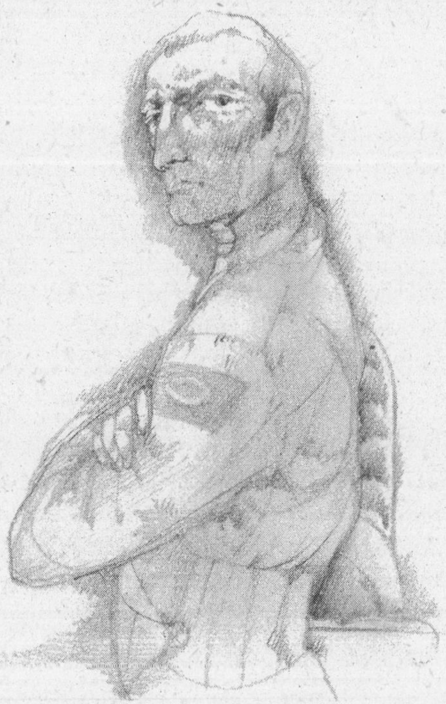

Die andere Welt aber, jene, die diesen Wirrköpfen offenbar besser gefällt, diese nebelhafte, bedrohliche Welt der anderen Seite, die ist für ihn düster, deformiert und häßlich, eine Welt der Gleichmacherei. In ihr sind die Menschen nicht viel mehr als winzige Partikel einer homogenisierten Masse. Es ist eine Welt, die er zutiefst verabscheut, ohne auch nur eine Ahnung von ihrer Wirklichkeit und ihren Menschen zu haben.

Und nun muß er mit ansehen, wie die Welt, die ihm alles bedeutet, weil sie ihm alles gab, dahinsiecht.

Ein solches Dilemma ist nahezu unvorstellbar. Und jede Bemerkung darüber wäre sinnlos. Wie alles, was bisher in dieser Kammer geredet worden ist. Geh endlich, Philipp McBruns!

„Darf ich wegtreten, Sir?“

Glenn Morris blickt auf, sein Gesicht ist grau und ausdruckslos. „Ja", sagt er müde, „gehen Sie nur."

Und du wendest dich ab, doch noch bevor du dazu kommst, die Tür zu öffnen, erreicht dich sein: „Halt, Captain! Eins noch!«

„Sir?"

Eine erstaunliche Veränderung ist in diesen zwei Sekunden mit ihm vorgegangen. Sein Gesicht hat sich belebt, und seine Figur ist jetzt gestrafft. Er erhebt sich gemessen und steht groß und aufgerichtet mitten in der Kammer, ganz der alte Commander Morris. Mit einem Ruck zieht er den Gleitverschluß seines Overalls bis zum Hals hoch.

„Sie sind im Zivilberuf Elektroniker, Captain?"

„Elektronikingenieur, Sir!"

„Sie stellen sofort eine Forschungsgruppe zusammen, die sich mit dem rätselhaften Verschwinden gegnerischer Orbiter zu befassen hat, Captain. Suchen Sie sich drei der fähigsten Leute aus. Ich lasse Ihnen freie Hand. Bis spätestens morgen, zwölf Uhr legen Sie mir die Personalliste vor. Ich werde Ihnen jede Unterstützung gewähren und erwarte, daß Sie das Problem innerhalb weniger Tage klären. Noch Fragen, Captain?"

„Jawohl, Sir."

„Bitte, Captain!"

„Wäre es nicht sinnvoller, Commander, diese Aufgabe den Spezialisten des Pentagons ..."

„Ich habe Ihnen einen Befehl erteilt, Captain McBruns. Ich erwarte, daß Sie ohne Diskussion an seine Ausführung gehen. Bin ich verstanden worden?"

„Jawohl, Sir! Sofortige Ausführung!"

Du gehst. Und der Gang liegt lang und leer vor dir. Ein Tunnel, der ins Endlose zu führen scheint.

Mitternacht. Abbruch einer langen und nicht eben fruchtbaren Diskussion.

Die Gruppe besteht aus vier Leuten. Er, Captain McBruns, ist der Leiter, seine rechte Hand ist Harold Newman, der Meßtechniker. Außerdem gehört ein Physiker dazu, Sergeant Donald Morgan, bisher Mitglied der Versorgungsmannschaft, ein Mann, der ihn nicht nur wegen seines Vornamens an Danny Clearwater erinnert. Dieser Morgan hat einen äußerst kantigen Charakter, ist nicht allzu groß, glatzköpfig, untersetzt und klug. Weshalb er immer noch als Sergeant Dienst tut und nicht längst ein Stück auf der Stufenleiter militärischer Rangordnung emporgestiegen ist, wird erst deutlich, wenn man mit ihm direkt zu tun hat. Sein Charakter verbietet ihm jede

Art von Kompromiß. Morgan sagt immer, was er denkt, und er sagt es häufig mit schmerzhafter Genauigkeit. Es ist abzusehen, daß er sich zum Enfant terrible der Gruppe entwickeln wird, aber ebenso unverkennbar ist, daß von ihm wenn vielleicht auch nicht die meisten, so doch sicherlich die wesentlichsten Impulse ausgehen werden.

Auch Dora ist Mitglied der Gruppe. Diese Chance hat er sich nicht entgehen lassen. Zumal sein Hauptgrund, die Möglichkeit unverdächtiger Kontakte, durch eine Reihe anderer Gründe hinreichend verdeckt wird. Als Ersten Navigator betreffen sie diese Begegnungen mit nicht zu ortenden Flugkörpern unmittelbar.

Sie hat ihre Berufung schweigend akzeptiert. Ihre einzige Reaktion war ein langer, sehr aufmerksamer Blick, ein deutlicher Hinweis für ihn, daß sie sich über seine wirklichen Motive nicht im unklaren ist. Die exponierte Stellung der Forschungsgruppe wird ihnen die Möglichkeit bieten, sich ihren eigentlichen Zielen zu nähern, ohne daß sich die Gefahr der Enttarnung im gleichen Maß erhöht.

Diese ersten Stunden einer Arbeit, die Unerklärliches erforschen, im Dunkel des Absurden Verborgenes aufhellen soll, standen fast ausschließlich im Zeichen des Erstaunens über die Art und Weise, in der Commander Glenn Morris auf die Herausforderung der anderen Seite reagiert hat.

Eine solche Gruppe im inneren Bereich einer dem Wesen nach militärischen Einrichtung zu schaffen ist neu und ungewöhnlich, da sich die mit Forschung notwendigerweise verbundene Freizügigkeit im Denken und Handeln mit den Mustern streng reglementierter Abläufe nur schwer in Einklang bringen lassen dürfte. Eine solche Gruppe bildet eine Oase der Kreativität inmitten der Wüste unabdingbarer und bedenkenloser Disziplin, sie kann nur dann effektiv arbeiten, wenn man in Kauf nimmt, daß sie eine Quelle unkalkulierbarer Risiken darstellt.

Damit und mit den sich daraus ergebenden Reibungen muß der Commander gerechnet haben, er gehört nicht zu denen, die Gefahren leichtfertig übersehen.

Darüber und über nichts anderes haben sie in diesen ersten Stunden ihrer Arbeit gesprochen. Und vielleicht hat Donald Morgan den eigentlichen Grund für die Bildung dieser ungewöhnlichen Gruppe am genauesten benannt, als er die Vermutung aussprach, allein ihre Existenz dokumentiere das verzweifelte Bemühen des Commanders, seine Selbstachtung wiederzufinden.

„Ich fürchte", erklärte Morgan und knetete seine Hände, daß die

Fingergelenke knackten, „daß es ihm erst in zweiter Linie um die Sache geht. Im Vordergrund steht, scheint mir, sein eigenes Selbstverständnis. Er stellt sich vor, welch gewaltigen Eindruck seine Meldung, das Abtauchen der gegnerischen Orbiter sei aufgeklärt, im Pentagon machen würde. Ich kann ihn gut verstehen. Mit einem Schlag wären all die negativen Erscheinungen, die in seinem Befehlsbereich aufgetreten sind, in den Hintergrund gerückt. Der Alkoholmißbrauch, die Toten, die Fehlschläge, all das wäre vergessen, und der Commander stünde als der strahlende Held da, der er in Gordon Point war. Einen anderen, gleichermaßen schwerwiegenden Grund für seinen Entschluß kann ich mir nicht vorstellen. Was nicht bedeutet, daß ich ihn gutheiße."

Die anderen reagierten mit nachdenklichem Schweigen. Wahrscheinlich gingen ihre Gedanken ähnliche Wege.

Nur Harold Newman kniff die Lippen ein und brummte etwas, was nicht zu verstehen war.

Auf Philipps Nächte an der Seite Doras ist eisige Kälte gefallen. Daß Dora ihren Landungsplan nicht in die Tat umzusetzen vermochte, scheint an ihr wie eine unheilbare Krankheit zu fressen, es höhlt sie aus und hat ihr die Wärme genommen, die sie gestern noch ausfüllte. Manchmal kommt sie ihm vor wie ein Stein.

Ihren Plan hat sie bisher noch nicht wieder erwähnt. Aber er spürt, daß nichts anderes sie beschäftigt.

Hin und wieder klagt sie über Kopfschmerzen. Und sie trägt noch immer die weiße Stirnbinde, weil sich, wie sie behauptet, die Wunde unter dem Haaransatz nicht schließen will. Er hat sie im Verdacht, daß der wahre Grund ein anderer ist, ein irgendwie ritueller.

Den Aktionsplan der Forschungsgruppe, den er zusammen mit Morgan ausgearbeitet hat, nimmt sie schweigend zur Kenntnis. Sie studiert die Folien sehr aufmerksam, aber weder ihren dunklen Augen noch ihrer Miene ist anzusehen, welcherart die Gedanken sind, die sie beim Studium bewegen. Auch als sie ihn danach lange und versonnen mustert, nicht.

Ansonsten hat sich das Leben an Bord der Station normalisiert. Es ist in seine üblichen, eingeschliffenen Bahnen zurückgekehrt. Die Funktion Skeltons hat jetzt ein junger Leitoffizier aus der Reservemannschaft übernommen, ein langer, dünner Lieutenant mit heller Haut und hellbraunem Haar, der den französisch klingenden Namen Louis Balmein trägt. Er sieht aus wie der Normannenfürst Wilhelm der Eroberer in alten Schulbüchern.

Ob er sich als Laserleitoffizier eignet, vermag Philipp noch nicht zu sagen, die letzten Tage sind, was Navigation und äußere Aktivitäten anbelangt, in zermürbender Eintönigkeit vergangen. Man könnte fast meinen, die anderen dort draußen in der Dunkelheit hätten in Erfahrung gebracht, daß man an Bord der Odin bemüht ist, ihre Spur aufzunehmen.

Hin und wieder werden neuerdings Zweifel daran laut, daß sich die geheimnisvollen Orbiter noch immer in der Nähe unserer Station aufhalten. Vielleicht, so vermutet man, haben sie sich zurückgezogen, nachdem es ihnen gelungen ist, den wahren Charakter der Odin zu offenbaren und deren Besatzung bis fast zur Selbstvernichtung zu verunsichern. Vielleicht hatten sie überhaupt nur diese Aufgaben. Aber das alles sind nur Spekulationen, denn niemand vermag sich über die manchmal verblüffenden Taktiken der anderen Seite verbindlich zu äußern, dafür sind deren Muster viel zu kompliziert.

So kann es geschehen, daß sich an einem Tag die Ereignisse fast überschlagen und am nächsten nicht das mindeste geschieht. Eine solche absolute Windstille scheint im Augenblick eingetreten zu sein.

Man sollte annehmen, daß sich die Stimmung an Bord unter dem Eindruck dieser Ruhe wieder ein wenig hebt. Doch das Gegenteil ist der Fall. Weil man das Gefühl hat, sich im Auge eines Taifuns zu befinden. Ringsum ist absolute Stille, und kein Stäubchen wird aufgewirbelt. Und doch weiß jeder, daß sich gerade dadurch die Nähe des alles vernichtenden Sturms ankündigt. Man hält den Atem an, weil man fürchtet, in der nächsten Sekunde davongewirbelt zu werden.

Das ist wahrlich kein gutes Gefühl. Auch für Philipp McBruns nicht, der sich bemüht, die gedrückte Stimmung an Bord wie ein Außenstehender zu betrachten.

An einem dieser stillen, durch schwer Erklärbares belasteten Abende nimmt Dora die Folienbündel zur Hand und beginnt in ihnen zu blättern. Zum erstenmal seit dem Unfall rötet sich ihr Gesicht wieder ein wenig, und in ihre Augen kehrt der Ausdruck ehemaligen Interesses zurück. Phil spürt keine Freude bei diesem Anblick, eher Besorgnis, über deren Motive er sich keine Rechenschaft ablegen mag.

Er stört Dora nicht. Er beobachtet, wie sich die Aufmerksamkeit in ihren Augen nach und nach vertieft, wie das Blut ihre Wangen färbt, und als sie ihn schließlich über die Blätter hinweg anblickt, da weiß er, daß sie auf etwas gestoßen ist, was ihr Interesse rechtfertigt.

„Etwas Wichtiges habt ihr vergessen“, sagt sie, und ihre Stimme klingt immer noch ein wenig fremd, gleichsam tastend, als sei sie sich dessen, was sie ihm zu erklären beabsichtigt, nicht ganz sicher.

„Schon möglich“, räumt er ein. „Wir hatten kaum Basisinformationen zur Verfügung.“

Sie aber blättert wieder in dem Konzept herum, schweigt und grübelt.

„Wir benötigen ein zweites Auge“, fährt sie schließlich fort. „Eins, das visuell beobachtet, nicht auf dem Umweg über Radar, Laser, Röntgen oder ähnliches, sondern unmittelbar, verstehst du?“

Sie vermutet also Fehler oder Störungen in der Meßtechnik. Das wäre immerhin eine Möglichkeit, wenn auch nur eine einzige von mindestens hundert. Aber es wäre ein neuer Weg, eine neue Hoffnung.

„Ja!“ stimmt er zu, und dabei erkennt er unvermittelt, daß sie noch nie direkten Sichtkontakt zu den fremden Orbitern aufzunehmen versuchten. Stets war irgendeine technische Einrichtung zwischengeschaltet.

Das bringt selbstverständlich zunächst ganz erhebliche Vorteile. Neben der ungleich größeren Durchdringungstiefe, dem höheren Auflösungsvermögen, gesteigerter Beobachtungsgeschwindigkeit und tausend anderen Komponenten, die effektives Beobachten und Messen überhaupt erst ermöglichen, ist es das einzige Verfahren einäugiger Entfernungsbestimmung. Dazu ist ein visuell funktionierender Apparat nicht imstande. Bei visueller Beobachtung werden zur Entfernungsmessung mindestens zwei Meßpunkte benötigt, die möglichst weit auseinander liegen sollten. Man braucht also eine Basis, deren Minimallänge weit über die Maße der Station hinausgehen müßte.

„Du meinst also, wir sollten Beobachtungssatelliten anfordern?“ vergewissert er sich.

Doch Dora wiegt den Kopf. „Schnell bewegliche Raketen wären besser“, korrigiert sie. „Und bemannte vor allem. Zwei oder drei der neuen Arrows vielleicht.“

Während sie das sagt, überzieht eine fast hektische Röte ihr Gesicht, und er begreift, daß die Möglichkeit mehrfacher visueller Beobachtung der fremden Orbiter nicht der einzige Grund ihres Hinweises ist.

„Ich besitze die Zulassung als Pilot im erdnahen Orbit“, sagt sie da auch schon.

Und er nickt. „Zwei oder drei Space Arrows also!“ Er weiß, daß sich ihr damit die bisher beste Chance bieten würde. –

Am Morgen eines dieser totenstillen Tage, an denen ihr lautlos um die Erde fallt, an denen sich tausend Meßfühler in das Nichts des erdnahen Kosmos tasten, an denen eure Augen tränen vom angestrengten Starren in konturenlose Finsternis, blendendes Licht und den Regenbogen über dem Horizont des Planeten, am Morgen eines dieser Tage heben sich ringsum in der Zentrale der Köpfe, und dann lauscht ihr einer Meldung, die über die Kanäle aller Sender des Landes verbreitet wird: Der Präsident habe sich unter dem Eindruck der internationalen Situation nach langem Abwägen zur Indienststellung eines Großsatelliten entschlossen und den unverzüglichen Beginn der Montagearbeiten im erdnahen Raum angeordnet.

Die Begründung ist ein weiteres Meisterwerk der Demagogie: Die USA seien im Interesse ihrer eigenen Sicherheit gezwungen, einen Ausgleich zu der momentanen Überlegenheit des Gegners, die infolge Einsatzes nichtregistrierter, neuartiger Gefechtsmittel erzielt worden sei, herbeizuführen.

Die neue Station werde über Abfangraketen mit Fusionssprengköpfen und über zu Batterien zusammengefaßte Protonenlaser verfügen, sie werde den Prototyp der modernsten Verteidigungsmittel der freien Welt repräsentieren. Die Feuerkraft ihrer Abwehrwaffen und das Durchdringungsvermögen ihrer modernen Aufklärungsmittel würden Beschädigungen, wie sie die Odin erlitten habe, ausschließen. Sie werde den stolzen Namen „Zeus" tragen, ein Gott werde zum Waffengang gegen die teuflischen Angreifer aus der vierten Dimension antreten.

Die Zeus werde sich auf derselben Bahn wie die Odin um die Erde bewegen, lediglich um eine halbe Umrundung versetzt, die beiden Stationen würden also die Erde stets zwischen sich haben.

Dies bleibt der einzige und dabei noch halbherzige Hinweis auf den wahren Status der Odin.

Die Reaktion in der Zentrale ist nahezu einheitlich: ein Aufatmen. Wenn diese zweite Station auch nie in das Sichtfeld oder den Meßbereich der Odin gelangen wird, die Zeit der Einsamkeit geht trotzdem zu Ende, es ist, als wäre ein Kind nach stundenlangem, angstvollem Alleinsein in einem dunklen Wald endlich auf einen Freund getroffen. Aufatmen also.

Harold Newman faßt es in Worte. „Na endlich!" sagt er. „Das wurde aber auch höchste Zeit!"

Und es scheint, daß die anderen seine Auffassung weitgehend teilen, daß sie alle glauben, nun könne sich das, was vor wenigen Tagen hier an Bord geschah, nicht wiederholen. Jetzt sind sie plötzlich bereit, das vermeintliche Versagen ihrer Kameraden einer durch die Einsamkeit provozierten Verwirrung anzulasten.

Mit ihnen zu diskutieren, Philipp McBruns, hätte in diesem Fall nicht den geringsten Sinn. Weder darüber, daß sie sich in fadenscheinige Begründungen für Vorgänge flüchten, deren Anlässe viel tiefer liegen als in Angst und Einsamkeit, nämlich im Begreifen eigener Verantwortung ebenso wie in der Humanität, noch über diese kalkulierte Verletzung von Abkommen zwischen den Machtblöcken, diese Herausforderung an die andere Seite.

Und es hätte wohl auch deshalb keinen Sinn, weil der Präsident das entsprechende Argument umsichtigerweise gleich mitgeliefert hat: Da sich die beiden Stationen stets auf entgegengesetzten Seiten des Erdballs befinden werden und da kein Staat von beiden gleichzeitig überquert werden kann, wird auch die objektive Bedrohung in keiner Weise ansteigen, denn nach wie vor wird zu einem definierten Zeitpunkt an einem definierten Ort nur eine der beiden Stationen präsent sein. Der Einsatz dieses Großsatelliten wird also nichts an der Parität ändern, aber er wird, wie der Präsident formulierte, eine begrüßenswerte Erhöhung der Sicherheit für die Vereinigten Staaten zur Folge haben. Auch das ist Logik.

Du vermagst nichts dagegen zu unternehmen, du siehst die vor Genugtuung strahlenden Gesichter derer, mit denen du seit Monaten auf engstem Raum zusammen lebst, die dir längst nicht mehr fremd sind, an denen du sogar vieles magst, seit du sie genauer kennengelernt hast, so vieles, daß du manchmal ihre Freude oder ihr Leid mit ihnen geteilt hast, und du hoffst inständig, daß sie heute oder morgen anfangen werden nachzudenken.

Und du sagst dir, daß keine Decke so dünn und fadenscheinig ist wie die der euphorischen Zustimmung, die mittels Propaganda und Reklame über einen Menschen, eine Gruppe, ein Volk gebreitet worden ist, daß nichts vergänglicher ist als der Jubel. Hat man in diesem Land nicht schon einmal gejubelt, damals, als die erste Bombe der neuen Generation gefallen war, die Bombe an sich, die Hunderttausende tötete und Millionen in jahrzehntelanges Siechtum und unglaubliches Elend stürzte?

Und wie entsetzlich war das Erwachen, wie tief die Beschämung, als das Denken die Euphorie zu verdrängen begann?

Leider hat sich das wieder geändert. Die Decke des Nationalismus ist, kaum vom Blut gesäubert, neu ausgebreitet worden. Doch lange kann sie nicht halten, wenn Frauen wie Dora und Männer wie Bergerson sie zu zerreißen versuchen.

Da plötzlich geschieht mit dir Erschreckendes. Du hast Angst. Nackte, heillose Angst, du könntest dich an das und die hier verlieren, sie könnten dich, ohne daß sie es wollen, auf ihre Seite ziehen.

Der Commander mit seiner Art, dich um Rat zu ersuchen, Harold Newman mit seinem offenen, freundlichen Wesen, ihr Präsident mit seinen klangvollen Sätzen voll pseudohumaner Würde und all die anderen, die dich als einen der Ihren betrachten, als einen, der mit seinem ganzen Können und aller Kraft über das Wohl ihrer Welt wacht. Du spürst zum erstenmal, daß du dir selbst zu entgleiten drohst, und das versetzt dich in eine Angst, die du bisher noch niemals in solcher Intensität kennengelernt hast.

Dir wäre wesentlich wohler, wenn du dir sagen könntest, daß diese Welt da drüben, die Welt Jarinas, die nun bald von zwei hochkomplexen Großstationen bedroht werden wird, auch ohne dein Eingreifen in der Lage ist, sich angemessen zur Wehr zu setzen. Aber daran zweifelst du noch immer, zweifelst, vielleicht sogar wider bessere Erkenntnis, ebenso an ihrer Fähigkeit, sich gleichermaßen vernichtungsträchtige Systeme zu schaffen, wie an ihrer Bereitschaft, sie kompromißlos einzusetzen, wenn anders sie sich nicht zu retten vermag.

Und du zweifelst auch, daß ihr absoluter Wille zum Frieden das Schlimmste abwenden kann. Denn allein mit dem Willen ist ein Raubtier nicht zu bändigen, sagst du dir.

An deinen Befürchtungen vermögen auch die sich hinter irgendeinem technischen Kniff verbergenden Orbiter nichts zu ändern. Denn du stellst ja nicht ihr Wissen und Können in Abrede, nicht ihre Intelligenz und ihre technischen Möglichkeiten, sondern den Entschluß, das alles allein und ausschließlich zum Zweck der Vernichtung anderer einzusetzen.

An einem dieser Tage trifft eine Staffel von drei Arrows ein. Commander Morris hat sein Wort gehalten, er gewährt der Forschungsgruppe jede nur mögliche Unterstützung.

Über der Aktion liegt eine gewisse Hektik. Der Staffelführer, seiner Stimme nach zu urteilen, ein junger und dynamischer Captain, meldet die drei Maschinen erst an, als sie sich bereits auf dem letzten Zehntel der Strecke befinden, und bittet um die Erlaubnis anzudocken. Schon wenige Minuten später machen die Maschinen an den Haftkissen des Zentralmoduls fest. Es sind schlanke, goldfarbene Pfeile mit konturenlos glatter Außenhaut und mächtigen Schubrohren, die sich um die Rumpfmitte in Form eines vierstrahligen Kreuzes gruppieren.

Zwar steigen zwei der Piloten aus, aber sie betreten die Station nicht. Wie kosmische Zaubervögel gleiten sie in ihren goldglitzernden Skaphandern über die Außenwölbung der Zentrale hinweg und verschwinden durch eine sich irisförmig öffnende Schleuse im Inneren der dritten Maschine. Das Ganze hat etwas durchaus Unwirkliches an sich, so als handle es sich dabei nicht um Menschen und Menschenwerk, sondern um die Abgesandten einer hochentwickelten außerirdischen Zivilisation, die sich für diese Station und deren Besatzung in kaum anderer Weise interessieren als die Besucher eines Museums für die Exponate aus einer längst versunkenen Vergangenheit.

Philipp McBruns glaubt in dem roboterhaften Verhalten, mit dem sie ihren Auftrag erfüllen, etwas wie schweigende Überheblichkeit zu erkennen.

„Wenn sie an Bord gekommen wären, hätten sie sich vielleicht gewundert, hier richtige, lebende Menschen anzutreffen und keine Mumien", sagt Harold Newman mit einer Spur von Betroffenheit in der Stimme. Seine Gedanken müssen also ganz ähnliche Wege gegangen sein. „Ich verstehe diese Aversionen nicht, die sich zwischen ...", will er fortfahren, aber die kraftvolle Stimme des jungen Captains aus der dritten Arrow unterbricht ihn.

„Ich bitte Doktor Haskett sofort zu mir an Bord!" sagt die Stimme.

Sie blicken sich an, schweigend, selbst der Commander scheint überrascht.

Minuten später schwebt die Gestalt des kleinen Doktors, grotesk deformiert durch den grauen, halb aufgeblasenen Skaphander, in der Nähe des vierten Luks vorbei, verschwindet für kurze Zeit im Kernschatten der Zentrale und taucht neben der Arrow wieder auf. Einer der goldenen Fische schießt aus der Irisschleuse, bemächtigt sich der treibenden Beute – ein Barracuda und ein mißgestalter Thun, und bugsiert sie blitzschnell ins Innere der Arrow.

Eine Sekunde später zünden die vier Triebwerke und schleudern den Abfänger wie einen goldenen Meteor zwischen den Speichen der Station hindurch ins Nichts.

„Sie haben ihm nicht einmal Zeit gelassen, sich zu verabschieden", sagt Glenn Morris, nachdem die Rückstoßschwingungen der Schleuderkissen abgeklungen sind.

Newman tritt vom Luk zurück. Auf seiner Stirn hat sich eine steile Falte gebildet. „Und wenn schon", murmelt er. „Viel schlimmer, daß sie uns behandeln, als segelten wir mit irgendeinem uralten Seelenverkäufer umher. Ich frage mich, worauf sich diese grünen Schnösel etwas einbilden. Unsere Station ist nicht älter als ihre Arrows. Ich begreife das nicht."

„Es hat zu allen Zeiten Animositäten zwischen den einzelnen Disziplinen gegeben, Harold", wehrt der Commander ab. „Das sollte man nicht allzu ernst nehmen. Es ist gut, daß jeder denkt, ausgerechnet er sei am wichtigsten."

„Aber wir gehören der Space Force an wie sie, Sir. Sie haben nicht den geringsten Anlaß ..."

„Vielleicht bilden sie sich etwas auf ihre Geschwindigkeit ein, auf ihre goldfarbenen Skaphander, oder sie halten uns wirklich für leicht verschrobene Wissenschaftler, was weiß ich. Das ist nicht wichtig, Harold."

Daß er nicht zu seinem gewohnt dienstlichen Ton findet, daß er vielleicht sogar vergessen hat, den Abstand zwischen sich und seinem Untergebenen zu betonen, eine Distanz, auf die er, zumindest im offiziellen Bereich, immer sehr viel Wert gelegt hat, deutet auf eine nicht geringe Erschütterung.

Aber wie nicht anders zu erwarten, fängt er sich schnell wieder. Er hat eine einfache Methode, sein Selbstbewußtsein wiederherzustellen. Er beginnt die für die Steuerung der Arrows vorgesehenen beiden Piloten, Dora Taylor und Donald Morgan, zu examinieren, erkundigt sich nach ihrer Flugerfahrung, nach Einsatzdauer und Lehrgängen, und während er Frage um Frage stellt, die Antworten knapp kommentiert, nachhakt und vertieft, gewinnt er nach und nach seine Haltung und seinen gewohnten Ton zurück.

Spätestens seine abschließenden Anweisungen lassen kaum noch vermuten, daß er soeben ein tiefes Tal seines Selbstbewußtseins durchschritten hat. „Ihr Einsatz erfolgt nach dem bestätigten Internplan der Forschungsgruppe", befiehlt er. „Dabei absolviert Lieutenant Taylor ihre ersten beiden Flüge als Kopilot. Erst danach beginnen Sie selbständig zu handeln, Lieutenant. Jeder Flug ist bei mir persönlich anzumelden. Lieutenant, Sergeant! Bin ich verstanden worden?"

Das doppelte: „Jawohl, Commander! Befehl verstanden!" scheint ihn vollends zufriedenzustellen.

Die Arrows sind wohl um einiges schneller und manövrierfähiger als die Odin, was vor allem eine höhere Flugbahn und schnellere Bahnkorrekturen ermöglicht, aber auch sie unterliegen den bereits von Kepler erkannten Gesetzen der Himmelsmechanik. Bahnhöhe und Geschwindigkeit bedingen also auch bei ihren Bewegungen einander. Das macht die Navigation eines solchen Flugkörpers letzten Endes zum Rechenexempel, erfordert ein hohes Maß an Computertechnik und damit Mindestabmessungen, die auch durch die Miniaturisierung der Elektronik kaum zu unterschreiten sind. Um diese grundsätzlichen Erfordernisse kommen auch die Konstrukteure eines so schnellen Jägers wie der Space Arrow nicht herum.

Trotzdem ist der erste Flug sehr beeindruckend. Vor allem infolge der direkten Sicht, die durch die Metallglaskanzel ermöglicht wird.

Während des Starts waren die Blenden noch geschlossen. Jetzt, nachdem die Maschine von der Odin abgelegt hat, klappen die Schutzschalen in besondere Rumpftaschen in Richtung Heck zurück, es ist, als blicke man aus einer sich öffnenden, überdimensionalen Apfelsinenschale hinaus ins All. Der Eindruck ist wesentlich unmittelbarer als bei Sicht über die Schirme. Schwarz das All, das jetzt unheimlich tief und wirklich ohne Ende erscheint. Man meint in einen dunklen Brunnenschacht zu fallen. Pastellen die Wölbung der Erde, tote, gelbe Augen die Sterne und die Sonne eine glühendweiße Scheibe. Am meisten macht der Wechsel der Helligkeit zu schaffen, wenn Donald Morgan eins seiner Manöver fliegt, meist eingeleitet durch eine schnelle Lageänderung bei gedrosselten Triebwerken, nachfolgendem Vollschub und anschließender Bahnkorrektur. Ähnlich belastend der Wechsel der künstlichen Gravitation, die infolge der Lage- und Geschwindigkeitsänderungen in Größe und Richtung schwankt. Manchmal ist es, als wollten die einzelnen Moleküle des Körpers in das Material der Rücken- und Seitenschalen des Konturensessels diffundieren. Wahrscheinlich deshalb die hauteng anliegenden Skaphander, in denen der Körper eingepfercht ist, als befände man sich bis zum Hals in einer Hochdruckkammer.

Und doch ist der Flug ein Erlebnis. Auch, weil es sich für Philipp um eine völlig neue geistige und körperliche Erfahrung handelt.

Die Station ist längst zurückgefallen in die Dunkelheit des Alls, nun gleiten sie einsam dahin, ein Stern unter Sternen, ein Meteor jenseits irdischer Gesetze.

Obwohl sich Radar- und Röntgenfächer ihrem Flug vorantasten und die Umgebung mit ihren Strahlen absuchen wie mit Tausenden feinfühliger Finger, blicken sie angestrengt durch die Metallglaswölbung der Kanzel, hoffend, irgendwann einen der geheimnisvollen Orbiter entdecken zu können, die nach ihrer Meinung noch immer auf der Bahn der Odin operieren. Sie sind überzeugt, daß deren Verschwinden nur auf einem technischen Trick beruhen kann, was bedeuten würde, daß sie sich der direkten Sicht nicht entziehen könnten.

Nach einer Stunde sind sie erschöpft vom andauernden Starren, vom Wechsel der Eindrücke und von der Belastung, die Augen tränen, und die Muskeln beginnen zu schmerzen. Lediglich der Pilot, Donald Morgan, läßt keine Anzeichen nachlassender Konzentration oder Kraft erkennen. Sein Gesicht hinter der Helmscheibe hat sich in dieser Stunde ein wenig gerötet.

Da erteilt Philipp McBruns den Befehl zur Rückkehr.

Morgan wendet die Arrow auf der Stelle und gibt danach sofort Vollschub, der Magen hebt und senkt sich in konvulsivischen Zuckungen, Schweißausbruch auf Stirn und Wangen, dann haben sich die Verhältnisse normalisiert, lediglich das Peilauge, ein kreuzförmig durchgestrichener Kreis, der den derzeitigen Aufenthaltsort der Odin signalisiert, wechselt schnell vom Heck- auf den Bugschirm, und die akustische Anzeige, ohnehin auf ihr Minimum herabgeregelt, verändert ihre Tonhöhe zu einem durch den Dopplereffekt hervorgerufenen langsamen Jaulen. Als die Nenngeschwindigkeit, diesmal in anderer Richtung, erreicht ist, fällt auch der nervenaufreibende Ton zu einem melodischen Summen zusammen.

Erde und Sonne haben innerhalb weniger Sekunden ihre Plätze getauscht. Das hohle Brausen der Triebwerke erstirbt, Schwerelosigkeit, der Magen beruhigt sich.

Den Rückweg absolvieren sie anfangs in Normalfluglage, das heißt, visuell geortet, befindet sich die Erdoberfläche unter und die Sonne voraus über ihnen, eine Konstellation, die etwa dem irdischen Morgen entspricht, wenn man an einem Sommertag nach Osten blickt. Doch der Eindruck einer bestimmten Tageszeit kommt nicht auf, kann nicht aufkommen, da der Himmel über ihnen von ungewöhnlich transparentem Schwarz bleibt. Nur der zarte Regenbogen über dem Horizont hat sich ein wenig aufgehellt.

Das Auge auf dem Ortungsschirm ist größer und an den Rändern erheblich schärfer geworden. Sie nähern sich der Station. In den Hörern sind die ruhigen Atemgeräusche des neuen Funkers, der Erregung nicht zu kennen scheint. Phil hält Walter Graves für einen Stoiker, er hat noch nie etwas wie einen Funken in dessen dunklen Augen aufblitzen sehen.

Etwa auf halbem Weg wendet Donald Morgan mit einer gleitenden Bewegung den Kopf. „Achtung!“ sagt er. „Bahnänderung!“ Und noch während er die Ankündigung ausspricht, stellt er die Maschine auf das Heck. Erde und Sonne tauchen unter den abgeblendeten Boden der Kanzel, in die konturenlose, von den flimmernden Kontrollen unterstrichene Finsternis hereinbricht.

Im selben Augenblick zünden die Marschtriebwerke und laufen röhrend in den Vollschubbereich hinauf. Philipp überkommt ein Gefühl, als versuche sich die Materie seines Körpers mit der von Skaphander und Sessel zu vereinigen. Doch der Eindruck unentrinnbaren Drucks vergeht schnell, und dann weist nur noch eine winzige Anzeige darauf hin, daß sich die Arrow mit Höchstgeschwindigkeit auf eine weiter außen liegende Bahn katapultiert.

Und plötzlich sehen sie einen kleinen Stern rechts neben dem Rand der weißglühenden Sonnenscheibe. Sie sehen ihn gleichzeitig, seine von den anderen Sternen abweichende Bewegung ist unverkennbar, und sie rufen sich ihre Beobachtung mit flatternden Stimmen zu.

Des Commanders Befehl unterbricht sie.

„Peilung!" schreit Glenn Morris. „Gebt mir seinen genauen Standort, verdammt noch mal!"

Helden

Hin und wieder luden Captain Morris und Lieutenant McBruns einander ein. Meist vertauschten sie dann die Uniform gegen Zivilkleidung, fuhren im Privatwagen des Captains hinein nach Miami und aßen dort zu Abend oder besuchten eins der Unterhaltungslokale, in denen gemischte Programme gezeigt wurden, Videoramas, die sich mit Bühnendarstellungen abwechselten. Die Darbietungen waren ausnahmslos auf Zertreuung orientiert und überschritten häufig die Grenze des Erträglichen. Zudem erwiesen sich die Speisen selbst gehobener Lokalitäten als echt amerikanisch: Food à la McDonald's.

Trotzdem pflegte Phil die Kontakte zu Glenn Morris, und das aus mehreren Gründen. In der letzten Zeit belastete ihn die jahrelange Einsamkeit zunehmend. Der Mangel an sozialen Bindungen machte ihn nach und nach zum menschenscheuen Sonderling, der überall Fallen und Gefahren witterte, was folgerichtig zu einer weiteren Einschränkung seiner gesellschaftlichen Beziehungen führte. Im Unterbewußtsein mochte auch die Absicht, sich das Wohlwollen seines Vorgesetzten zu erwerben, eine Rolle spielen. Solche Freundschaften konnten sich in Philipps Fall als sehr nützlich erweisen. Aber Phil hätte sich nie eingestanden, entsprechende Anstrengungen zu unternehmen.

Der Hauptgrund aber war die Vermutung, die Gegenwart des Captains schütze ihn vor Bespitzelung.

Eines Abends, als sie sich auf dem Rückweg befanden, wurden sie in Sichtweite der Tunnelabzweigung von einer Militärstreife angehalten.

Der Kommandeur der kleinen Einheit war der Major, mit dem

zusammen Phil vor einigen Tagen den Zubringer benutzt hatte. Der Major tat, als erkenne er Phil nicht wieder, er stand kerzengerade am Straßenrand, als hätte er Posten auf einem Feldherrnhügel bezogen.

Vor dem Wagen hatte sich ein junger Sergeant postiert und den Kühlkopf seines großkalibrigen Henderson-Lasers auf die Motorhaube gestützt.

Als Morris ihn in seinem gewohnten Ton anherrschte: „Nehmen Sie gefälligst die Waffe vom Lack meines Fahrzeugs, Sergeant!", grinste der Junge und bewegte den Kühlkopf provozierend auf der Zierleiste aus schimmerndem Metallplast hin und her.

„Tun Sie, was er sagt, Sergeant!" befahl der Major leise, und der Streifenführer hob die schwere Waffe widerstrebend und um nicht mehr als zwanzig Millimeter an.

Dann wandte sich der Major ihnen zu. „Steigen Sie bitte aus!" sagte er.

Als sie neben dem Fahrzeug standen, musterte er sie lange und, wie es schien, mit einem Gefühl der Abneigung. Offenbar mißfiel ihm, daß sie nicht ihre Uniformen trugen. Jedenfalls merkte man ihm an, daß er etwas gegen die saloppe Art hatte, in der sie gekleidet waren.

„Lassen Sie sich die Urlaubsscheine zeigen, Sergeant!" wies er schließlich an.

Der Streifenführer kam feixend um die Motorhaube herum auf sie zu.

„Bleiben Sie, wo Sie sind, Sie Ente!" brüllte der Major, ohne sich zu bewegen.

Der Junge erstarrte vor der vorderen Stoßstange. Er stand wie eine Bildsäule. „Ihre Papiere, bitte!" sagte er, nachdem er sich gefaßt hatte.

Er blätterte lange in den Dokumenten, die er neben den Kühlkopf seines Lasers auf die Motorhaube gelegt hatte. Es sah sehr ungeschickt aus. „Alles in Ordnung, Sir!" erklärte er schließlich, wobei er in Richtung des Majors Haltung annahm.

In der Zwischenzeit krochen drei andere Soldaten im Wagen herum, untersuchten die Polster und tasteten in den Handschuhfächern herum. Einer legte sich flach auf die Straße, um unter die Sitze blicken zu können, ein anderer nahm sogar die Verkleidung der rechten vorderen Tür heraus. Dabei präsentierte er Phil sein Hinterteil in einer Weise, daß der am liebsten hineingetreten hätte. Er unterdrückte den Wunsch nur mit Mühe, genoß aber die Vorstellung.

Nach mehr als zehn Minuten erhob sich der Mann und schüttelte den Kopf.

„Keine Besonderheiten, Sir!“ meldete der Streifenführer.

Während der ganzen Zeit hatte der Major unbeweglich am Straßenrand gestanden. Jetzt trat er an Philipp und Glenn Morris heran. „Ich bitte Sie, sich unverzüglich zu Ihrem Stützpunkt zu begeben“, sagte er. „Es besteht erhöhte Alarmbereitschaft der Stufe rosa!“

„Keine weitere Erklärung, Major?“ erkundigte sich Morris.

Die Antwort kam sehr von oben herab. „Sie sind zur Zeit Zivilist, soweit ich sehen kann“, sagte der Major und wandte sich ab.

Sie stiegen ein, und Glenn Morris jagte die Turbine hoch, daß die Scheiben klirrten. Die kleine Einheit hinter ihnen versank in einer gelben Staubwolke.

„Da ist eine Riesenschweinerei im Gange“, sagte Morris. „Für solche Dinge habe ich eine Ader.“

Die rechte Türverkleidung klapperte. Man konnte sich nur noch mit Mühe verständigen.

Sie erfuhren erst am späten Abend in einer Lagebesprechung, was sich zugetragen hatte. Und ihnen war klar, daß ihnen der Commander nicht mehr sagte, als seine Untergebenen unbedingt wissen mußten.

Er stand groß und massig neben dem Plan der Stadt Charleston, South Carolina, der mit Hilfe eines antiquierten Vorführgerätes an die weiße Stirnwand der Messe projiziert wurde. Zur deutlicheren Demonstration der Örtlichkeit verwendete der Commander einen Lichtzeiger. Hin und wieder trat er jedoch in der Erregung in den Lichtstrahl des Projektors. Dann tauchte sein unförmiger Schatten ganze Straßenzüge und Stadtteile in tiefes Schwarz, und dafür erschien das Bild, grotesk verzerrt, auf seinem khakifarbenen Overall.

Das alles wirkte sehr improvisiert, so als sei seinen Leuten nicht allzuviel Zeit zur Vorbereitung geblieben.

In drei Vororten von Charleston hatte es an diesem Morgen gewaltige Explosionen gegeben, offenbar waren koordinierte Anschläge auf drei der wichtigsten Gebäude und Einrichtungen der Stadt verübt worden. Die Hauptsendestation der ABC, die Energiezentrale der Stadt und ein Tanklager der Air Force waren in derselben Sekunde in die Luft geflogen. Ohrenzeugen wußten zu berichten, daß sich die drei Explosionen wie eine einzige angehört hatten.

Die Stadt lag schlagartig in tiefes Dunkel gehüllt, und sämtliche öffentlichen Bereiche waren von einer Sekunde zur anderen paralysiert. Fahrstühle blieben stecken, die U-Bahnen standen still in den kilometerlangen Röhren unter der Stadt, und die Steckdosen der elektrischen Zapfsäulen führten keine Spannung mehr. Da auch die

Ampeln ausgefallen waren, brach Minuten nach dem kommunalen Straßenverkehr auch der Betrieb der privaten Fahrzeuge zusammen. An den Kreuzungen schoben sich gewaltige Blechlawinen ineinander, und in den Liftschächten und U-Bahn-Tunneln schrien sich die Eingeschlossenen heiser.

Bereits gegen sieben Uhr an diesem wunderschönen Frühsommermorgen kam es zu den ersten Plünderungen, die bald im wahrsten Sinn des Wortes wie Lauffeuer um sich griffen. Denn Plünderungen sind, wahrscheinlich um Spuren zu verwischen, oft mit Brandstiftung verbunden. Als die Sonne sich unbeeindruckt und gleißend über die Atlantic Bay erhob, trafen ihre ersten Strahlen auf mehr als einhundert Rauchsäulen, die sich mit den Staub- und Qualmschwaden der ersten drei Explosionen vermischten. Über Charleston stand ein gewaltiger schwarzer Rauchpilz, dessen dreißig Meilen im Radius messender Schirm mit der von See her aufkommenden Morgenbrise landeinwärts getrieben wurde. Minuten später schon verbarg sich die höher steigende Sonne hinter den dunklen Schwaden.

Und noch immer schrie die Stadt aus Schächten, Tunneln und Gebäuden.

Militärpolizisten waren die ersten, die gegen die Plünderer und Brandstifter vorgingen. Sie begannen Straßenzüge zu durchkämmen, in denen Brände wüteten, und sie schossen auf jeden, der sich durch Flucht oder sonstwie verdächtig machte. Die Plünderer reagierten, indem sie sich zu Gangs zusammenschlossen, sich verbarrikadierten, wenn sie nicht mehr flüchten konnten, und das Feuer sehr konzentriert erwiderten.

Gegen acht griffen zivile Bürgerwehren ein und komplettierten damit das Chaos. Von da an schoß jeder auf jeden. Als der Polizeichef der Stadt etwa um die Mittagsstunde einen ersten, überwiegend noch auf Vermutungen und Hochrechnungen basierenden Bericht vorliegen hatte, überstieg die Zahl der bei Straßenschlachten und Plünderungen Umgekommenen die der durch die drei Anschläge am Morgen Getöteten bei weitem.

Inzwischen drang auch aus den Lüftungsschächten der U-Bahnen der Lärm heftiger Schießereien. Einzelne Plündererbanden hatten sich dorthin zurückgezogen und verteidigten sich wütend gegen die Militärpolizisten. Das konnte als Zeichen gewertet werden, daß die Ordnungskräfte dabei waren, die Situation zu ihren Gunsten zu entscheiden.

Aber noch immer schwebte über der Stadt das Geschrei Verletzter, Sterbender und Eingeschlossener. Und die Gewalt hatte eher zu- als abgenommen, ebenso wie die Dunkelheit der Wolke, die langsam, von den Bränden in der Stadt genährt, landeinwärts driftete.

In dieser Situation rief der Präsident der Vereinigten Staaten den Alarmzustand rosa aus und forderte die Streitkräfte des Landes auf, sich zur Verteidigung der Freiheit und Ordnung bereitzuhalten. Gleichzeitig beorderte er eine Spezialeinheit aus dem nahe gelegenen Andrews in die Stadt. Die Rangers, ausgebildet in Dschungelkämpfen und Einzelaktionen, hatten die Aufgabe, nach den Verursachern der Anschläge zu fahnden. Um die Wiederherstellung der Ordnung in der Stadt hatten sie sich nicht zu kümmern.

Der einzige deutliche Hinweis auf die Identität der Saboteure, den sie fanden, war das Schnellboot 334 der U.S. Navy, ein Luftkissenfahrzeug mit konventioneller Bewaffnung und einer Besatzungsstärke von höchstens zwölf Mann. Es lag vor einer Seitenmole des Hafens auf Grund. Man hatte die Bodenventile geöffnet, wohl aber nicht bedacht, daß der Hafen am Ende der seit Jahren nicht mehr benutzten Mole stark verschlammt war. Dadurch war die Spitze des Funkmastes über Wasser geblieben, und das Dach der Brücke hatte so dicht unter der Oberfläche gelegen, daß man es vom Hubschrauber aus selbst in der trüben Brühe des Hafenwassers entdeckt hatte.

Schnellboot 334 war bis dahin bei den Marines in Freeport, Bahamas, stationiert gewesen, und es stellte sich nun heraus, daß dort niemand nähere Angaben über dessen Verbleib machen konnte. Sicher war lediglich, daß es seit Tagen nicht mehr aufmunitioniert worden war und daß es abhanden gekommen war.

Der Commander verlas diese Stelle des Geheimberichtes mit deutlicher Genugtuung, man merkte ihm an, daß er der Air Force allerhand, der Navy hingegen so gut wie nichts zutraute.

Danach blickte er auf, lächelte, sagte: „Lassen sich ein Schiff klauen, diese Enten“, und schüttelte den Kopf.

Dann gab er ein Zeichen mit seinem Lichtstab, und ein anderes Bild sprang auf den Schirm, das Satellitenfoto der Ostküste zwischen Georgetown und Miami. Am unteren Bildrand erkannte man im Grauweiß des Atlantiks die zerfaserte Struktur der Bahamainseln. Der Commander trat einen Schritt zur Seite, und sein mächtiger Schatten löschte die Inseln und einen Teil des Meeres aus.

„Daraus wird zumindest klar, mit wem wir es zu tun haben“, sagte er, trat einen Schritt zurück und tastete mit dem gelben Lichtpfeil über die nun wieder sichtbaren Inselchen. „Hier, Mores Island, der Sitz des Komitees ‚Bewegung Freies Bahama‘. Ich nehme an, daß sie dort nicht mehr lange sitzen werden.“

Er legte seine Unterlagen säuberlich auf den Tisch, gab Weisung, den Projektor auszuschalten, und setzte sich umständlich. Als das

Deckenlicht aufflammte, blinzelte er, die plötzliche Helligkeit schien ihn zu stören.

„Man wird diese Todeskommandos von Charleston kaum zu fassen kriegen", sagte er schließlich und blickte dabei zu Boden. „Weder die Polizei noch die Rangers werden sie erwischen. Diese Gangster stecken sicherlich längst tief in den Moultrie-Sümpfen. Ich war einmal dort, im Frühjahr, es ist zwar kein angenehmer Ort, riesige Massen von Moskitos, aber es ist einer, an dem man gut und gern mehrere Monate lang leben kann, wenn man bereit ist, Schlangen, Schildkröten und Kaimane zu essen. Und diese Komiteebrüder, meine Herren, die werden von Schlangen und Schildkröten dick und fett, glauben Sie mir. Weil sie nämlich zu Hause nichts als rohen Fisch zu fressen kriegen. Nun, ich hoffe sehr, der Präsident wird dafür sorgen, daß dort bald genügend Bratfische herumschwimmen." Er warf den Kopf zurück und lachte, als wäre ihm ein ausgezeichneter Witz gelungen.

Dann straffte er sich, soweit das bei seiner Masse möglich war. „Bis auf Widerruf besteht Ausgangssperre", befahl er. „Sie halten sich in Ihren Unterkünften hier in der Basis zur Verfügung. Sie werden gewiß nicht lange zu warten haben. Ich danke Ihnen, meine Herren."

Als sie eben die Messe verlassen wollten, stürzte ein Adjutant herein und reichte dem Commander einen Zettel, offenbar ein Fernschreiben oder Telegramm.

Der Commander las das Papier sehr aufmerksam und verzog den Mund. Es schien Philipp, als ob eine plötzliche Blässe auf sein Gesicht gefallen sei.

„Scheint ihm nicht zu schmecken, was er da gelesen hat", flüsterte Glenn Morris.

Der Commander schlug kräftig mit der Hand auf den Tisch. „Meine Herren!" rief er. „Einen Augenblick noch, meine Herren!"

Sie stellten sich bei der Tür auf und warteten.

Er überlegte lange, ehe er zu reden begann. „Ich bekomme eben eine Meldung aus dem Innenministerium", sagte er schließlich. „Eine ungewöhnliche und auch nicht gerade erfreuliche Meldung. Dem Minister ist ein Video zugegangen, das ein sehr bemerkenswertes Interview enthält. Offenbar ist es einem Reporter der ABC gelungen, einen der Attentäter ausfindig zu machen, und anscheinend war der Mann bereit, ihm Rede und Antwort zu stehen, zumindest in den bei solchen Gesprächen üblichen Grenzen. Dieser Mann hat behauptet ..." Der Commander unterbrach sich und blickte vom Text auf.

„Wade!" schrie er hinter dem Adjutanten her, der bereits wieder auf dem Weg zur Tür war. „Wade! Kann es sein, daß Sie etwas vergessen haben? Hier steht, mit diesem Schreiben sei gleichzeitig über Funk ...“

Der Adjutant drückte sich blaß und unbeholfen in der Tür herum. „Eh, Sir ..., ich ..., Verzeihung, Sir“, stotterte er. „Da ist in der Tat ...“ Aus der Brusttasche seines Overalls förderte er umständlich eine flache Schachtel zutage. „Eine Datasette, Sir. Eine Aufzeichnung. Mir war im Moment entfallen ...“

„Geben Sie her, Mann!“ donnerte der Commander. „Und beschaffen Sie schnellstens einen Recorder!“ Er drehte das Schächtelchen in den Händen.

„Ich weiß nicht“, sagte er leise, „was mit diesen jungen Leuten ist. Und ich weiß auch nicht mehr, ob der Geist in unseren Reihen wirklich besser ist als in denen der Navy, wie ich das früher einmal angenommen habe. Ich empfinde es als deprimierend, wenn ich derartiges miterleben muß.“

Er überflog mit einem schnellen Blick die Gesichter seiner Offiziere. „Stehen Sie bequem, meine Herren. Ich glaube nicht, daß dieser Wade so bald zurückkommen wird.“

Tatsächlich vergingen fast fünf Minuten, ehe der junge Adjutant den Recorder brachte. Der Commander bedachte ihn mit einem vernichtenden Blick, schwieg jedoch diesmal.

Das Interview war offenbar lediglich erfolgt, um eine Warnung der Attentäter in die Medien zu bringen; es war sehr kurz und gab weder Aufschluß über die Hintergründe der Anschläge noch über die Herkunft der Verursacher. Was schließlich auch nicht zu erwarten gewesen war, denn diese Sonderkommandos verstanden es ausgezeichnet, sich zu tarnen, ihre Spuren zu verwischen und sogar falsche zu legen. Vielleicht war das Interview eine solche.

Ein kleiner, dunkelhaariger Mann, mit leicht gehetztem Gesichtsausdruck und zweifellos übermüdet, berichtete mit vielen Gesten und Worten wenig Konkretes.

Der Mann erklärte, seine Worte mit weit ausholenden Bewegungen seiner schmalen Hände unterstreichend, er gehöre einem der drei Kommandos an, habe an einem der erfolgreichen Anschläge mitgewirkt und sei ausersehen, der amerikanischen Öffentlichkeit mitzuteilen, daß es sich um das erste Unternehmen der „Gruppe sechsundzwanzigster März“ gehandelt habe.

Die Anschläge seien ausschließlich durch die Gruppe geplant und finanziert worden, kein Staat der Welt habe sie in irgendeiner Weise unterstützt.

Er schloß mit dem bemerkenswerten Satz: „Sollte sich das Kriegsministerium oder der Geheimdienst der USA zu Vergeltungsmaßnahmen entschließen, dann werden wir den Krieg in Ihre großen Städte tragen, und das wird im Bedarfsfall ein Krieg mit nuklearen Waffen sein. Sie haben mein Wort darauf."

Dann wandte er sich ab und ging die Straße hinunter. Ein Kameraschwenk zeigte glatten Asphalt, Villen und gepflegte Vorgärten.

„Ich glaube, daß das jeder könnte, der es wollte", murmelte Glenn Morris. „Dazu muß man nicht einmal so ein gottverdammter Indio sein wie dieser da." Aus dem letzten Satz klang unversöhnlicher Haß. Danach blickte er zu Boden. „Mein Gott!" fuhr er leise fort. „Was ist das nur für eine beschissene Welt geworden."

Der Commander deutete auf das Bild der stillen Villenstraße und den an ihrem äußersten Ende verschwindenden Mann. „Sehen Sie, meine Herren! Das ist einer der westlichen Vororte von Charleston. Ich kenne die Gegend recht gut. Kaum fünfzehn Meilen weiter westlich beginnen die Moultrie-Sümpfe. Ich hatte also recht." Er blickte auf das Fernschreiben. „Sie nennen sich ‚Gruppe sechsundzwanzigster März'. Kann jemand von Ihnen mit diesem Datum etwas anfangen, meine Herren?"

Glenn Morris beugte sich zu Phil herüber. „Am sechsundzwanzigsten März vor fünf Jahren haben wir den ersten großen Angriff gegen Ortschaften der Mittelamerikanischen Union geflogen", flüsterte er. Und dann laut: „Nein, Sir!"

„Ich frage mich", murmelte der Commander sinnend, „wieso ein Reporter schneller sein kann als unsere Polizei. Er hat den Mann gefunden, unsere Ordnungskräfte nicht. Das ist ..., das ist – wie sagten Sie eben, Captain Morris? – eine wirklich beschissene Welt.

Ich danke Ihnen, meine Herren Offiziere. Sie bleiben mit Ihren Einheiten selbstverständlich in Bereitschaft."

Mindestens zwei Komponenten der Vorgänge in Charleston schienen im Pentagon Konfusion zu verursachen. Das war zum einen die Drohung der Terroristen, aus dem Untergrund heraus einen Vernichtungsfeldzug gegen die großen Städte zu beginnen, von denen man wußte, daß sie verletzlicher waren als Medusen in der Meeresbrandung, und zum anderen die Ungewißheit, was die Herkunft dieser Leute anbetraf. Das Pentagon beharrte darauf, es handle sich um Abgesandte der „Bewegung Freies Bahama", deren Zentrale auf der Insel Mores, ziemlich genau auf halbem Weg zwischen Grand Bahama und Abaco gelegen, residierte, während die CIA aufgrund konspirativer Erfahrungen zu der Annahme tendierte, daß die Anschläge von mittelamerikanischen Terroristen als Rache für die häufigen Luftangriffe durchgeführt worden waren. Dafür sprach nach

Meinung der Verantwortlichen der CIA zumindest der Name „Gruppe sechsundzwanzigster März“ und die bei Terroristen zu beobachtende Abneigung, die eigenen Aktivitäten den Konten anderer Organisationen gutschreiben zu lassen.

Genaueres war jedoch von keiner Seite zu ermitteln. Vermutung stand gegen Vermutung. Eine sachlich begründete Entscheidung zu treffen erwies sich als unmöglich.

Der einzige, der eine klare Haltung einnahm, war der Präsident. Er klagte in einer Fernsehansprache zur Lage der Nation den Weltkommunismus des Mordes an über tausend und der Verstümmelung von dreitausend Menschen an, obgleich jedermann wußte, daß die meisten der Opfer nicht dem Attentat, sondern den darauffolgenden Unruhen anzulasten waren, drückte den Witwen und Waisen sein Beileid aus und befahl abschließend die 6. Flotte, die bis dahin vor den Azoren gelegen hatte, in die Floridastraße, was allerdings kaum vor Ablauf von vier Tagen möglich war.

Wenn auch seine Ansprache im gewohnten Ton gehalten und mit den üblichen Begriffen wie Freiheit, Sicherheit und Überlebenswillen versehen war, so klangen die Anschuldigungen, die er erhob, doch ziemlich diffus, zumal sie sich nicht an eine genau definierte Adresse richteten. Auch daß er sich entschloß, den unvermeidlichen Marschbefehl ausgerechnet einer weitab vom eigentlichen Schauplatz operierenden Einheit wie der 6. Flotte zu erteilen, erschien halbherzig und hatte wohl keinen anderen Sinn, als wieder einmal den schon mehrfach bewährten Aktionismus zu beweisen.

„Dieser Mann sieht immer nur die unmittelbare Oberfläche des Geschehens“, sagte Glenn Morris, als er das Gerät ausschaltete. „Von dem, was sich daraus ergeben wird, hat er keine Ahnung. Er sollte sich wenigstens bessere Psychologen zulegen.“

Philipp schwieg. Er war nicht sicher, daß er dem Gedankengang des Captains zu folgen vermochte.

Morris lehnte sich bequem zurück und begann sich zu kratzen. Offenbar dachte er intensiv nach. „Wenn sie diese verfluchten Indios wenigstens erwischt hätten, dann wäre alles anders“, fuhr er schließlich fort. „Daß sie auch noch entkommen konnten, wird im Volk einen Schock auslösen. Ich kenne die Gefühlswelt unserer Landsleute zur Genüge, mein Lieber. Solange sie sich einbilden, die Größten zu sein, befinden sie sich auf dem Gipfel ihres Selbstbewußtseins. Aber wehe, es gelingt jemandem, ihnen ein Bein zu stellen. Dann stürzen sie in ein mindestens ebenso tiefes Tal der Verzweiflung hinab. Dann lasten die eigenen Unzulänglichkeiten wie Berge auf ihren Schultern. O ja! Unser Volk ist sehr sensibel.

Der Präsident hätte von Helden, Todesmut und heroischem Widerstand gegen schwerbewaffnete Mörderbanden sprechen müssen, vom Kampf gegen Wilde, denen das eigene Leben nichts bedeutet, weil sie außer dem nackten Leben selbst nichts zu verlieren haben. Vor allem aber hätte er Vergeltung der erlittenen Schmach in Aussicht stellen müssen, vielleicht wäre es ihm auf diese Weise gelungen, den Schock in Grenzen zu halten."

Philipp schwieg noch immer. Als Glenn Morris von den „verfluchten Indios" und von „schwerbewaffneten Mörderbanden" gesprochen hatte, da war etwas wie Hochachtung vor Leuten in ihm aufgestiegen, die es wagten, den aufgezwungenen Krieg in die Häuser des Verursachers zu tragen, ohne sich selbst zu schonen. Er sah wieder den kleinen, dunkelhaarigen Mann mit dem gehetzten Gesichtsausdruck vor sich, und er wußte, daß er gegenüber solchen Leuten nie Abneigung empfinden könnte. Vielleicht weil er sich ihnen verwandt fühlte. Der wütende Haß seines Vorgesetzten auf diejenigen, die man in diesem Land seit vielen Jahren in stiller Übereinkunft als „Indios" bezeichnete, machte ihn betroffen.

An diesem Abend saß er mit Glenn Morris lange in der Kantine der Basis zusammen. Ohne es auszusprechen, warteten sie auf den Einsatzbefehl. Sie rechneten damit, daß sich das Pentagon früher oder später zu einem vernichtenden Vergeltungsschlag entschließen würde. Präsident und Verteidigungsminister waren es dem Volk schuldig.

Philipp McBruns und Glenn Morris waren nicht die einzigen, die in der Kantine warteten, sich unterhielten oder vor sich hin in ein Glas mit Juice oder eine Tasse Kaffee starrten und schwiegen. An diesem Abend wurde kein Alkohol ausgeschenkt. Und der später so beliebte Ginol-Tonic war noch nicht erfunden.

Gegen Mitternacht begann Glenn Morris zu erzählen. Zusammenhanglos anfangs, wahrscheinlich, um seinen angestauten Haß auf die Indios zu benennen und gleichzeitig vor sich und seinem Untergebenen zu motivieren. Er schien viel Wert auf Philipps Verständnis zu legen.

„Sie müssen bemerkt haben, daß ich mich nur schwer beherrschen kann, wenn es sich um diese Leute handelt, Lieutenant", begann er. Es schien, als forsche er in Phils Gesicht nach einer Reaktion, wohl, um sich auf dessen Ansichten einstellen zu können.

Aber Philipp blieb auch jetzt stumm und blickte nach wie vor in sein Glas mit Juice. Er dachte nicht daran, sich über ein solch heikles Thema zu äußern, zumal er ahnte, daß der Captain sich anschickte, über Dinge zu sprechen, die ihn belasteten, die vielleicht sogar seine Psyche entscheidend mitgeprägt hatten.

Philipp hatte nicht die Absicht, seinem Vorgesetzten auf ein Gebiet zu folgen, wo die Gefahr bestand, die eigene Sicht auf Zusammenhänge unbewußt mitzuteilen. Er konnte Glenn Morris nicht helfen. Und er wollte es auch nicht.

„Sie haben es bemerkt", fuhr Morris fort. „Und ich entnehme Ihrem Schweigen, Lieutenant, daß Sie meinen Ansichten mit Vorbehalten begegnen."

Philipp fiel auf, daß Morris ihn häufiger als üblich mit dem Dienstgrad anredete. Es mochte sein, daß dies unabsichtlich geschah, aber ebenso konnte es sich um den Versuch handeln, das Unterstellungsverhältnis zu betonen.

Das Gesicht des Captains hatte sich ein wenig gerötet. Die Erinnerung an etwas, was tiefe Spuren in ihm hinterlassen haben mußte, schien in ihm aufzusteigen.

Und dann begann er endlich zu erzählen, was ihn so berührt hatte, daß er es wohl sein Leben lang wie eine unerträgliche Last mit sich herumschleppen würde.

Schon die Eröffnung seiner Geschichte war bezeichnend. „Der sechsundzwanzigste März", sagte er. „Der sechsundzwanzigste März vor fünf Jahren."

An diesem Tag flogen sie den ersten größeren Angriff. Es ging eigentlich nicht um die Vernichtung von Menschenleben und schon gar nicht um die Eroberung von Land, Ziel war einzig und allein die Destabilisierung der bestehenden Verhältnisse.

Sie starteten im Morgengrauen mit zwei kaschierten Maschinen, deren Funkanlagen ausgebaut worden waren, Lieutenant Sam Liker und Lieutenant Glenn Morris, gingen über dem Golf auf Dienstgipfelhöhe und flogen, sicher, daß nichts und niemand sie gefährden könnte, in Richtung auf die Yucatánstraße. Himmel und Meer waren so rein und gleichmäßig blau, und am Horizont flossen beide in einer Weise zusammen, daß man den Eindruck hatte, in einem wunderbar geschliffenen Aquamarin eingeschlossen zu sein. Sie waren wie zwei Fliegen in einem ungeheuer großen Raum aus blauen Träumen, und das Summen der Triebwerke erschien ihnen wie eine Hymne auf Mannesstolz und Kraft.

Hin und wieder wechselten sie sich, einer stillen Übereinkunft folgend, in der Führung ab. Als die langsam fortschreitende, rotgepunktete Linie auf dem Screen des Kursrechners die stilisierte Küste von Quintana Roo in der Nähe des Cape Juárez berührte, führte Sam Liker. Seine Maschine schien stillzustehen, ein silbernes Kreuzchen im unendlichen Blau. Tief unten kam der bräunlich verwaschene Streifen der Küste in Sicht.

Eigentlich war nicht das geringste geschehen, bevor sich Sam Likers Maschine in eine weiße Wolke verwandelte. Es war ein lautloser, grausig-schöner Vorgang, der sich durch nichts angekündigt hatte. Kein Geräusch war zu hören gewesen, und das Radar hatte nichts aufgezeichnet, was als ein wie immer auch gearteter Angriff zu interpretieren gewesen wäre. Die Maschine verwandelte sich von einem Moment auf den anderen in eine groteske Wolke. Das war alles, was da vor sich ging.

Und während sich Morris der Wolke, die sich noch ein erhebliches Stück auf der Flugbahn von Sams Maschine weiterbewegte, näherte, begann sie sich zu verformen. Sie blähte sich auf, strahlendes Weiß auf azurnem Blau, und sie trieb blendende Fortsätze nach allen Richtungen. Glenn Morris spürte unvermittelt einen Schmerz in der Brust. Er dachte daran, daß einer dieser Fortsätze aus Sam Liker entstanden sein könnte. Die Wolke aber hing jetzt am Himmel wie ein riesiger, treibender Polyp mit sanft nach unten gebogenen Tentakeln, von deren Spitzen weiße Sterne hinunter auf das Meer fielen.

Er riß seine Maschine in eine steile Kurve, um den Unglücksort zu umfliegen, und genau in dem Moment schoß seitlich aus dem wolkig aufgeblasenen Polypen ein winziger, silbriger Pfeil, der eine sich schnell ausbreitende, blendendweiße Kurve in das Blau des Himmels zeichnete. Aus irgendeinem Grund hatte eine von Sam Likers Raketen gezündet und jagte steuer- und ziellos durch die endlose Weite über dem Golf. Einen Augenblick lang fürchtete Morris, sie könne sich seine Maschine als Ziel erküren, aber das Geschoß raste, der lenkenden Kraft beraubt, nach sinnlos gezogenen Kurven in die Wolke zurück.

Was blieb, waren schwebende weißliche Strukturen, die peinlich an die im Wind verwehenden Wolken nach einem Prachtfeuerwerk erinnerten.

Dann war Glenn Morris allein am endlosen blauen Himmel, die Reste aus Dampf und Glut waren hinter ihm zurückgeblieben. Er biß die Zähne zusammen. Sam Liker war einer von denen gewesen, die er gemocht hatte.

Bald darauf zeigte der Schirm des Kursrechners die jenseitige Küste der Mosquito-Lagune. Da erst spürte Glenn Morris den Schmerz in seinen verkrampften Wangenmuskeln, und er öffnete den Mund, um einen Fluch auszustoßen. Aber auch das verschaffte ihm keine Erleichterung.

Über der Außenförde vor Lacatan ließ er die Maschine bei Mach 2,4 auf 20 Grad fallen und stieß steil auf das stille Wasser der Bucht hinab, bis er die Schwärme der kreisenden Pelikane erkennen konnte. Sie sahen aus wie Zuckerkristalle, die jemand auf ein Tablett aus blaugrünem Glas geschüttet hat. Als er die Triebwerke drosselte, begannen sie durcheinanderzuwirbeln, als sei eine heftige Windböe unter sie gefahren.

Im Tiefflug übersprang er bei Unterschallgeschwindigkeit die flachen Hänge an der Küste, grünbraune Flecken hinter weißem Gischt, und raste ostwärts über eine weite grüne Landschaft hinweg, die er für Bananenplantagen hielt. Ab und an blitzte ein Wasserlauf oder ein Tümpel im Licht der vormittäglichen Sonne auf. Er war so tief hinuntergegangen, daß er im stillen Wasser eines Creeks die weiße Spur eines flüchtenden Kaimans sehen konnte. Ortschaften oder einzeln stehende Häuser vermochte er nicht auszumachen. Nur manchmal schien es ihm, als sei er eben über die mit Palmblättern gedeckte Hütte eines Feldhüters hinweggeglitten.

Noch immer wühlte der Zorn in ihm, aber infolge seiner hohen Geschwindigkeit gelang es Glenn Morris nicht, lohnende Ziele zu entdecken, an denen er ihn hätte auslassen können. Wenn er etwas sah, was sich vielleicht als Ziel geeignet hätte, dann war er auch schon darüber hinweg, und unter ihm lagen wieder nur endlose Reihen von Bäumen mit dunkelgrünem, sehr dichtem Laub.

Schließlich begann er wahllos mit seinen Bordwaffen zu feuern. Er hatte Mehrfachsprengmunition gegurtet, und er hätte aufjubeln können, als er sah, daß die Garben den Wald zerpflügten, als peitsche ein plötzlich aufspringender Sturm über stilles grünes Wasser. Die Sprengköpfe rissen kilometerlange Schneisen in die engstehenden Kulturen.

Als er einen Blick auf den Heckschirm warf, bot sich ihm ein Bild der Vernichtung. Hinter ihm erhob sich ein Gebirge aus Rauch und Flammen.

Da mischte sich erste Genugtuung in seinen Zorn.

Am Ende der Plantage wendete er, und nachdem er die Kehre halb ausgeführt hatte, sah er ein Dorf, mit rötlichen Ziegeln gedeckte, schneeweiße Hütten, und er sah Menschen rennen, die Gewehre in den Händen hielten.

Er nahm sich Zeit. Seine Wut begann in Zerstörungslust umzuschlagen. In diesem Moment, so gestand er Phil, habe er sich in gewisser Weise den alten heidnischen Göttern verwandt gefühlt, denen sich die Menschen früherer Epochen nur mit Opfergaben in den Händen zu nahen wagten.

Abermals flog er die Plantage, nun um mehrere hundert Meter landeinwärts versetzt, ab und hinterließ eine weitere Spur von Rauch, Brand und Zerstörung.

Als er am Ende erneut wendete, fühlte er kalte Zielstrebigkeit. Während die Bordwaffen tausendfache Vernichtung spien, machte er die beiden Raketenregister klar. Er wußte, wo sich das Dorf befand, und der Zielrechner seiner Maschine wußte es auch. Im Grunde brauchte Glenn Morris sich auf den letzten Kilometern dieser dritten Strecke nur ein wenig nach Norden abfallen zu lassen und die beiden Auslöser zu betätigen. Was bleiben würde, wäre eine riesige umgepflügte Fläche, und nur noch die Landkarten würden von der Existenz des Dorfes künden. Falls es überhaupt auf Landkarten verzeichnet war, woran er zweifelte. Diese Leute legten nicht allzuviel Wert auf Übersichtlichkeit.

Er kam nicht mehr dazu, seine letzten Todesboten zu versenden.

Zwar hörte er die Einschläge nicht, aber um so deutlicher sah und spürte er sie. Es war, als sei die im Drachenflug dahinrasende Maschine mit einem plötzlich aufgetauchten Hagelschauer kollidiert. Ein feines Vibrieren erschütterte sie bis in den letzten Spant. Sie zerfiel förmlich in der Luft. Und eigentlich schien sie sich ganz langsam aufzulösen, ein Eindruck, den er der eigenen, durch das Entsetzen verursachten Hypersensibilisierung zuschrieb.

Er sah, wie sich in der linken Tragfläche ein unregelmäßiges, aber ziemlich enges Muster aus kleinen Löchern mit aufwärts gebogenen Rändern bildete, wie sich diese winzigen Zipfel und Zacken vergrößerten, vereinigten und schließlich als Metallfetzen hinwegwehten. Dann demontierte die gesamte linke Fläche, und der Knall, mit dem sie verschwand, war das erste, was er wieder hören konnte.

Da schlug er, ohne die ganze Tragweite dessen, was da geschah, schon begriffen zu haben, auf den Auslöseknopf der Rettungsschleuder. Im nächsten Moment traf ihn eine Riesenfaust von oben und stürzte ihn für Sekunden in schwarze Bewußtlosigkeit.

Als er zum erstenmal zu sich kam, spürte er noch keinen Schmerz. Er hing, in einer sanften Brise schaukelnd und sich um die eigene Achse drehend, am Fallschirm über aufsteigendem Feuer und treibendem Rauch, der seine dunklen Schwaden wie gierige Hände nach ihm ausstreckte.

Im Drehen sah er weit drüben am Rand des Küstengebirges einen blendenden Blitz aufzucken, eine Sonne, die in einer Sekunde ihre gesamte Energie verschwendete, nutz- und sinnlos.

Dann wurde sein pendelnder Körper von einer Welle heftiger Schmerzen überflutet, und ihm wurde erneut schwarz vor Augen. Als letztes spürte er beißenden Qualm, der ihm in die Nase stieg.

Er erwachte quälend langsam, und mit sich vertiefendem Bewußtsein stieg der Schmerz bis fast an die Grenze des Erträglichen. Es war ein allgemeiner, in keiner Weise zu lokalisierender Schmerz.

So ähnlich, dachte er, während er mit geschlossenen Augen auf dem Rücken lag, muß wohl einem Bergsteiger zumute sein, der eben inmitten einer Lawine zu Tal gegangen ist.

Er lauschte in sich hinein, tastete seinen Körper gewissermaßen von innen her ab, indem er autogene Sonden in alle Organe und Gliedmaßen entsandte. Und schließlich kam er zu der Überzeugung, daß er nichts gebrochen hatte. Vielleicht ein paar Prellungen und eine Verstauchung, mehr aber bestimmt nicht. Gott sei Dank! Der Schmerz würde bald abklingen.

Noch immer hatte er die Augen geschlossen.

Da er nicht ernsthaft verletzt war, durfte er sicher sein, daß sie ihn nicht fangen würden, diejenigen, die da hinten auf ihn geschossen hatten. Er war eine so weite Strecke von ihrem Versteck entfernt niedergegangen, daß sie fast einen ganzen Tag brauchen würden, um hierherzukommen. Bis dahin würde er längst im Wald untergetaucht sein. Und er war genügend gut trainiert, um ihnen ein Schnippchen zu schlagen.

Bei dieser Art von Gedanken spürte er, daß sein Selbstbewußtsein unter der Tatsache litt, daß sich derartiges überhaupt ereignet hatte. Sich verbergen zu müssen. Vor denen! Unfaßbar.

Daß diese Kerle ihn abgeschossen hatten, betrachtete er als persönliche Katastrophe. Wenn er auch sicher sein durfte, daß eine Menge schlimmer Zufälle gegen ihn gewesen sein mußte. Anders war es nicht zu erklären, daß seine Maschine einem altertümlichen Schnellfeuergewehr oder ähnlichem unterlegen war. Ein Adler, der an Mückenstichen krepiert. Grotesk!

Nein, er würde keinen Umweg um ihre Hütten machen. Er würde stur nach Westen marschieren, Richtung Kostarika, und zwar ohne sich zu verbergen, den Laser in der Hand. Gut, größere Städte würde er umgehen, aber einige der Dörfer würde er ausräuchern, den Strolchen würde er ihre Palmblatthütten über den Köpfen anzünden. Laufen sollten sie lernen.

Nur gut, daß er entgegen der Vorschrift den Laser in der Oberschenkeltasche verstaut hatte. Im letzten Moment vor dem Start noch. Als hätte er geahnt, daß ihm dieses irrsinnige Mißgeschick widerfahren würde.

Wenn er den Laserkolben nur mit der Hand berührte, die Welt wäre wenigstens zum Teil wieder in die rechte Ordnung gerückt.

Doch die Hand griff ins Leere.

Da endlich öffnete er die Augen. Sofort nach der Erkenntnis, ohne Waffe zu sein, noch ehe ihn der Schock ganz zu überschwemmen vermochte.

Er lag auf versengtem Boden unter verbrannten Bäumen, die

keine Blätter mehr trugen. Die Sonne, die inzwischen den Zenit fast erreicht hatte, schien heiß zwischen den nackten Zweigen hindurch. Die Luft war trocken. Seine Zunge klebte am Gaumen. Er mußte also in erster Linie nach Wasser suchen. Als er sich bewegte, knirschte es unter ihm, als läge er auf getrockneten Maisblättern.

Mit einem Fluch richtete er sich halb auf, und er erstarrte.

Kaum anderthalb Meter von ihm entfernt lehnte ein Junge an einem der verkohlten Stämme, ein braunhäutiger Junge mit Haaren, die so schwarz waren wie die verbrannte Rinde des Baumes.

Glenn Morris bemühte sich um Beherrschung einer plötzlich in ihm aufsteigenden Besorgnis. Er setzte sich bequem auf dem knirschenden Boden zurecht, und dabei spürte er einen gelinden Schmerz im linken Handgelenk. Vielleicht doch leicht verletzt, dachte er.

Dann aber sah er, daß an seinem Handgelenk ein Strick befestigt war, dessen anderes Ende sich um den Leib des fast nackten Jungen schlang. Es war ein solider Strick, eigentlich schon mehr ein Seil.

Der Junge lehnte schläfrig am Stamm, seine Augen waren halb geschlossen. Den Fallschirm hatte er zu einem Paket verschnürt und auf seinen nackten Rücken gebunden.

„Was soll dieser Unfug?“ fuhr Glenn Morris auf.

Der Junge war sofort hellwach. Und seine plötzliche, kraftvolle Bewegung weckte Zweifel daran, daß er wirklich noch so jung war, wie es den Anschein hatte. Vielleicht hatte Glenn Morris sich dadurch täuschen lassen, daß der andere nur mit einer knielangen Hose bekleidet war. So wie dieser waren die meisten Jungen von Wyoming an warmen Sommertagen herumgelaufen, als Glenn Morris selbst noch ein Junge war. Allerdings hätten sie nie mit einem gespielt, der so dunkles Haar und eine so braune Haut hatte wie der da.

Der Kerl konnte also durchaus ein Mann sein. Das war bei diesen Indios, die ohnehin alle gleich aussahen, dunkel und schmutzig, wirklich nicht leicht zu erkennen. Jedenfalls waren seine Bewegungen sicher und schnell wie die eines trainierten Sportlers, als er sich von dem verbrannten Stamm löste und Glenn Morris den Kühlkopf des Lasers in die Seite stieß, der Waffe, die er ihm aus der Tasche des Overalls gestohlen hatte.

„Ganz ruhig!“ sagte er in der seltsam harten Sprache der Indios. „Sonst …“ Und der Druck der Waffe verstärkte sich.

„So, und jetzt das hier ansehen!“ fuhr er fort, als er sich anscheinend überzeugt hatte, daß sich sein Gefangener unter dem Eindruck der Waffe zumindest vorerst in seine Lage schicken würde.

Dabei hielt er Glenn Morris die geballte Linke unter die Nase. „Sie ist scharf, ganz scharf!“

Morris fühlte, wie ihm ein Schauer des Entsetzens über den Rükken lief. Denn die schmutzige Faust des Mannes hielt eine jener verheerend wirkenden Handgranaten, die, mit Quer- und Längsrillen versehen, eine unglaubliche Splitterwirkung entfalten konnten. Und dieses Mordinstrument war wirklich scharf, denn der Haltebolzen war gezogen, und das einzige, was die sofortige Explosion noch verhinderte, war der Daumen dieser graubraunen Faust, der den Abzugsbügel niederdrückte.

Glenn Morris zog den Kopf zwischen die Schultern. Zum erstenmal in seinem Leben saß er nicht an den Schalthebeln der Vernichtung, sondern auf deren anderer Seite, dort, wo man das häßliche Gesicht des Todes vor Augen hat. Zum erstenmal spürte er wirkliche Angst um sein Leben, ein Gefühl, das er angesichts des kleinen Indios als äußerst demütigend empfand.

„Ich und du – Todeskommando!“ sagte der Mann und entblößte zwei Reihen sehr weißer Zähne. Aber das war kein Lächeln, es war eine Grimasse des Zorns.

„Los!“ Wieder stieß der Kühlkopf des Lasers zu. „Gehen! Nach Ost. Schnell, schnell!“

„Ich habe Durst, verflucht noch mal!“ sagte Morris. Seine Gedanken begannen sich nun ernsthaft mit seiner Situation zu befassen, die alles andere als erfreulich war. Zwar zweifelte er nicht, daß es ihm irgendwann gelingen würde, den kleinen Mann, der da hinter ihm ging, zu überwältigen, er fühlte sich ihm weit überlegen, und ein einzelner Bewacher saß immer am kürzeren Hebel, aber da war diese entsetzliche Handgranate. Er konnte nicht einmal darauf hoffen, daß dieser Indio heute oder morgen vom Schlaf übermannt werden würde, denn das wäre schon das Ende. Der Strick und die Handgranate verbanden ihn mit diesem Desperado auf Gedeih und Verderb. Zumindest vorläufig.

„Hast du gehört?“ sagte er nach rückwärts. „Durst habe ich!“ Und er machte die Geste des Trinkens.

„Später!“ Der Mann stieß ihm den Laser abermals schmerzhaft in die Gegend der rechten Niere. „Erst gehen! Schnell!“ Aus irgendeinem Grund schien er in großer Eile zu sein.

Glenn Morris stellte sich vor, was geschehen könnte, wenn sie einem größeren Raubtier oder gar einer der in diesem Teil der Welt so häufigen, meist auf eigene Faust operierenden Banden begegnen würden. Und er kam zu dem Schluß, daß er kaum eine Chance hatte, dieser vertrackten Situation mit heiler Haut zu entgehen, aber mindestens ein dutzendmal die Aussicht, sein Leben zu verlieren. –

Sie gingen den halben Tag, eine Nacht und den nächsten Vormittag lang genau nach Osten, und während der ganzen Zeit sahen sie keinen einzigen Menschen. Sie gingen schnell durch in endlosen Reihen angepflanzte Plantagen, die ausschließlich aus Kaffeebäumen bestanden.

In der Nacht war es empfindlich kalt, während gegen Mittag, obwohl sie sich im Schatten befanden, eine unerträglich feuchte, stehende Hitze zwischen den Baumreihen brütete.

Hin und wieder kamen sie an einen Bach oder einen Bewässerungsgraben, deren Ufer dicht bewachsen waren. Aber der Indio ließ nicht zu, daß Morris von dem Wasser trank. Er nannte keinen Grund für sein Verbot, wahrscheinlich wollte er sich nicht der Gefahr aussetzen, mit seinem körperlich überlegenen Gefangenen durch unübersichtliches Gebüsch kriechen oder die flachen Dämme hinab- und hinaufklettern zu müssen.

Das notwendige Trinkwasser beschaffte er allerdings. Und zwar auf eine Art und Weise, die in Glenn Morris etwas wie widerwillige Bewunderung auslöste.

Durch den natürlichen Uferbewuchs der Kanäle und Creeks wanden sich häufig armdicke Lianen, die an manchen Stellen wie Girlanden zwischen den Bäumen hingen. Wenn man einen solchen Bogen an seiner tiefsten Stelle mit einem scharfen Messer durchtrennte, dann tröpfelte aus den beiden Schnittstellen nach und nach bis zu je ein Liter klares und wohlschmeckendes Wasser heraus.

Der Indio setzte den Schnitt mit der Geschicklichkeit eines versierten Taschenspielers. Erst beim zweiten- oder drittenmal vermochte Glenn Morris den blitzschnellen Bewegungen wenigstens annähernd mit den Augen zu folgen. Im Zug derselben Bewegung, mit der er den schweren Laser hinter seinen Gürtel schob, riß der Indio sein Messer heraus, hieb den Lianenstrang durch, daß es aussah, als wäre ein plötzlicher Sonnenstrahl zwischen den Baumkronen hindurchgebrochen, und wechselte die Waffen abermals aus. Es war wirklich eine einzige und so schnelle Bewegung, daß sich Messer und Laser gleichzeitig in der Hand des Indios zu befinden schienen.

Dann hingen die Lianen still in der heißen Luft von den Ästen, und die beiden löschten ihren Durst, Seite an Seite stehend, durch den Strick verbunden und eine faustgroße Kapsel zwischen sich, die nur durch einen Daumendruck gehindert wurde, Tod und Verderben zu verbreiten.

In solchen Momenten stieg in Glenn Morris der deprimierende Gedanke auf, seine Ausbildung und sein Wille könnten der Verbissenheit dieses kleinen braunen Mannes unterliegen, und sein Ärger mischte sich mit Bewunderung, ein Konglomerat, aus dem in diesen zwei Tagen hemmungsloser Haß wurde.

Glenn Morris war sich bewußt, daß die Zeit drängte. Wenn sie einen Ort erreichten, an dem ihn der Indio den Sicherheitskräften des Landes übergeben konnte, würde er wenige Tage später der internationalen Öffentlichkeit als gefangener Terrorist vorgestellt werden. Nicht auszudenken!

Er nahm sich vor, unbedingt zu schweigen Er hatte nie begreifen können, was diese Leute bewog, sich auf derartigen Schaustellungen zu ihrer Tätigkeit zu bekennen, ja womöglich noch Reue zu zeigen. Sein Selbstverständnis weigerte sich, die Möglichkeit einzuräumen, daß aus harten Männern innerhalb weniger Tage oder Wochen bereitwillig plaudernde Narren wurden, die sich ihrer ehemaligen Entschlossenheit nun zu schämen schienen, große Kinder, deren Verhalten er als feige empfinden mußte.

Zwar sagte er sich, daß es Mittel und Wege zu geben schien, diesen Umschwung geistigen Verhaltens und moralischer Wertungen zu erzielen, aber er vermochte sich nicht vorzustellen, daß er selber in ähnlicher Weise reagieren könnte.

Als er bemerkte, daß er über Möglichkeiten nachzudenken begann, die bisher weit außerhalb seiner Vorstellungskraft gelegen hatten, war er zutiefst betroffen, ein Gefühl, das ihn veranlaßte, sich unbewußt zu straffen.

Er mußte sich jetzt konzentrieren. Auf sich, auf den Indio hinter sich und auf die Chance, ihn zu überwältigen.

„Geh!“ sagte der Mann und berührte ihn mit dem Kühlkopf des Lasers. „Wir sind gleich da!“

Sie näherten sich von Westen her einem kleinen Dorf, dessen in mehreren Reihen angeordnete Häuser mit schönen roten Ziegeln gedeckt waren. Die Straßen, die bis in die Plantagen reichten, wo sie in Sandwegen endeten, waren sauber und gepflegt. Sie kamen dem Ort sehr schnell näher. Bis sie sahen, daß auf den Straßen eine gewisse Hektik herrschte, etwas wie eine schwer durchschaubare Aufbruchstimmung.

„Steh!“ sagte der Indio und trat neben seinen Gefangenen.

Sie standen lange und blickten auf den Ort, wo das Treiben auf den Straßen schnell zunahm, und sie sahen, wie Gegenstände auf zweirädrige Karren verladen wurden und Menschen mit Bündeln auf dem Rücken nach Süden zwischen den Bäumen der Plantagen verschwanden.

Irgendwann stieß der Indio einen heiseren Laut aus und schob

Glenn Morris den langen Abhang hinab. „Lauf!“ rief er, und seine Stimme klang plötzlich sehr hell. „Lauf schneller, Gringo!“

Seite an Seite hetzten sie in das Dorf hinein, an Menschen vorbei, die sie einen Moment lang anstarrten, ehe sie sich wieder ihren unterschiedlichen Tätigkeiten widmeten. Sie alle machten den Eindruck, als seien sie in großer Eile.

Vage kam Morris der Gedanke, daß er sich in höchster Gefahr befand. Ein Stolpern, ein Sturz vielleicht gar, und sie flögen beide in die Luft, zerfetzt bis zur Unkenntlichkeit. Aber ihm blieb keine Wahl, der Indio trieb ihn vorwärts.

Dann, fast schon in der Mitte des Dorfes, wußte er, was diese Menschen hier taten. Sie schickten sich an zu fliehen, und etwas wie Hoffnung stieg in ihm auf.

Im Zentrum des Ortes stand ein sehr weißes, sehr neues, sechseckiges Gebäude mit einem schlanken, ziegelgedeckten Turm auf dem flachen Dach und mit großen Fenstern, wie er sie hier noch nicht gesehen hatte.

„Hier, Commandante!“ schrie der Indio und stieß ihn durch einen Vorhang in das Innere des Hauses.

Drinnen war es still und dämmrig, und in der Mitte des Raumes, in den sie mehr stolperten als liefen, stand ein Mann in khakifarbener Uniform. Auch er war nicht allzu groß und hatte schwarzes Haar. Unter der Nase wuchs ihm ein martialisch anmutender, pechschwarzer Oberlippenbart, der rechts und links des schmalen Mundes bis auf das Kinn herabgezogen war und in seltsamem Widerspruch zu den zerfurchten Gesichtszügen stand. Der Mann war über seine Jugend längst hinaus, aber seine dunklen Augen wirkten äußerst lebhaft. Sie huschten hin und her, als wollten sie alles, was um ihn herum geschah, mit einemmal erfassen.

Die beiden Indios sprachen laut und schnell aufeinander ein. Selbst wenn Glenn Morris der Landessprache mächtig gewesen wäre, er hätte von alldem nichts verstanden, die Sätze überschlugen sich fast. Wenn diese Leute sich unterhielten, dann klang das in seinen Ohren stets, als stritten sie sich.

Dann hörte er mehrmals das Wort „Contras“, meist aus dem Mund des Commandante, und sein Herz begann heftiger zu schlagen, als das nach dem schnellen Lauf ohnehin schon der Fall war. Da war seine Chance. Er nahm sie zwar bisher nur undeutlich wahr, aber er wußte, daß er sie unter allen Umständen nutzen mußte. Es war die erste und vielleicht auch schon die letzte: die Contras, diese meist sehr gut ausgerüsteten Banden, die sich der Demokratisierung des Landes mit wütenden Angriffen widersetzten. Bei den Contras wäre er gut aufgehoben, man sah ihm auf eine Meile Entfernung an, daß er Amerikaner war, sie würden ihn behandeln wie ein rohes Ei. Niemand tut der Kuh etwas zuleide, die ihn mit Milch versorgt.

Wenn sie, wie es den Anschein hatte, das Dorf überfallen würden, wäre er gerettet, vorausgesetzt, er wäre dann noch am Leben. Und dessen war er, wenn er in das Gesicht des jüngeren Indios blickte, keineswegs sicher.

Eine große Ruhe überkam ihn. Er würde sich zu wehren wissen. Wenn nur dieser verdammte Strick ...

Weiter kamen seine Gedanken nicht, denn im selben Augenblick fiel der Strick, von einem schnellen Schnitt des Indiomessers durchtrennt.

„Da!" sagte der Commandante und deutete in eine Ecke des Zimmers, wo ein einzelner Stuhl stand. „Setzen!"

Aber dazu kam es nicht mehr.

Vom nördlichen Dorfrand klangen das Rattern von Maschinenwaffen und die dumpfen Abschüsse von Werfern herüber, die dort offenbar in Stellung gebracht worden waren. Eine der ersten Granaten schlug in den Turm über ihnen und ließ Putz und Staub auf sie herabrieseln.

„Hinlegen!" schrie der Commandante.

Glenn Morris warf sich in der Ecke zu Boden und preßte das Gesicht auf die verschränkten Arme. Er spürte weiter Putz auf Nacken und Rücken fallen, hörte schnelle Schritte, die sich entfernten, Geschrei, Schüsse, Einschläge und Lärm. Und er lag und wartete, daß die Granate des Indios oder eine andere ihn zerrisse. Er war in einer schlimmen Lage, ausgeliefert wie ein Passagier in einem abstürzenden Flugzeug.

Dann die Stimme, hell und schneidend: „Hey, Gringo!"

Morris wandte sich halb um, sicher, dem Tod noch nie so nahe gewesen zu sein wie in diesem Moment, und er sah den Indio neben sich stehen, mit gespreizten Beinen, die Granate in der einen und den Laser in der anderen Hand. Das verschnürte Paket aus Fallschirmseide überragte ein wenig seine Schultern.

„Nicht von hinten erschießen, Gringo", sagte der Indio und hob die Waffe. Das Auge des Lasers war wie ein schwarzes Loch, hinter dem die Unendlichkeit lauerte.

Dann verkrampfte sich das braune Gesicht des Mannes zu einer ohnmächtigen Grimasse aus Zorn und Wut und Abscheu, er stieß einen Fluch aus, wandte sich ab und lief nach draußen. Glenn Morris aber ließ sich zurückfallen und verbarg das Gesicht auf den Armen. Ihm war, als fiele er in einen endlos tiefen Abgrund.

Der schmetternde Knall einer explodierenden Handgranate

brachte ihn wieder zu sich, und aufblickend sah er den Indio hinüber zum Waldrand rennen. Kurz bevor der kleine braune Mann die ersten Bäume erreichte, fetzte eine Garbe in das weiße Paket auf seinem Rücken. Doch er rannte weiter und tauchte gleich darauf zwischen den Reihen der Kaffeebäume unter.

Dann erschienen draußen auf dem Platz Männer in grünlichen Schutzanzügen und Schnürstiefeln. Sie trugen moderne Schnellfeu-

ergewehre in den Händen, und in den Netzen auf ihren Stahlhelmen steckten Büschel frischgrüner Kaffeezweige.

Da stand Glenn Morris auf und ging hinaus in die Sonne, den Staub und das Geschrei. Am liebsten hätte er geheult.

„Ja, Lieutenant, so war das, damals an jenem sechsundzwanzigsten März“, sagte Captain Morris und rührte nachdenklich in seinem Glas mit Juice. „Sie haben mich dort herausgeholt, Contras, die vom Pentagon ausgerüstet und bezahlt worden waren. Als sie das Dorf angriffen, waren sie dreißig Leute, und wir waren noch sieben, als wir schließlich die Küste erreichten, wo unsere Schiffe ankerten.

Oh, sie haben es mich fühlen lassen, daß sie für Geld in den Tod geschickt worden waren. Wegen eines einzelnen. Meinetwegen. Sie behandelten mich gut, keine Frage, aber ich kam mir vor wie jemand, der sich Bluthunde hält. Es gibt nur einen Grund, weshalb sie ihn nicht zerfleischen: weil sie gelernt haben, daß sie von niemandem sonst Futter bekämen.

Nein, sie waren nicht unfreundlich zu mir, aber wenn sie starben, dann sah ich an ihrem letzten Blick, daß sie mich zur Hölle wünschten.

Und wie sie starben. Jeden Tag einige. Oh, was war dieser alte Commandante aber auch für ein Fuchs. Als wir aufbrachen, da hatte er das Dorf schon umzingeln lassen. Und von da an gingen sie uns nicht mehr von den Fersen.

Einmal habe ich auch den Indio, der mich gefangengenommen hatte, wiedergesehen. Wir waren bereits am Fuß des Küstengebirges angelangt, als sie uns von einem kleinen Hügel herab angriffen, eine Gruppe von vielleicht zehn oder zwölf Indios, deren Anführer er zu sein schien. Er fuchtelte noch immer mit meinem Laser herum, und auch den Fallschirm trug er noch auf dem Rücken. Die schöne, ehemals weiße Seide war total zerschlissen und grau vom Dreck. Wahrscheinlich benutzte er sie als Unterlage zum Schlafen.

Auf der gesamten Strecke von dem Dorf bis zur Küste hatten sich stets vier von unseren Leuten in meiner Nähe gehalten, so eine Art Leibwache, verstehst du? Drei von ihnen wurden bei diesem Angriff getötet. Nur einer überlebte. Und ich! Stell dir das vor! Ausgerechnet ich, der ich den Anlaß zu dem erbarmungslosen Kampf bot, kam unverletzt davon."

Glenn Morris schüttelte den Kopf. Bitterkeit klang aus seiner Stimme, die sehr leise geworden war.

„Das ist es, was ich nicht begreife, Phil. Weshalb hat er mich nicht erschossen? Weder im Dorf noch später bei den Hügeln. Gelegenheiten hatte er, weiß Gott, mehr als eine. Was nur kann ihn abgehalten haben, mich zu töten?"

Sein Glas klirrte, als er es auf den Tisch stellte. Es mußte ihn zutiefst getroffen haben, daß er einem kleinen, schmutzigen Indio sein Leben verdankte. Und eine psychische Wunde, die wohl nie ganz vernarben würde. Die an ihm fraß wie ein unheilbares Fieber.

Vielleicht hatte der Mann, den Glenn Morris abwertend als Indio bezeichnete und der in Philipps Verständnis längst zu einem Helden geworden war, zu einem von vielen, die sich gegen Unmenschlichkeit und Selbstüberhebung zur Wehr setzten, gerade das gewollt. Vielleicht hatte er den fremden Eindringling geschont, weil er hoffte, das ewig lebendige Entsetzen in dessen Herzen werde eines Tages zum fruchtbaren Substrat werden, auf dem sich Einsicht und Selbsterkenntnis entwickeln könnten.

Da allerdings hatte er sich geirrt. Wenn es in Glenn Morris je so etwas wie die Samen von Einsicht und Erkenntnis gegeben hatte, jetzt waren sie längst verdorrt. Was geblieben war, hieß Haß und gekränkte Eigenliebe.

„Dieser verfluchte Hund", sagte der Captain wütend. „Weißt du, was das schlimmste an der ganzen Sache ist? Daß ich mir manchmal einrede, ich sei ihm nicht den Schuß wert gewesen, den er für meinen Tod hätte opfern müssen. Wenn ich das denke, dann ..., dann könnte ich sie alle umbringen. Und mich dazu. Begreifst du das, Lieutenant?"

Da stand Philipp auf und ging wortlos auf sein Zimmer.

Zwei Tage später heulten in den Kasematten und Hallen der Basis Gordon Point die Sirenen, und an den Wänden blinkten die Rufschilder. Rotalarm! Es war vier Uhr morgens.

Sie fuhren aus den Betten und in ihre Kombinationen, schnürten die Stiefel und stülpten sich die Helme auf. Laser klapperten in die Schenkeltaschen, Batterien wurden aus den Wandhalterungen gerissen und in die Taschen der Koppel geschoben. Rotalarm!

Er traf Captain Glenn Morris im Gang.

„Es geht los, Lieutenant!" schrie der Captain, hochrot im Gesicht. „Endlich ist es soweit! Die Zeit der Nadelstiche ist vorüber, jetzt werden Nägel mit Köpfen gemacht." Er rannte den Gang hinunter. Sein schwerer Laser schlug klatschend gegen die Schenkel. „Sie kommen mit mir, Lieutenant McBruns!" rief er über die Schulter zurück. „Heute werden Sie endlich zeigen können, was Sie gelernt haben."

Philipp McBruns spürte, wie sich sein Magen verkrampfte. Er hatte nicht einmal mehr Zeit gefunden, die Toilette aufzusuchen.

Fünf Minuten vor zwölf

Eine absurde Situation: Du liegst in einem bequemen Kontursessel inmitten einer Maschinerie, deren komplizierte Beobachtungs- und Steuerorgane dich umgeben wie ein zweites, externes Gehirn, tausendmal empfindlicher und leistungsfähiger als dein eigenes, geschaffen, deine natürlichen Fähigkeiten zu potenzieren, und doch bist du eigentlich blind und taub und gefühllos. Denn deine subtilen Werkzeuge versagen kläglich. Dieses komplexe, ausgeklügelte System, das mehrere Generationen vor dir erfunden und entwickelt haben, bis es vermeintliche Vollkommenheit erreicht hat, ist in diesem Moment nicht mehr wert als das Material, aus dem es gemacht ist. Die künstlichen Augen, so lichtstark und scharf, daß sie die deinen vieltausendfach übertreffen, Ohren, feiner und selektiver, als lebende Materie sie je zu bilden vermochte, und all die anderen Sinne, die in natürlicher Form undenkbar wären, all das erweist sich angesichts dieses winzigen Splitters dort draußen am Rand der weißglühenden Sonnenscheibe als unnütz. Kein Reflex, keine Schwingung, kein Impuls passiert die elektronischen Strukturen, um auf Schirmen und Anzeigen dargestellt zu werden.

Ihr seid auf eure eigenen Augen angewiesen, auf einen der fünf archaischen Sinne, über die schon die ersten Saurier verfügten. Das ist grotesk. Ihr könnt ihn sehen, diesen winzigen Funken, aber seine materielle Existenz nachzuweisen, das gelingt euch nicht. Mit keiner eurer vorzüglichen Apparaturen.

Es sieht aus, als nähere er sich langsam der Sonne. Bald wird er sich auch euren Blicken entzogen haben, wird untergetaucht sein in der weißen Glut, deren Helligkeit das Informationsvermögen des Auges hoffnungslos überfordert. Ein künstlicher Funke wird sich in der natürlichen Glut vor euch verbergen.

Vage kommt dir der Gedanke, daß die dort draußen um eure Hilflosigkeit wissen, daß sie auch jetzt noch mit euch spielen, das uralte Spiel von Katze und Maus. Allmählich scheint es Zeit zu werden, daß du einige deiner Ansichten über das Kräfteverhältnis revidierst, Philipp Barrymore!

Da preßt es dir wieder den Magen in den Brustkorb, ein ekelhaftes Gefühl, das auch die Konturenschale des Sessels kaum zu mildern vermag. Morgan ist dabei, die Arrow auf eine erdnähere Bahn zu drücken, die optischen Achsen verschieben sich, und der Funke beginnt sich wieder von der Sonnenscheibe zu entfernen, langsam, viel zu langsam.

Und dann wieder die Stimme des Commanders, laut und ungeduldig: „Wo bleiben die Daten, verdammt noch mal?“ Glenn Morris scheint nur noch mit Mühe die Beherrschung zu wahren.

Gleich darauf beginnt Dora die Angaben auszurufen. Ihre Stimme klingt fremd, so als käme sie durch eine dicke Watteschicht. Sie liest die Richtwerte in der Reihenfolge der Darstellung vom Schirm ab, obwohl ein Knopfdruck ausreichen würde, diese zu überspielen: Lage im Raum, Koordinaten, Geschwindigkeit, Entfernung …

Dora hat kaum die Hälfte hinter sich gebracht, da wird sie unterbrochen. Abermals meldet sich Glenn Morris. „Was soll das, Lieutenant?“ schreit er. „Sind Sie wahnsinnig geworden? Ich will die Daten nicht genannt haben, ich brauche sie in meinem Zielrechner. Geben Sie mir unverzüglich die Außenlinie. Wenn Sie wissen sollten, was das ist."

Du siehst Doras blasses Gesicht. Sie wußte von vornherein, daß ihr Trick nicht mehr einbringen würde als einen winzigen Aufschub.

Und dann stellst du dir den Commander vor, diesen großen, eckigen Mann, den Overall über der Brust geöffnet, flammenden Zorn in den Augen. Er hat seinen Gegner gestellt, und nun beherrscht ihn nur noch der Drang zu vernichten. Es ist wie damals über den Kaffeeplantagen an der mittelamerikanischen Küste. Und er wird wie damals reagieren.

Auf dem Display flammt der grüne Pfeil der Außenlinie, die Datenspeicher der Arrow sind mit dem Zielrechner der Odin verbunden, die Arrow ist das Auge, das die Hand mit der Waffe lenkt.

Und Donald Morgan hat den winzigen Funken, der da querab von der blendenden Scheibe der Sonne steht, genau in das optische Visier gebracht. Jetzt!

Da trifft euch der Schrei des Commanders: „Arrow eins! Kurs beibehalten! Sie liegen nur zwei Grad neben der Feuerlinie. Jede Abdrift ist zu vermeiden!" Dann scheint sich seine Stimme zu überschlagen: „Balmein! Feuer!"

Ich spüre, wie mein Herz einen Moment lang aussetzt. Wir liegen nur zwei Grad neben der Feuerlinie. Zwei Grad, das ist fast nur ein Hauch. Und dieser Psychopath von Morris befiehlt Feuer. Eine winzige Abweichung hier oder dort, eine Unaufmerksamkeit, und von uns bleibt nicht mehr als eine Wolke aus Energie, die langsam im leeren Raum verweht. Zwei Grad!

Doch plötzlich scheint mir das alles nicht mehr wichtig. Der Schuß der Odin wird den Krieg auslösen, und meine Welt wird in Rauch und Gestank vergehen. Innerhalb weniger Tage.

Was also kann mir anderes geschehen, als daß ich, zusammen mit Dora und Donald Morgan, der Menschheit auf ihrem unvermeidlichen Weg in den Untergang vorauseile? Vielleicht um einen Tag, vielleicht sogar nur um Stunden. Wir drei, ein paar Stunden vor der übrigen Menschheit. Nicht der Rede wert!

Doch möglicherweise werden einige wenige das erste Chaos sogar überleben. Durch den Schock geistig und von Strahlung, Hitze und Dreck körperlich deformiert, erstickend oder erfrierend unter der kalten Decke des atomaren Winters, Kretins, deren Nachkommen innerhalb weniger Generationen eingeschmolzen werden im Tiegel unbelebter Materie. Aber ist diese Vision weniger entsetzlich als die des sofortigen Todes? Nein, „danach“ wird es nichts mehr geben, wofür sich der Kampf um das eigene Überleben lohnen könnte.

Es ist aber auch eine Vision, die sich mit meinem Verständnis von Menschentum und Würde und Intelligenz nicht vereinbaren läßt. Muß man denn wirklich erst das medusenhafte Gesicht der Vernichtung aus nächster Nähe gesehen haben, um Rettung noch für möglich zu halten?

Ich sehe das Aufblitzen des Schusses auf dem Heckschirm. Es ist ein kleiner, rötlicher Fleck vor dem Antlitz der Erde, nicht länger sichtbar als zwei oder drei Sekunden und doch unvorstellbare Energien von sich schleudernd.

Die heranrasende Hitzewand trifft uns wie eine riesige unsichtbare Faust und schleudert uns in ein abgrundtiefes schwarzes Vakuum.

Vor drei oder vier Jahren, den genauen Termin weiß ich nicht mehr, bin ich an einem wunderbar klaren Sonnentag an Bord einer kleinen Linienmaschine von Houston nach Miami geflogen. Ich hatte das zweite oder dritte Gespräch zur Aufnahme in die Space Force mit, wie ich meinte, Bravour hinter mich gebracht, lag nun dösend im weichen Sessel und ließ mich vom Summen der Triebwerke einschläfern.

Da packte mich diese Faust zum erstenmal. Später, nach der Notlandung in Saint Petersburg, erfuhren wir, daß uns ein mit mindestens Mach 2 fliegender Jagdbomber um ein Haar gerammt hätte. Seine Bodenwanne und die Kanzel unserer Maschine müssen in einer Entfernung von nicht mehr als fünf Metern aneinander vorbeigegangen sein.

Unsere Maschine wurde in das Vakuum hinter dem Jäger hineingerissen und wieder hinauskatapultiert mit einer so gewaltigen Beschleunigung, daß die Sitze zusammenbrachen und das Druckschott am Heck herausflog. Einer der Piloten war und blieb verschwunden, sein Körper war durch eine Öffnung im Kabinendach geschossen worden.

Das alles klingt vorstellbar, aber die dabei in einem solch zerbrechlichen Organismus wie dem Menschen auftretenden physiologischen Veränderungen sind ungeheuer, wenn sie auch nur Bruchteile einer Sekunde andauern, der Kataklysmus der Gefühle jedoch ist nicht einmal zu beschreiben.

Es ist, als würdest du, die Kühle unter den Bäumen und das Gezwitscher der Vögel genießend, an einem stillen Sommertag am Meer promenieren und plötzlich von einer verheerenden Sturmböe überrascht. Und zwar gleichzeitig von allen Seiten. Die Luft preßt

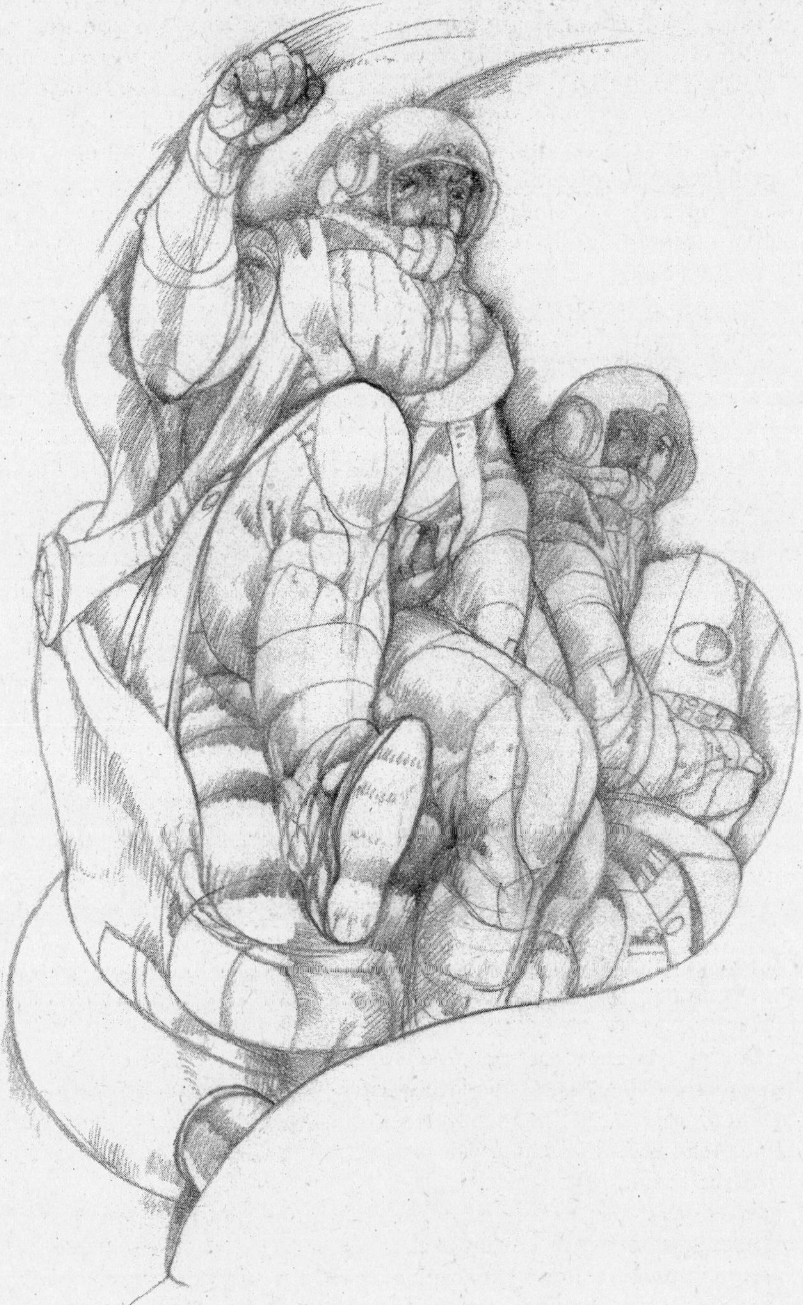

dich zusammen, als sei sie unvermittelt zu einem festen Gegenstand geworden, dein Atem stockt, und dein Blut gerinnt in den Adern. Und gleich darauf ist wieder nur Sonne, kühler Schatten und Vogelgesang. Nichts scheint geschehen zu sein, und doch habt ihr euch verändert, du und deine Welt.

Damals an Bord der kleinen Maschine zwischen Houston und Miami war dieser Stoß selbstverständlich ungleich heftiger, als es ein Windstoß sein kann, dieser hier aber wirft uns augenblicklich in konturenloses, grausiges Nichts.

Als ich endlich wieder zu mir komme, hänge ich in nur schwer bestimmbarer Lage in meinen Gurten. Ich habe keine Ahnung, wo oben und unten ist, falls diese Definition überhaupt noch Gültigkeit besitzt. Mir ist, als werde mein Körper nur noch von dem enganliegenden, goldfarbenen Skaphander zusammengehalten. Der Schmerz ist allgemein, ringsum gleich und ungewöhnlich diffus. Im Mund schmecke ich Blut, und meine Hände haben eine blaurote Färbung angenommen.

Den Blitz, der die Fremden vernichtete, habe ich nicht gesehen.

Ich weiß nicht, wie lange ich ohne Bewußtsein war. Geräusche sind um mich her, die ich nicht sofort einzuordnen vermag. Ich höre sie, wie man etwa den Lärm einer Großstadt vernimmt, wenn man in einem abgedunkelten Zimmer erwacht, unpersönlich, detaillos und die Nerven strapazierend.

„Ist alles in Ordnung, Phil?“ Die Stimme Morgans zerreißt das konturenlose Rauschen wie der Knall einer Explosion. Dabei bin ich sicher, daß Morgan seine im allgemeinen unaufdringliche Stimme nicht im mindesten gehoben hat. Die Belastung muß bei mir eine Übersensibilisierung des Gehörs hervorgerufen haben. Ich kenne das, es tritt hin und wieder auf, wenn man in Dinge verwikkelt wird, denen man kaum gewachsen ist. Auch Glenn Morris hat davon gesprochen. Ich hoffe, daß es schnell wieder vergehen wird.

„Ich glaube, ja!“ sage ich und blicke auf.

Donald Morgan bemüht sich um Dora, hat ihre Helmscheibe geöffnet und hantiert mit Sauerstoffmaske und Blutstillern. Doras Gesicht ist dunkelrot, sie hat die Augen geschlossen. Und auch sein Gesicht schwimmt in der Dämmerung wie ein blutiger Fleck. Der Andruck muß ungeheuer gewesen sein. Ich registriere das alles wie ein Außenstehender.

„Sie kommt zu sich“, erklärt Morgan, und nun ist seine Stimme wieder leiser.

Ich atme auf. Die Verhältnisse scheinen sich zu normalisieren. Nur Dora …

„Scheint unverletzt", fährt Morgan fort. „Abgesehen von der Stirnwunde, die wieder aufgebrochen ist. Kein Wunder! Er muß total die Nerven verloren haben, dieser Kerl!"

Ich muß nicht rückfragen, wen er meint. Im Gegenteil, der Ton, in dem er „Kerl" gesagt hat, klang, als hätte er „Wahnsinniger" oder „Monster" sagen wollen.

Als Donald Morgan sich im Sessel zurechtgesetzt hat, blickt er sich über die Schulter um. „Hört euch das an", sagt er und schüttelt den Kopf. „Klingt, als ob sie alle verrückt geworden wären."

Die Geräusche, jetzt weiß ich, was es ist: Jubel! In der Zentrale der Odin bejubelt man die Vernichtung des fremden Satelliten. Ich schweige. Was soll ich Morgan auf diese Bemerkung antworten? Daß ich ihm zustimme? Oder daß ich mich schon oft gefragt habe, ob Verrücktheiten nicht vielleicht zu den normalen Verhaltensweisen sogenannter zivilisierter Menschen gehören. Hätte es denn anders soweit mit uns kommen können? Vielleicht sind Zivilisation und irrationales Verhalten zwei Seiten einer Sache.

Nimm dich zusammen, Philipp McBruns! Sonst läufst du Gefahr, dich auf die Ebene Howard Skeltons zu begeben. Wie sagte der doch? „Der Mensch ist nichts weiter als ein kleiner nackter Schädling, den die Natur eines Tages mit seinen eigenen Waffen von diesem schönen Planeten vertilgen wird."

Eine groteske Vorstellung, aber weiter verbreitet, als man gemeinhin annimmt. Und die wohl nur durch die Praxis zu widerlegen ist.

Morgan klappt seine Helmscheibe herunter, hebt die rechte Hand und ruft: „Achtung! Systemtest!"

Gleich darauf laufen die Triebwerke an, die Signale auf dem Steuerpult werden zu geometrischen Figuren, fallen auseinander und ordnen sich erneut. Morgans Stimme klingt ein wenig verwundert, als er das Ergebnis mitteilt: „Druckabfall im Versorgungssystem unter vierzehn Prozent, konstant. Triebwerksleistung in der Norm, stabil. Absorber: sechs Prozent minus, bleibt!" Er blickt sich um, lächelt, sagt: „Also dann!"

Langsam drehen die Triebwerke hoch, die Arrow wendet auf der Stelle, Sonnenreflexe huschen über die Tableaus. Plötzlich scheint die Welt wieder in Ordnung zu sein. Für Donald Morgan auf alle Fälle, für mich nicht ganz, ich habe das Gefühl, daß mich die Unendlichkeit gestreift hat, und ich begreife nicht ganz, weshalb die Welt noch immer existiert, weshalb sie noch immer so zu sein scheint, wie sie vor einer Stunde war.

Ich traue dieser Ruhe nicht, die da auf diesem Planeten herrscht, dem wir jetzt entgegenfallen. Mir scheint, diese Welt halte den

Atem an, hole gleichsam tief Luft, um in der nächsten Minute mit einem gewaltigen, elementaren Knall zu zerspringen.

Und dann macht sich in mir ein Gedanke breit, den ich selbst nur schwer zu begreifen vermag. Ich befürchte, diejenigen, die da eben Freunde und Kameraden verloren haben, könnten den Schlag hinnehmen, ohne ihn zu erwidern, unfähig, ihn zu erwidern. Ich befürchte es, obgleich ich weiß, daß ihre adäquate Antwort unser aller Ende einleiten würde.

Ich kann nicht aus meiner Haut, deutlich spüre ich etwas wie mißbilligenden Verdruß, daß sie nicht reagiert haben, und den vermag auch die rationale Überlegung, daß es so und nicht anders für uns alle am besten ist, nicht zu verdrängen.

Ist das noch vernünftig? Oder ist es einfach menschlich?

Eine halbe Stunde später taucht die Odin vor uns aus dem Farbenspiel des Planeten, eine ringförmige, vielfach verstrebte Konstruktion vor den graugrünen Ebenen Eurasiens. Der Leitstrahl zirpt durch das Cockpit, und auf dem Display des Navigationsrechners faltet ein blauer Schmetterling seine Lichtflügel zusammen.

Wir sind so gut wie daheim.

Daheim? Lächerlich! Du kehrst zurück in eine Mörderhöhle und fühlst dich zu Hause Philipp Barrymore?

Da aber wird das Anlegemanöver durch einen Befehl des Commanders abrupt unterbrochen. „Achtung, Arrow eins! Achtung, Morgan! Sofort stoppen! Bremsen Sie mit äußerster Kraft. Arrow eins! Bleiben Sie auf Position. Raumkörper aus Quadrant ..."

Dann scheint es ihm die Sprache zu verschlagen. Und uns ebenfalls. Denn aus dem Gold der glühenden Sonne hinter uns schießen silberne Pfeile heran, unheimlich schnell, kaum größer als gewöhnliche Mittelstreckenraketen, zwei, vier, neun, zwölf, ein Schwarm winziger Insekten, die sich auf einen Elefanten stürzen.

Sie fallen so nahe an uns vorbei, daß wir die spöttisch verzogenen Gesichter der Piloten durch die Vollsichtkanzeln sehen können. Und ihre Augen? Schwarze, großflächige Scheiben wie die Facettenaugen von Insekten, Wandlerbrillen wahrscheinlich. Ja, ich habe sie gesehen, den Bruchteil einer Sekunde lang, und mir kommt der Gedanke, daß alles, was ich bisher getan habe, in gewisser Weise überflüssig gewesen sein könnte.

Zwischen den Speichen der Odin flammt ein Dutzend künstlicher Sterne auf, Lichtsplitter, die, einander fast berührend, die engen Zwischenräume durchtauchen und sich danach radial von der Station entfernen, silbernen Strahlen gleich, einen Moment lang an eine sich entfaltende Blüte erinnernd. Ein phantastisches Manöver. Und sicherlich auch eine nachdrückliche Warnung.

Aber es hat keinen Sinn, einen Mann wie Glenn Morris warnen zu wollen. Das käme dem Versuch gleich, einen Hai davon zu überzeugen, daß es nach menschlichen Maßstäben verwerflich ist, hilflose Badegäste zu fressen.

Der Jubel in der Zentrale ist einer Art martialischer Entschlossenheit gewichen. Sie haben sich durch das plötzliche Auftauchen der Einmannraketen, die schneller und beweglicher zu sein scheinen als die eigene Superwaffe, die Arrows, überraschen lassen. Das wird nicht noch einmal geschehen. Alle Ortungsgeräte sind seitdem doppelt besetzt.

Da stehen wir nun in unseren goldglänzenden Anzügen den Kameraden in der Zentrale gegenüber, Morris mit seinem bis an den Nabel offenen rostfarbenen Skaphander, Graves in knalligem Gelb und den anderen, Newman, Brake, Balmein, und einigen, von denen ich nicht einmal die Namen weiß. Und ich finde, daß sie sich alle irgendwie antiquiert ausnehmen, plump und gestrig. Kann das an meinem Anzug liegen? Nur daran, daß ich dieses goldfarbene Ding trage?

Der Commander nimmt meine Meldung mit offensichtlicher Zerstreutheit entgegen. Sein Blick wandert von einem zum anderen, bleibt besonders lange an mir hängen, und seine Hand fährt selbstvergessen zwischen die Verschlußleisten seines Overalls.

„Ziehen Sie sich um", sagt er schließlich. „Ich möchte Sie hier in der Zentrale nur in Ihrer normalen Dienstkleidung sehen."

Er erwähnt weder den Abschuß des fremden Satelliten noch den Anflug der Einmannraketen, der ihn gewiß nicht gleichgültig gelassen hat, er wendet sich dem Navigationspult zu und schaltet an den Antrieben der Außenkameras herum.

Als ich die Zentrale verlassen will, tritt Newman an mich heran und befühlt meinen Skaphander, als prüfe er den Stoff für einen neuen Anzug. „Sieht gut aus. Beim nächsten Mal werde ich an deiner Stelle fliegen, Phil. Klar?"

Ich nicke. Mir ist es recht. Mein Platz ist ohnehin am Laserleitstand der Odin. Was mich hingegen stört, ist die Spur von Neid, die ich aus seinen Worten heraushöre. Neid worauf? Auf einen glänzenden Skaphander, auf Tand?

Ich habe schon die Schleuse betreten, als mich Glenn Morris zurückruft. Er mustert mich von oben bis unten, eingehend, bis auch ich an mir herabblicke, fürchtend, etwas an meiner Kleidung errege sein Mißfallen. Da grinst er, als habe er mich soeben bei einer unmoralischen Handlung ertappt.

„Ich möchte Sie heute abend noch sprechen, Captain", sagt er. „Sie wissen, daß ich viel von Ihrem scharfen Verstand halte."

Mir gelingt es, nicht weniger süffisant zurückzugrinsen. Ich fürchte keine bohrenden Fragen, und selbst die Enttarnung fürchte ich nicht. Ich habe das Gefühl, daß wir nicht mehr wichtig sind. Ich nicht, Dora nicht und der Commander schon gar nicht. Allerdings könnte ich nicht erklären, worauf sich dieses Gefühl gründet. Aber ich weiß, daß ich mich, was Intuition angeht, nur selten geirrt habe.

Wenn man so lebt, wie ich jahrelang gelebt habe, dann entwickelt man ein fast animalisches Gespür für Situationen, eine sozusagen autogen antrainierte Komponente der inneren Empfindungswelt, ohne deren Wirken Leute wie ich kaum überleben könnten.

Glenn Morris schiebt ein Glas über den Tisch. „Trinken Sie das, Captain! Sie werden es brauchen."

Sie sitzen sich in der spartanisch eingerichteten Kammer des Commanders am Tisch gegenüber. Zwischen ihnen stehen nur eine Flasche und zwei Gläser, direkt auf der glatten Kunstholzplatte. Das Gespräch schleppt sich dahin. Bisher hat sich Morris nicht entschließen können, auf den Kern der Sache zu kommen. Jetzt aber scheint er sich seinem eigentlichen Anliegen nähern zu wollen. Die Aufforderung, zum Glas zu greifen, ist ein Abschluß und ein Anfang, eine Zäsur gewissermaßen.

Der Juice enthält einen kräftigen Schuß Alkohol.

„Machen Sie nicht ein solch vorwurfsvolles Gesicht, McBruns. Ich sagte doch schon, daß Sie es brauchen werden."

Glenn Morris schiebt sein Glas hin und her, eine Bewegung, die auf der nackten Tischplatte unangenehm schleifende Geräusche verursacht.

„Wo, meinen Sie, Captain, kamen die zwölf Zwergraketen her?" beginnt er endlich.

Philipp hebt die Schultern. „Ich denke, daß es der Satellit war, der …"

„Der Vier-D-Satellit, meinen Sie?"

„Wir sollten diese Bezeichnung in Zukunft nicht mehr verwenden, Sir. Diese Satelliten haben nichts mit der vierten Dimension zu schaffen. Wir konnten ihn sehen, ganz deutlich."

„Und den Treffer? Haben Sie auch den Treffer sehen können?"

„Nein, Sir!" Einen Augenblick lang fühlt Philipp sich versucht, auf die Gründe einzugehen. Am liebsten würde er die Rücksichtslosigkeit, mit der Morris Angehörige der eigenen Mannschaft in akute Lebensgefahr gebracht hat, beim Namen nennen, aber dann sagt er sich, daß ein solcher Vorwurf das Gespräch nur unnötig belasten würde. Als der Commander den Schuß befahl, war die Vernichtung drei seiner Untergebenen einkalkuliert. Darauf muß man ihn nicht hinweisen. So schüttelt Phil nur den Kopf und wiederholt: „Nein, Sir!"

Über das Gesicht des Commanders huscht die Andeutung eines Lächelns. „Sehr schade. Es war eine großartige Sache." Er nimmt einen langen Zug aus seinem Glas mit gedoptem Juice. „Und weshalb haben wir dieses Ding nicht sehen können, Captain, wenn es doch, wie Sie behaupten, kein Vier-D war?"

„Ich denke, daß sie über ein System verfügen, das unsere Ortungsstrahlen absorbiert oder paralysiert, Sir."

„Etwas weniger allgemein, bitte!"

„Ich bin auf Vermutungen angewiesen, Sir. Aber ich könnte mir vorstellen, daß ein solches System die Frequenz unserer Ortungsgeräte ermittelt und dann mit eigenen Emissionen gegensteuert."

„Ist das technisch möglich, Captain?"

„Es ist denkbar, Sir."

„Was wäre Ihrer Meinung nach notwendig, um sicher zu sein?"

„Dazu ist es vorerst zu spät, Sir. Man hätte die Ortungsfrequenzen mehrmals wechseln müssen. Solche Systeme benötigen immer eine definierte Zeitspanne, ehe sie sich den veränderten Bedingungen ..."

„Wollen Sie damit sagen, wir hätten nicht sofort schießen, sondern erst beobachten sollen, Captain?"

„Ich bin in der Tat der Überzeugung, daß der Schuß sehr übereilt war, Sir."

„Soll das ein Vorwurf sein, McBruns?"

„Nein, Sir! Höchstens ein Hinweis."

„In Ordnung! Er ist angekommen. Aber so trinken Sie doch, Captain McBruns!"

Der Commander blickt in sein Glas, nimmt abermals einen beträchtlichen Schluck und beobachtet dann angelegentlich die kleinen Eisstücke, die in seinem Juice schwimmen. Auf seiner Stirn hat sich eine tiefe Falte gebildet. Schließlich, nach einer langen Zeit des Schweigens, läßt er sich mit der Zentrale verbinden. „Lieutenant Taylor! Geben Sie mir bitte das Bodenbild auf meinen Monitor. Vielen Dank, Lieutenant!"

Aus dem Kommunikator an der Stirnwand der Kammer schwenkt ein flacher Bildschirm, kleiner als die Sichtgeräte in der Zentrale, aber kaum weniger deutlich in der Darstellung. Das Abbild der Erde wirft bläulichen Schimmer auf die Wände und auf das Gesicht des Commanders. Unter ihnen ziehen langsam die Küste South

Carolinas, Florida und der westliche Atlantik hindurch. Die Strukturen in Gelb, Blau und Grün sind klar und plastisch, als handle es sich um ein gestochen scharfes Farbfoto.

Von der Gegend um Cape Canaveral gehen lange, eine wenig geschwungene Streifen zerflatternder weißer Wolken aus, die langsam auf das Meer hinaus zu driften scheinen. Sie sehen aus wie die tastenden Tentakel einer ungeheuren Seeanemone, die sich über die südliche Ostküste erhoben hat und den Himmel nach Beute absucht.

„Gestern haben sie mit der Montage der Zeus begonnen", sagt Morris, und in seiner Stimme ist eine Spur von Unwillen.

Diese Nuance ist es, die Philipp verrät, daß sich der Commander wohl erst jetzt dem Thema nähert, über das er zu debattieren beabsichtigt. Alles andere war wohl nur ein Vorspiel.

„Ich hätte nicht gedacht, daß wir so bald schon Unterstützung bekommen", bemerkt er vorsichtig. Aber genau das scheint der Ton zu sein, der Glenn Morris herausfordert.

„Unterstützung nennen Sie das?" fragt der Commander mit Eiseskälte in der Stimme. „Unterstützung? Sie haben doch Verstand, Captain. Benutzen Sie ihn! Die Zeus ist uns in der Ausstattung bei weitem überlegen. Sie ist das Modernste, was unser Land hervorgebracht hat. Und dieses Wunder an Technik sollte die Aufgabe haben, uns zu unterstützen? Glauben Sie das denn wirklich?"

Morris ist auf ganz anderen Wegen der Überlegung zu demselben Punkt gelangt, an den Phil durch seine Intuition geführt worden ist: Sie sind nicht mehr wichtig. Sie alle nicht. Sie sind dabei, in den Strudeln der Zeit zu versinken.

Für den Commander mag diese Erkenntnis deprimierend sein, die Zeit hat ihn von seinem Thron gestoßen und ist dabei, einen anderen hinaufzuheben, einen Jüngeren, Stärkeren, Klügeren, vielleicht auch Brutaleren. Aber damit hat er rechnen müssen. Und seinem Selbstverständnis entsprechend hat er alles für seine Welt getan, was er tun konnte.

Er, Philipp McBruns oder Barrymore oder wie auch immer, hingegen muß sich fragen, ob sein Leben nicht umsonst gewesen ist, ob er nicht weniger für die Menschheit geleistet hat als irgend jemand von den Milliarden dort unten auf dem wundervollen Planeten, die wenigstens etwas getan haben, Häuser gebaut oder Bäume gepflanzt, ein Kind gezeugt und großgezogen oder was immer. Etwas wird von jedem dort unten bleiben, wenn überhaupt etwas bleibt. Was aber wird von ihm bleiben? Nicht einmal eine Erinnerung. Vom Namen ganz zu schweigen. Das ist nicht nur deprimierend, das ist vernichtend. Denn nichts zählt weniger als eine Absicht, die sich als überflüssig erweist. Narrenspiele! Steine gegen Campzäune! Mehr nicht.

Unter ihnen verschwimmen die letzten der weißen Wölkchen, die von dem Neuen zeugen, das in ihr Leben getreten ist. Der Wind hat sie nach Osten getrieben. Jetzt liegt der Atlantik unter ihnen wie ein blauer Spiegel, über den das Bild der Sonne gleitet.

„Was ist, Captain? Nachdenklich geworden?" Glenn Morris dreht sein Glas in den Händen. „Komisch, nicht? Wie schnell doch die Zeit über einen hinweggehen kann. Gestern noch ein kraftvoller junger Adler, und heute ein verkalkter alter Vogel, dessen stumpfe Fänge nicht einmal mehr mit einem mickrigen Kaninchen fertig werden. Weißt du, was wir sind, Phil? Saurier sind wir. Alte, vom Leben vergessene Saurier!"

„Es gab eine Zeit, Sir, da waren die Saurier das Beste, was die Evolution hervorgebracht hatte. Sie beherrschten die Erde. Es war folgerichtig, daß sie abtreten mußten, als sich die Bedingungen auf dem Planeten änderten. Wir werden uns damit abzufinden haben, daß wir unter ähnlichen Voraussetzungen auch ein ähnliches ..."

Da springt der Commander auf, daß die Gläser klirren. „Ich will aber nicht abtreten, hörst du?" schreit er. „Ich will mich nicht von denen, die da in ihren goldfunkelnden Anzügen im Raum herumsegeln, als wären alle anderen der letzte Dreck, in die Ecke drängen lassen. Wenn die erlebt hätten, was ich hinter mich gebracht habe, ich als einer der ersten auf dieser verdammten, im Orbit herumschippernden Zielscheibe, sie hätten die Hosen gestrichen voll gehabt. So ist das! Saurier! Daß ich nicht lache! Sieh dir doch die Nachkommen der Saurier an! Schildkröten und Eidechsen. Da nützen ihnen auch vergoldete Panzer nichts, sie bleiben, was sie sind: Schildkröten und Eidechsen!"

Sein Gesicht hat sich gerötet. Vielleicht hat er noch nie jemandem einen so deutlichen Blick in sein Inneres gestattet, in diese zerrüttete Psyche eines Menschen, der in seiner ihm zugestandenen Zeit viel mehr vernichtet als geschaffen hat. Das kann nicht ohne Folgen bleiben. Selbst bei einem Mann wie Glenn Morris nicht. Man kann sich nicht ewig durch Aktionismus gegen das Nachdenken abschotten.

Auch Philipp hat sich erhoben. Und da stehen sie nun nebeneinander und blicken auf das Bild des Monitors, über das der Atlantik rollt, eine jetzt weißblaue Fläche mit einer feinen Dunstschicht darüber, einen wundersamen, zarten Schleier, in den die Sonne goldene Farben mischt.

Sie stehen Schulter an Schulter, und doch sind sie durch Welten geschieden, auch jetzt noch, da sie, von entgegengesetzten Seiten aus, an denselben Punkt gelangt sind.

„Es ist nicht gut, Sir, sich an das Gewesene zu klammern. Sie haben getan, was Sie für Ihre Pflicht hielten, und wenn nun andere kommen und diese Pflichten übernehmen, dann sollten Sie ihnen nicht gram sein. Das ist der Lauf der Dinge. Immer und überall. Nach jedem von uns kommt ein anderer, der an unsere Stelle tritt."

Und dabei fragt er sich, ob auch an seine Stelle ein anderer treten wird, an seine Stelle auf dem Großsatelliten Zeus. Und er muß sich eingestehen, daß er sich dessen nicht sicher ist. Ebensowenig wie sich Glenn Morris vorzustellen vermag, daß ein Jüngerer ihn ersetzen könnte. Vielleicht, sagt Phil sich, müssen wir uns für unersetzlich halten, um uns unserer Aufgabe ganz widmen zu können.

Glenn Morris wendet sich ab und läßt sich in seinen Stuhl fallen. Der Tisch stöhnt unter der Last seiner aufgestützten Ellenbogen. „Setz dich, Philipp! Hast du noch etwas in deinem Glas? Ja? Dann trink endlich, du Saurier!" Und er schüttet den Inhalt seines Glases von der Größe eines Zahnputzbechers in einem Zug in sich hinein. „Vielleicht, mein lieber Philipp McBruns, wissen die dort unten im Pentagon ganz genau, welche Gedanken uns bewegen. Sie haben ausgezeichnete Psychologen, die unsere Gefühle berechnen, jede unserer Reaktionen voraussehen und in ihre Pläne einbeziehen. Vielleicht haben sie errechnet, daß wir uns weigern werden, so mir nichts, dir nichts abzutreten, daß wir uns nicht so ohne weiteres zum alten Eisen werfen lassen werden. Weißt du, was ich damit sagen will, Philipp?

Wie, wenn sie damit rechnen, daß wir ihnen mit der Drohung dieser Goldjungen im Nacken einen Beweis unserer ungebrochenen Kraft liefern werden? Es wäre doch eine Kleinigkeit für uns, diesen verdammten Beweis anzutreten. Ein Fingerdruck würde genügen, ein einziger Fingerdruck, und ein ganzer verhaßter Kontinent stünde in Flammen. Was könnte man uns schon vorwerfen? Doch höchstens, daß wir uns einer Unachtsamkeit schuldig gemacht haben. Wir übersahen, daß einer unserer Offiziere den psychischen Anforderungen nicht mehr gewachsen war. Entschuldigung, meine Damen und Herren von der UNO!

Kannst du dir vorstellen, Philipp, daß man uns als Köder betrachten könnte, als Kaninchen, das man einem Bären zum Fraß vorwirft, um zu prüfen, wie scharf dessen Zähne wirklich sind?"

Das ist eine Idee, die Philipp im ersten Augenblick als äußerst grotesk erscheinen will, aber gleich darauf muß er sich sagen, daß sie so abwegig nicht ist. „Es liegt an uns, nicht das Kaninchen zu spielen", sagt er.

Glenn Morris stellt sein Glas abrupt auf den Tisch zurück. Er lächelt mit schief gezogenem Mund. „Wirklich?“ fragt er. „Glaubst du tatsächlich, daß wir noch über so etwas wie ein Stück unseres freien Willens verfügen? Daß wir einen Durchschlupf finden könnten in dem psychologischen Netz, mit dem sie uns gefangen haben?“

„Wir sind keine Kaninchen, Sir!“

„Nein? Kaninchen vielleicht nicht. Aber Ratten! Weißt du, daß man Ratten durch psychogene Behandlung dazu gebracht hat, nichts mehr zu fürchten als die Dunkelheit? Sie flüchten in das Licht, Philipp. Stell dir das vor, Ratten flüchten in das Licht!“

Das Gespräch ist an einem Punkt angelangt, von dem an es sinnlos wäre, dem Commander mit Argumenten zu kommen. Glenn Morris hat sich viel zu tief in seine eigenen Gedanken verstrickt. Heute wird er aus diesem Gewirr nicht mehr herausfinden.

So trinkt Philipp seinen gedopten Juice aus und erhebt sich. „Haben Sie noch Befehle für mich, Commander?“

Er ist müde. Müde und zerschlagen wie schon lange nicht mehr. Und er verspürt den Wunsch, jetzt still und stumm an der Seite Doras zu liegen, sie zu fühlen und ihren tiefen Atemzügen zu lauschen.

Der Commander blickt träge auf. Seine Augäpfel sind mit einem trüben Schleier überzogen. „Befehle, Captain?“ Seine Augenbrauen ziehen sich zusammen, er scheint angestrengt zu überlegen, dann strafft er sich plötzlich. „Befehle? Aber ja! Ich erwarte, daß Sie mir bis morgen mittag den ersten Bericht über die Ermittlungen Ihrer Forschungsgruppe vorlegen. Und zwar unterschriftsreif, Captain. Ich will, daß er sich bereits morgen in den Händen des Ministers, zumindest aber in denen des Staatssekretärs befindet.“

„Den ersten Bericht, Sir? Ich glaubte, die Arbeit der Gruppe würde nach den Ergebnissen unseres heutigen Einsatzes ...“

„Captain!“ Unvermittelt ist die gewohnte Schärfe in die Stimme des Commanders zurückgekehrt. „Ihr zugegebenermaßen überdurchschnittlicher Verstand berechtigt Sie nicht, in anderen als den von mir vorgeschriebenen Bahnen zu denken. Die Aufgabe Ihrer Arbeitsgruppe kann erst als gelöst gelten, wenn sich diese fremden Orbiter auf unseren Meßschirmen zeigen. Und zwar ohne Ausnahme. Haben Sie mich verstanden?“

„Jawohl, Sir! Zu Befehl!“

„Dann können Sie jetzt gehen, Captain!“

Manchmal, vor allem in Situationen wie dieser, spürt Philipp etwas wie Bewunderung für diesen Mann. Das ist keine Bewunderung, die mit Achtung oder gar Hochachtung zu tun hat, nein, sie ist von der Art, wie man sie für jemanden empfindet, der sich freiwillig in Gefahren begibt, obwohl er damit nichts bewirkt und niemandem als dem eigenen Selbstwertgefühl einen Nutzen erweist. Indem er beispielsweise den Atlantik in einem Schlauchboot zu überqueren versucht oder zu Fuß einen Alleingang zum Nordpol unternimmt.

Glenn Morris füllt sein Glas erneut bis zum Rand.

„Sie sollten wirklich weniger trinken, Sir."

Der Commander blickt auf, offenbar weniger zornig als verwundert. „Weshalb, Captain? Fürchten Sie, ich könnte denjenigen, den Sie als Commander Morris kennen, zerstören? Ist es so? Fürchten Sie das, ja? Dann lassen Sie sich gesagt sein, daß es diesen Glenn Morris nie gegeben hat, Captain. Was Sie bisher gesehen haben, war ein Bild, eine Statue. Wußten Sie, daß Statuen hohl sind, Phil?

Und nun machen Sie, daß Sie endlich aus meiner Kammer verschwinden, Sie Narr!"

In dieser Nacht ist es, während er an der Seite Doras liegt und die Wärme ihrer Haut auf sich übergehen fühlt, als wollte die unter der Asche der Ereignisse halberstickte Flamme wieder auflodern. In dieser Nacht ist Dora der Frau, die er immer in ihr gesucht und von Anbeginn an geliebt hat, sehr ähnlich.

Und doch ist die imaginäre Wand, die sie stets getrennt hat, auch in dieser Nacht spürbar, dieses unsichtbare Gebilde aus einem namenlosen Stoff, das sie hindert, ganz zueinander zu finden. Immer ist ihnen ein Rest von Gemeinsamkeit vorenthalten geblieben. So auch heute.

Er ist feinfühlig geworden in der Zeit an der Seite Doras. Er spürt die geheimsten Nuancen ihrer Psyche, und er weiß, daß auch sie sich dieses Mangels an Wärme bewußt ist. Sie müht sich, das Feuer anzufachen, aber sie tut es wie jemand, der in die Flammen bläst, weil ihn fröstelt.

Die Kälte ist schuld. Die Kälte, die in diesem metallenen Sarg hockt, in jeder Ecke und in jeder Kammer, zwischen den Geräten im Arsenal und in den tausend Fühlern, die sich in den Raum hinaustasten. Eine solche Umgebung ist ein ungeeigneter Ort für eine Liebesbeziehung, wie er sie sich vorstellt.

Wieso eigentlich? Bietet euch diese Station weniger, als die Erde bieten könnte? Eine Kammer, ein Bett, Frühstück am Morgen mit der jungen Sonne im Fenster, grüne Bäume und Sträucher im Garten, die sich vor dem warmen Hauch des Windes verneigen?

Nein, von geringen Abweichungen abgesehen, mangelt es euch an nichts. Wenn auch eure Kammer aus Metallplastwänden besteht, deren unpersönliche Sachlichkeit durch die Stoffbespannung nur optisch zu verbergen ist, wenn auch der Sonnenfleck während eines Frühstücks die Kantine fünfmal durchwandert, als sei es fünfmal Tag und ebensooft Nacht geworden, wenn sich auch keine Bäume und Blumen im Wind wiegen, sondern Algenmutanten im Wasser gläserner Behälter. Das alles ist es nicht.

Die Wand, die euch trennt, ist in euch. Sie ist in euch errichtet worden durch das Entsetzliche, an dem ihr Anteil habt. Und sie ist weder von der Wärme eurer Körper zum Schmelzen zu bringen, noch wird sie vom Anblick der Sonne oder flutender Algen durchlässiger. Auch dann nicht, wenn es die Morgensonne von Calman's Edge wäre und die alten Bäume am Hexenstuhl. Diese Wand ist unzerstörbar. Weil sie aus Kälte gemacht ist. Aus der Kälte der Welt, in der ihr zu leben gezwungen seid und die längst auch in euch eingedrungen ist.

Als er am Morgen erwacht, ist er allein. Das Bett hat einen Rest von Doras Wärme bewahrt.

Drei Minuten später jagt ihn Rotalarm hoch.

„Wie konnte das geschehen, Graves?" Die Stimme des Commanders ist zwar leise, aber in ihr ist eine Schärfe, die an das Zischen gefährlicher Schlangen erinnert. „Ich frage Sie, wo Sie Ihren Verstand gelassen hatten, Graves!"

„Lieutenant Taylor hat sich ordnungsgemäß zu einem Forschungsflug abgemeldet, Sir."

„Mit einem von mir unterzeichneten schriftlichen Befehl?"

„Nein, Sir! Mündlich. Ich habe nicht das dienstliche Recht ..."

„Und das nennen Sie ordnungsgemäß, Graves?" Noch immer spricht Glenn Morris nicht lauter, aber seine Wut ist jetzt unverkennbar. „Ich werde Sie vor ein Kriegsgericht bringen, Graves. Darauf können Sie sich verlassen. Wer hat den Alarm ausgelöst?"

„Ich, Sir!" Brake erhebt sich und nimmt Haltung an. „Ich habe bemerkt, daß Lieutenant Taylor gestartet war, und von Graves erfahren, daß sie keinen entsprechenden Befehl vorweisen konnte. Graves hat sich danach erkundigt, Sir. Aber seine Dienststellung ..."

„Schon gut, Lieutenant! Was man Ihnen allenfalls vorwerfen könnte, ist, daß Sie es zu spät bemerkt haben. Und daß Sie nun auch noch versuchen, die Partei des Mister Graves zu ergreifen."

„Sir, ich ..."

„Ich sagte: Schon gut! Ihre Kommentare sind überflüssig." Dann wendet er sich zur Seite. „Balmein! Beenden Sie den Alarm!"

Das Heulen und Blinken des Rotalarms verebbt.

Philipps Gedanken überschlagen sich. Dora ist also an die Ausführung ihres Plans gegangen. Mit größeren Chancen sicherlich, als es anfangs abzusehen war. Sie wird landen. Sie wird leben. Er aber wird sie niemals wiedersehen. Ein weiteres Kapitel seines Lebens hat ein schnelles Ende gefunden. Mit derselben plötzlichen Ausschließlichkeit wie alle anderen zuvor.

Was bleibt, ist ein tiefer, nicht lokalisierbarer Schmerz und ein dumpfes Brausen, das ihn wie eine undurchdringliche Glocke umgibt. Er schließt die Augen, und alles um ihn her versinkt in Dunkelheit und diesem Brausen, einem Chaos, von dem er nicht weiß, ob aus ihm Entsetzen oder Genugtuung erwachsen wird.

Da erhebt sich die Stimme des Commanders über den nivellierten Pegel: „Wann ist sie gestartet?"

Glenn Morris fragt es, ohne sich an jemanden direkt zu wenden, erst als die Antwort ausbleibt, beginnt er zu schreien: „Ich habe gefragt, wann sie gestartet ist, Graves! Antworten Sie!"

Graves' Stimme, leise und betroffen: „Vor etwa ..., nun, Sir ..., es mag ungefähr siebenunddreißig Minuten her sein."

„Großer Gott! Siebenunddreißig Minuten. In dieser Zeit kann sie überallhin geflogen sein. Graves, ich habe es gewußt. Als mir die Basis mitteilte, Sie wären für die Funktion des Zweiten Feuerleiters am besten geeignet, habe ich gewußt, daß es schiefgehen wird. Es mußte schiefgehen mit einem wie Sie. Machen Sie augenblicklich diesen Sessel frei!" Dann, nach einem kurzen Schweigen: „Und Sie, Captain McBruns, nehmen sofort seinen Platz ein. Wachen Sie auf, Mann! Sie suchen die Umgebung der Station ab. So weit Ihre Geräte tragen, kämmen Sie jeden einzelnen Quadranten haargenau durch. Wenn Lieutenant Taylor die Meßgrenze noch nicht überflogen hat, dann müssen Sie ihre Spur finden. Sie werden sie finden, Captain. Lieutenant Taylor selbst oder wenigstens die Reste der Arrow. Haben Sie mich verstanden?"

„Ich glaube nicht, Sir, daß wir sie finden werden."

Die Augen des Commanders werden ganz schmal, und seine Brauen ziehen sich zusammen.

„So?" fragt er gedehnt. „Eine Ihrer scharfsinnigen Kombinationen, Captain, wie? Oder hat sie Ihnen im Bett anvertraut, daß sie sich erst außer Reichweite begeben wird, ehe sie ..., bevor sie Howard Skelton und seiner blonden Freundin nachfolgt? Glauben Sie doch Ihren Gefühlen nicht, Philipp McBruns! Wenn sie sich umbringen will, dann kann sie das unmittelbar vor unserer Nase besorgen. Habe ich recht?"

„Nein, Sir!"

„Sagten Sie wirklich: Nein? Captain!"

„Ich bin sicher, daß Lieutenant Taylor die Station nicht verlassen hat, um irgendwo dort draußen Selbstmord zu begehen, Sir."

„Ah, dessen sind Sie sicher? Nun, man könnte annehmen, daß Sie es wissen müßten. Aber weshalb, meinen Sie, ist sie dann gestartet. Will sie auf eigene Faust Russen jagen? Oder was?“

„Nein, Sir! Bestimmt nicht.“

„Nein, Sir! Nein, Sir!“ äfft Morris wütend nach. „Dann sagen Sie mir endlich, weshalb sie gestartet ist.“

„Es wird mächtigen Ärger geben, Sir.“

Die Erkenntnis dringt langsam in Glenn Morris ein, und im gleichen Maß, in dem sie sich verdichtet, scheint sich das Blut aus der Haut seines Gesichtes zurückzuziehen. Sein Mund öffnet und schließt sich mehrmals, ohne daß er einen Ton hervorbringt, und seine zu Fäusten geballten Hände zucken. Und dann bricht es aus ihm heraus wie ein Schrei: „Das ist nicht wahr, Captain! Das kann nur eine verdammte Lüge sein! Woher, zum Teufel, wollen Sie wissen ...?“ Er bricht ab und läßt sich in seinen Sessel fallen, heftet den Blick auf den Boden, und noch immer zucken seine Fäuste.

Als er endlich wieder den Kopf hebt, ist sein blasses Gesicht unbewegt wie eine weiße Maske. „Finden Sie mir Dora Taylor“, sagt er leise. „Bei allem, was Sie mit ihr verbunden hat, Phil, Ihnen kann nicht gleichgültig sein, daß sie uns verraten will. Spüren Sie sie auf und machen Sie einen Glutball aus ihr. Hören sie, McBruns! Ich will, daß sie vernichtet wird. Ich will sehen, wie sie verdampft in ihrem gottverdammten goldenen Skaphander. Das ist ein Befehl, Captain!“

Damit geht er. Langsam und mit schleppenden Schritten trotz der geringen Schwerkraft. Die Sohlen seiner Magnetschuhe schleifen über die Metallplastplatten des Fußbodens.

Philipp überkommt eine seltsame Mischung zweier Gefühle. Einerseits Genugtuung, weil er die boshafte Anspielung des Commanders auf seine Beziehung zu Dora mit einem fürchterlichen Schlag vergelten konnte, und andererseits Besorgnis, daß er sich kurzlebiger Rache wegen dazu hat hinreißen lassen, seine Tarnung zu vernachlässigen. Denn das hat er zweifellos getan. Und es spielt kaum eine Rolle, daß der Commander nichts davon bemerkt hat. Denn Glenn Morris wird daraufkommen, spätestens wenn sein klares Denkvermögen zurückgekehrt ist. Er wird sich fragen, wieso sein Feuerleitoffizier etwas über die Antriebe, die in Dora wirkten, wissen kann. Und Morris ist nicht der Mann, der aus solchen Erkenntnissen keine Konsequenzen zöge. Er wird alles daransetzen, den Schleier des Geheimnisses zu zerreißen.

Philipp McBruns kommt dem Befehl des Commanders mit peinlicher Genauigkeit nach. Zumindest dessen erstem Teil, den allein er beeinflussen kann. Er sucht nach Spuren der verschollenen Rakete. Obgleich er besser als jeder andere weiß, wie sinnlos sein Tun ist, durchforscht er stundenlang den Orbit der Erde, infolge seiner Kenntnis der Zusammenhänge mit der absoluten Gewißheit, einer Weisung zu gehorchen, die zu nichts führen kann.

Hin und wieder ortet er ausgediente Sonden, die in beharrlichem Schweigen ihre Bahn ziehen, oder automatische Satelliten aller nur vorstellbaren Aufgabenbereiche, die sich auf sein Funksignal hin legitimieren. Seine Tätigkeit ist insofern nicht ganz ohne Ergebnis, als er die kosmischen Leichen mittels Laseremissionen eliminiert und damit einiges von dem um die Erde kreisenden Schrott beseitigt. Außerdem dokumentiert er damit deutlich, wie ernst er die Ausführung des Befehls nimmt.

Gegen Mittag entdeckt er dann doch noch etwas, was eine Spur sein könnte, aber bereits als er ihre ersten Anzeichen sieht, weiß er, daß er den Commander nicht davon unterrichten wird. Morris wird zeitig genug erfahren, was geschehen ist.

Bei der Spur handelt es sich um eine kaum noch sichtbare Kondensatbahn, die nordöstlich des Aralsees beginnt und sich, genau in Richtung Süden verlaufend, bis in die Kysylkum hineinzieht, wo sie schließlich punktförmig endet. Offenbar sind es die sich im Klima der ruhigen Wüstenregion über Stunden haltenden atmosphärischen Reste des Bremsstrahls einer vor ganz kurzer Zeit gelandeten Rakete. Seine Entdeckung wäre, da es sich um ein von Testraketen der sowjetischen Raumflotte frequentiertes Gebiet handelt, völlig ohne Bedeutung, wenn man nicht zweifelsfrei ermittelt hätte, das sowohl die Starts wie auch die Landungen dieser Raumfahrzeuge immer, abgesehen von minimalen Abweichungen, die durch die geographische Lage bedingt sind, entgegen der Erddrehung verlaufen.

Diese Spur aber zieht sich fast exakt von Nord nach Süd über die Wüste, und er spürt, wie sein Herz heftiger zu schlagen beginnt. Dies kann nur, sagt er sich, die letzte Spur sein, die von der landenden Arrow in die Atmosphäre gezeichnet worden ist, gleichsam ein letzter Gruß Doras an ihn. Er kann sicher sein, daß sie den Boden ungehindert erreicht hat.

Lange blickt er auf diesen kaum sichtbaren, nach und nach verschwimmenden Beweis, daß es Dora noch gibt, so lange, bis die Rotation der Erde und die Bewegung der Station ihm das Bild der Wüste und des darüber schwebenden schmalen Streifens entziehen. Und plötzlich spürt er eine tiefe, ruhige Freude. Dora lebt, für ihn unerreichbar zwar, aber atmend und denkend, und er ist sicher, immer eine gewisse Rolle in ihren Gedanken zu spielen. Da ist also ein Rest von dem geblieben, was sie einst miteinander verband.

Nein, er wird dem Commander von dieser Spur nicht berichten.

Vier Stunden später wird seine Vermutung bestätigt. Am Abend dieses Tages fangen sie fast gleichzeitig zwei Meldungen auf. Die erste wird von der PBC ausgestrahlt, der autorisierten Fernsehanstalt des Pentagons, und enthält die lakonische Mitteilung, daß der Erste Navigator der Raumstation Odin, Lieutenant Dora Taylor, von einem Erkundungsflug nicht zurückgekehrt sei. Nach den Gründen werde im Augenblick noch geforscht, gegnerische Einwirkung könne nicht ausgeschlossen werden. Der Präsident habe die äußerste Forcierung der Ermittlungsmaßnahmen sowie stündlichen Bericht über deren Ergebnisse befohlen.

Die andere Meldung kommt aus Moskau und wird in zweistündigem Abstand in den gebräuchlichsten Sprachen der Welt wiederholt. Radio Moskau behauptet, kurz vor zwölf Uhr Ortszeit dieses Tages sei ein kosmisches Projektil der U.S. Space Force, eine Viermannrakete vom Typ „Pfeil", in der Gegend von Turtkul im Süden der Karakalpakischen Autonomen Sozialistischen Sowjetrepublik niedergegangen und sofort von Bewohnern der nahe gelegenen Ortschaften sowie Angehörigen der Miliz umstellt worden.

An Bord habe sich ein Offizier der U.S. Space Force befunden, der ehemalige Erste Navigator der Orbitalstation Odin. Der Offizier habe eine aufsehenerregende Erklärung angekündigt und werde derzeit zur näheren Untersuchung der Angelegenheit nach Moskau gebracht. Falls die Erklärung des Offiziers ausgestrahlt werde, erfolge rechtzeitig eine entsprechende Ankündigung.

Kaum eine Minute nach dieser zweiten Meldung schaltet sich in allen Räumen der Odin das zentrale Kommunikationssystem ein, und die Stimme des Commanders bittet die Offiziere Newman und McBruns zur Besprechung. Sie klingt erstaunlich gelassen, fast heiter.

„Der Mann hat einen Job, um den man ihn weiß Gott nicht beneiden sollte", sagt Harold Newman und spuckt auf den Boden der Zentralschleuse.

Glenn Morris geht in seiner Kammer hin und her. Vom Bett am Tisch vorbei, wobei er sich ein wenig in den Hüften drehen muß, um nicht mit dem Kommunikator zu kollidieren, bis zu einem Stuhl in der gegenüberliegenden Ecke und wieder zurück zu seiner Koje.

Er macht den Eindruck eines gefangenen Raubtiers, etwa eines großen Jaguars, der ruhelos seinen Käfig durchmißt, weil ihm andere Möglichkeiten, seinem naturgegebenen Bewegungsdrang nachzukommen, nicht geblieben sind.

Und selbstverständlich ist der rostrote Overall über der Brust weit geöffnet. Aber noch scheint er nicht so erregt zu sein, daß er seines beliebten psychologischen Hilfsmittels bedarf. Er hat beide Hände tief in den Schenkeltaschen vergraben.

„Setzt euch doch", sagt er, ohne dabei seinen eintönigen Marsch zu unterbrechen. Wieder windet er sich zwischen Tisch und Kommunikatorwand hindurch. Seine Schritte hallen auf dem Kabinenboden.

Schließlich bleibt er stehen. Ausgerechnet in dem schmalen Spalt zwischen Tisch und Kommunikator. Es sieht aus, als benötige er diesen Halt, die Knie gegen die Kante der Tischplatte und den Rükken gegen die Komwand gestützt.

Ich frage mich, wie er beginnen wird. Dies wird keine Diskussion werden, bei der er sein Ziel erst einkreist. In einem Fall wie diesem springt er lieber sofort ins Wasser und stellt danach fest, ob es zu kalt, zu heiß oder vielleicht zufällig von angenehmer Temperatur ist. Kann sein, daß er mir auf den Kopf zusagt, ich hätte mit Dora gemeinsame Sache gemacht. Über die persönlichen Kontakte hinaus. Ich halte es für unmöglich, daß ihm dieser Gedanke noch immer nicht gekommen ist.

„Du hattest recht, Philipp", sagt er da. „Es wird eine Menge Ärger geben."

Newman blickt auf. „Ärger? Wieso?"

„Aber Harold." Glenn Morris sagt es in einem Ton, als habe er ein begriffsstutziges Kind vor sich. „Weshalb, meinst du, hat sich Dora Taylor auf die andere Seite geschlagen?"

Newman scheint über ausgeprägte schauspielerische Fähigkeiten zu verfügen. Er tut, als verstehe er erst jetzt, worum es dem Commander geht, und der Ausdruck langsamen Begreifens auf seinem Gesicht wirkt durchaus echt.

„Ah, die Tests! Ich verstehe." Er nickt ernsthaft. „Aber die kann man uns nicht vorwerfen. Uns nicht! Wir haben einen Befehl ausgeführt. Es ist nicht unsere Aufgabe, über die moralische Berechtigung ..."

„Sie enttäuschen mich, Captain Newman. Weil Sie ein für Schwächlinge typisches Argument benutzen. Befehlsnotstand! Bedeutet das nicht, daß Sie den Befehl für falsch oder überflüssig hielten und Ihren Anteil an der Ausführung nur aus Gründen der Disziplin leisteten?"

„Nein, Sir!"

„Erklären Sie mir das, bitte!"

„Das eine schließt das andere nicht aus, Sir."

Morris atmet fauchend aus. „Verstehe ich nicht. Sie vielleicht, McBruns?"

„Ich glaube schon, Sir!"

„Setzen Sie sich endlich, Newman! Und Sie erklären mir die Zusammenhänge, McBruns!"

„Ganz einfach, Sir. Der Sinn eigener moralischer Wertungen ist im Bereich des Militärs erheblich eingeschränkt. Schließlich ist die Deformation oder Aufhebung individueller Moralkategorien eine der Grundaufgaben der Ausbildung. Ein guter Soldat soll nicht denken müssen, bevor er handelt, er soll automatisch funktionieren. Die moralische Wertung eines Befehls würde dessen Ausführung in Frage stellen. Zumindest aber verzögern. Sie ist also schädlich.

Nun ergibt sich aber andererseits aus der Tatsache, daß ein Soldat keine moralischen Maßstäbe anlegen darf, sein Recht, von einem Befehlsnotstand zu sprechen. Auch dann, wenn ihm der Gedanke, damit sein Gewissen entlasten zu können, überhaupt nicht gekommen ist, weil er sich nichts vorzustellen vermag, was es belasten könnte. Dieser Fakt existiert unabhängig von seiner Einstellung zu den Dingen, er existiert gewissermaßen in absoluter Form. Denn dies alles hat nicht das geringste damit zu tun, ob er den Befehl später, nachdem er Gelegenheit zu eingehender Überlegung und damit verbundener Wertung hatte, für gut, schlecht, notwendig oder auch amoralisch hält.

Gerade das System der Automatisierung von Handlungen ist es ja, was einen Einfluß individueller Wertungen auf die militärische Praxis verhindert. Dieses System ist notwendig, um Schlagkraft und Handlungsfähigkeit zu gewährleisten. Aber es kann natürlich nicht verhindern, daß sich das Gewissen des Ausführenden, falls er ein solches besitzt, bei passender Gelegenheit mit den Geschehnissen zu befassen beginnt.

Dieses minimale Recht muß man sogar einem Soldaten zugestehen, auch einem, von dem man meint, eigenes Denken und Abwägen seien ihm längst abhanden gekommen. Und das kann man sich ja auch durchaus leisten, weil nachträgliche Wertungen für das momentane Funktionieren einer militärischen Einheit ohne jeden Einfluß sind. Die Befehle wurden ausgeführt, ob sie hinterher positiv oder negativ bewertet werden, ist Angelegenheit jedes einzelnen und damit für die Gesamtheit irrelevant. Und also, verzeihen Sie, Sir, einer ernsthaften Betrachtung nicht wert."

Ich weiß nicht, ob ich mich gut aus der Affäre gezogen habe. Sicher bin ich mir dessen durchaus nicht. In letzter Zeit spüre ich ab und zu einen unüberwindlichen Widerwillen gegen den Zwang zu lügen. Gegen eine Notwendigkeit, der ich jahrelang gehorcht habe und von der ich nun zu fürchten beginne, sie könne meine Identität beschädigen. Manchmal frage ich mich, ob ich nicht schon auf dem besten Weg bin, auch innerlich von Philipp Barrymore zu Philipp McBruns zu werden. Eine Vorstellung, die mir angst macht. Und das gewiß nicht weniger, als sei ich für eine Gehirnwäsche zur radikalen Korrektur meiner Persönlichkeit vorgesehen. Mein Leben scheint mir ohnehin schon zu einer einzigen, lang anhaltenden Gehirnwäsche geworden zu sein, deren Wirkungen ich mich nicht immer angemessen zu entziehen vermag.

Ich hoffe, Glenn Morris hat weder meine Besorgnis bemerkt noch mein verzweifeltes Bemühen, nicht genau das zu sagen, was ich von den Vorgängen in dieser Station halte.

„Ich habe das Gefühl, meine Herren Offiziere“, murmelt er, schiebt die Rechte zwischen die Leisten seines Skaphanders und kratzt sich selbstvergessen, „daß Sie dieser Angelegenheit weniger Gewicht beimessen, als sie verdient. Es geht längst nicht mehr nur um uns und diese Tests, es geht um unser Land, um alles geht es. Sie wissen so gut wie ich, daß nicht nur die Tests eine Verletzung internationaler Verträge darstellen, sondern daß allein die bloße Existenz dieser Station gegen mehrere Vereinbarungen verstößt. So betrachtet, sind die Tests eigentlich nur zweitrangiger Natur, ein Ärgernis mehr, gewissermaßen.“

„Aber jedermann wußte ...“, versucht sich Harold Newman einzuschalten, wird jedoch sofort durch einen schnellen Blick des Commanders zum Schweigen gebracht.

„Derartige Erörterungen sind nutzlos“, weist Glenn Morris den Einwand zurück. „Denn durch Lieutenant Taylors Verhalten kann diese bisher schweigend hingenommene, weil nicht leicht beweisbare Tatsache nunmehr offiziellen Charakter erhalten. Nach ihrer Aussage wäre jedes Leugnen nur noch lächerlich. Und das geht unser Land an, den Präsidenten, alle. Begreifen Sie, Newman?“

Wir schweigen. Ich, weil ich zu ahnen beginne, welche Gedanken im Kopf des Commanders herumspuken, und Harold Newman wohl, weil es seiner schnörkellosen Denkweise schwerfällt, einen Unterschied zwischen offizieller und inoffizieller Existenz anzuerkennen.

„Außerdem, Captain McBruns“, fährt Glenn Morris fort, wobei er mich aus schmal gekniffenen Augen mustert, „weiß ich nicht, wie ich Ihre Ausführungen einzuordnen habe. Aber auch das ist wohl nicht mehr wichtig. Wesentlich bedeutsamer erscheint mir eine Frage an mich selbst, eine, die ich mir in letzter Zeit nicht selten gestellt habe: War es gut, mich für Ihre Aufnahme in die Space Force einzusetzen, obwohl ich bemerkt hatte, daß Sie sich an den Angriffen nur sehr widerwillig beteiligten? War es nicht sehr leichtsinnig von mir, einem Gefühl der Sympathie nachzugeben, nur weil ich glaubte, eine verwandte Seele gefunden zu haben? Einsamkeit scheint ein schlechter Ratgeber zu sein.

Nun gut, ich habe einer inneren Stimme gehorcht, das kann jedem von uns passieren, doch jetzt geht es mir wie Ihrem hypothetischen Soldaten, ich mache mir nachträglich Gedanken über mein Verhalten. Heute glaube ich, daß ich weder der Space Force noch mir einen guten Dienst erwiesen habe. Aber wahrscheinlich ist nicht einmal das mehr von Belang."

Ein wenig bin ich betroffen, und gleichzeitig spüre ich einen heftigen Lachreiz. Da sehe ich Newmans verdutztes Gesicht, der offenbar nichts verstanden hat, und gebe dem Lachreiz nach. Ich wüßte nicht, was in dieser entsetzlichen Situation besser sein könnte.

Eine Weile lassen mich die beiden gewähren, während sich auf ihren Gesichtern zunehmend Ratlosigkeit breitmacht, die sich bei dem Commander schließlich in Ablehnung verwandelt.

Dann unternimmt Glenn Morris den Versuch, die am Anfang des Gesprächs unverkennbar inquisitorische Atmosphäre wiederherzustellen. „Hör auf, Philipp!" sagt er. Und gleich darauf wesentlich lauter: „Sei endlich still, Mensch!"

Aber so einfach ist das nicht. Man kann nicht schlagartig mit Lachen aufhören, nachdem man sich so wie ich hineingesteigert hat. Auch auf Befehl nicht. Dieses Lachen ist wie ein Krampf. Und außerdem ist es wie ein Panzer, mit dem ich mich gegen die Fragen des Commanders abschirmen kann.

Da berührt Glenn Morris den Lautstärkeregler an der Komanlage, und sofort füllt eine Stimme die Kabine, die mir das Lachen in den Hals zurückdrängt, eine ruhige, klar akzentuierende Frauenstimme, die Stimme Doras.

Ich sehe Dora vor mir, wie sie dort steht, irgendwo in einem Studio, weit weg von mir auf der anderen Seite der Erde. Und ich habe das wunderbare Gefühl, daß jedes der Worte, die sie spricht, mir gilt. Ich bin sicher, daß sie mich in diesen Minuten ebenso vor sich sieht wie ich sie.

Sie schildert mit minutiöser Genauigkeit Aufgaben und Bewaffnung der Odin und danach die Vorgänge, die sich in letzter Zeit bei uns abgespielt haben.

Sie berichtet anscheinend ohne jegliche Emotion, ja, ohne auch nur einmal die Stimme zu erheben. Selbst die Darstellung dessen, was sie empfand, als sie von den künstlich geschaffenen Krankheitsherden erfuhr, klingt wie die sachliche Beschreibung eines rein äußerlichen Zustandes, und in ähnlich distanzierter Art gibt sie Kenntnis über die Ereignisse beim Abschuß des fremden Satelliten. Dabei benennt sie ihre Ängste und Gefühle, als wären es die eines anderen Menschen gewesen, sie ist wie jemand, der aus sich selber herausgetreten ist. Sie informiert die Welt über eine Begebenheit, die sie so tief erschüttert haben muß, daß sie sich seitdem leer und ausgebrannt fühlt, unfähig, noch Freude oder Schmerz zu empfinden.

Und gerade diese Sachlichkeit ist es wohl, die den Vortrag so wahrhaftig und gleichzeitig bewegend wirken läßt. Ich jedenfalls vermag mir nicht vorzustellen, daß jemand ihre Darlegungen als Propagandatrick abtun könnte. Einer solchen Stimme muß man einfach glauben. Überall in der Welt. Und man wird dieser Frau auch abzunehmen haben, daß sie sich zur öffentlichen Anklage erst entschloß, als sie erkannte, an welch entsetzlichem Verbrechen sie beteiligt war.

Über das Gesicht des Commanders zieht der Widerschein seiner Gefühle. Zorn und Wut wechseln sich mehrmals schnell mit Resignation ab, und ganz im Hintergrund glaube ich manchmal, zwar fast verloren im Strom anhaltenden Ärgers, aber doch hinreichend deutlich, etwas wie einen Funken von Achtung erkennen zu können.

Als Dora ihren Bericht beendet hat, ist mein erster Gedanke, daß sie meinen Namen nicht genannt hat. Und obwohl ich ihr dafür dankbar sein müßte, bleibt ein Stachel zurück.

„Weshalb nur? Weshalb?“ murmelt Glenn Morris kopfschüttelnd, wie wenn er in den vergangenen Minuten nicht mehr begriffen hätte, als daß man ihn verraten hat. Aber auch dieser Zustand hält nicht länger an als der Zorn, die Wut und die Resignation. Dann strafft sich der große, eckige Mann und fixiert mich mit seinen kühlen grauen Augen. Seine Rechte fährt zwischen den Verschlußleisten seines Overalls hin und her. „Und Sie, Captain McBruns, wollen ernsthaft behaupten, von alldem nichts bemerkt zu haben.“

„Richtig, Sir! Ich hatte keine Ahnung von Doras Plänen.“ Beweisen kann er mir nichts. Aber er ist voller Mißtrauen. War es vielleicht schon sehr lange und glaubt sich nun sicher. Doch diese Art von Sicherheit reicht nicht aus. Auch ihm selbst genügt sie nicht. Wenn man ihm eine schlechte Eigenschaft nicht vorwerfen kann, dann ist es Oberflächlichkeit. Also wird er versuchen, die ganze Wahrheit zu erfahren.

„Nein, Sir!“ wiederhole ich. „Zwar habe ich feststellen müssen, daß unser Verhältnis in letzter Zeit durch Dinge belastet wurde, die nicht in uns selber lagen, Dora war anders als zu der Zeit, als wir be-

schlossen, zusammen zu leben, aber die Gründe dafür habe ich nicht in den Tests gesucht, sondern ..."
„Sondern, Captain?"
„Dora Taylor ist eine Frau, Sir. Man darf Frauen nicht mit dem Maß der Rationalität messen." Ich hoffe, daß diese Bemerkung seinem Geschmack entspricht. Ich weiß, wie er zu Frauen steht. Ich aber wische mir mit einer unbewußten Bewegung über den Mund, als könne ich damit meine Worte ungesagt machen.
„Akzeptiert, Captain!" Er nickt langsam und nachdenklich. „Das ändert jedoch nichts daran, daß mein Vertrauen in Ihre Loyalität erschüttert ist. Sie wissen, was das heißt?"
„Ich fürchte ja, Sir."
Da wendet er sich demonstrativ an Harold Newman. „Wir werden ihn unter Beobachtung halten, Captain. Fassen Sie das als Befehl auf!"
Das sagt er trotz meiner Anwesenheit. Und ich weiß, daß es ihm sehr ernst damit ist. Doch ich glaube die Tatsache, daß er einen solchen Befehl in meiner Gegenwart erteilt, für ein gutes Zeichen halten zu können. Er will mich vorerst verunsichern. Was bedeutet, daß er von der Stichhaltigkeit seines Verdachtes nicht ganz überzeugt sein kann. Wäre er es, er hätte mich ohne Umstände festsetzen lassen.
Der gute Newman allerdings fühlt sich sichtlich unbehaglich. „Ich weiß nicht, Sir!" versucht er einen Einwand. „Ich kann mir nicht vorstellen, daß ausgerechnet McBruns ..."
Doch der Commander unterbricht ihn mit einer schnellen Geste. „Du kennst ihn nicht, Harold. Er ist ein Fuchs, glaub mir. Und das ist auch schon das einzige, was ich wirklich sicher von ihm weiß. Obwohl wir zusammen in einer Einheit gedient haben."
„Darf ich wegtreten, Sir?" fahre ich den beiden dazwischen.
„Nicht so eilig, Captain, wenn ich bitten darf. Ich möchte noch wissen, wie weit Sie mit Ihrem ersten Forschungsbericht für das Ministerium vorangekommen sind."
„Er ist fertig und abgespeichert, Sir."
„Ausgezeichnet! Damit endet Ihre Mitarbeit in der Forschungsgruppe. Begründung: Dein Einsatz als Goldjunge ist mir zu riskant, McBruns. Die Leitung der Gruppe wird ab sofort Captain Newman übernehmen. Und ich werde noch heute entscheiden, wer zur Verstärkung abzukommandieren ist. Wahrscheinlich Lieutenant Brake."
„Zu Befehl, Sir!"
„Keine Einwände, McBruns?"
„Keine Einwände, Sir! Ein Goldskaphander wiegt nämlich das un-

gute Gefühl, an der Erfüllung seiner eigentlichen Aufgabe gehindert zu sein, in keiner Weise auf. Und ich bin schließlich Laserleitoffizier, Sir."

Jetzt ist er deutlich irritiert. Wahrscheinlich hat er angenommen, ich würde den Verlust meiner Sonderstellung, die nahezu ideal ist in den Möglichkeiten, die sie einem Diversanten bietet, als sehr schmerzlich empfinden. Das Gegenteil ist der Fall. Ich habe weder die Absicht, die Station zu verlassen, noch denke ich daran, sie mit ähnlich ungeeigneten Mitteln, wie Bergerson sie angewendet hat, außer Gefecht zu setzen. Ich verfüge über wirksamere Methoden. Doch um die einsetzen zu können, muß ich mich an meinem Platz befinden, im Sessel des Leitstandes, in Reichweite des winzigen, kaum daumennagelgroßen Schalters.

„Jetzt können Sie gehen, Captain", sagt Glenn Morris zu mir, und ich sehe ihm an, daß er sich damit abgefunden hat, einem derzeit unlösbaren Rätsel gegenüberzustehen.

Harold Newman, der sich ebenfalls in Bewegung setzt, um mir befehlsgemäß zu folgen, wird von ihm mit einem Wink zurückgehalten.

Er geht den unendlichen, kreisförmig gebogenen Gang entlang, der sich wie ein zentrisch angeordneter Nerv durch den Außenring der Station zieht. In Gedanken ist er immer noch bei Doras Erklärung und dem anschließenden Gespräch mit dem Commander. So tief ist er in sich versunken, daß er den ersten Speichenlift bereits passiert hat, ohne es zu bemerken. Da beschließt er, den Gang zu Fuß zu umrunden und danach schlafen zu gehen.

Rechts und links von ihm sind die Zugänge der Wirtschaftsräume und Mannschaftskammern, schlichte Türen im eintönigen Grau der Schaumplastwände, seine Schritte hallen auf den Platten des Fußbodens, und über die Wände huschen Sonnenreflexe.

Zwei Leute kommen ihm entgegen. Sie gehen an ihm vorbei und grüßen, ohne ihr Gespräch zu unterbrechen.

„... sage dir, sie sind verrückt!" hört er. „Wie können sie so ein Ding in Alabama niedergehen lassen? Im eigenen Land?"

„Alabama! Na und? Neunzig Prozent der Bewohner dort sind schwarz, was soll's?"

Selbstverständlich reden sie über die künstliche Krankheit. Für sie ist das ein hochaktuelles Ereignis, von dem sie eben erste Informationen erhalten haben.

Die Schritte der beiden Männer sind schon hinter der Biegung des Ganges verklungen, als ihm das eigentlich Wichtige an diesem Gespräch deutlich wird: Die Erklärung Doras und die ersten Kommentare dazu sind bisher ausschließlich von Radio Moskau verbreitet worden.

Ein paar Schritt weiter steht eine Tür offen. Dahinter liegt eine der Mannschaftskantinen, eine der sogenannten Kaffeeküchen.

Sie werden die Tür geöffnet haben, weil sie da drin wieder qualmen wie die Schlote, denkt er. Die Luft in solch kleinen Räumen ist häufig trotz gut funktionierender Klimaanlagen zum Schneiden dick. Vor allem, wenn gespielt wird, Big Boss oder ähnliches.

Schon will er an der Tür vorbeigehen, da bemerkt er, daß es in der Kammer weder verqualmt noch laut ist. Sie spielen also doch nicht. Zumindest nicht Big Boss, denn das läuft nie ohne Lärm ab. Sie rauchen auch nicht, die da drin. Vier oder fünf Männer, ausschließlich Mannschaftsdienstgrade, sitzen mit seitlich geneigten Köpfen vor der Komanlage und lauschen einer kaum vernehmbaren Stimme. Ihre Körperhaltung hat etwas durchaus Konspiratives, was jedoch, wie er sich sofort eingesteht, nichts besagen will. Sie könnten ebensogut einem sehr leise hereinkommenden Sender lauschen, der mit der Gemeinschaftsanlage einfach nicht auf größere Lautstärke zu trimmen ist.

„Die Briten also auch?" fragt einer der Männer, ohne sich zu bewegen.

„Zuerst die Franzosen und nun die Engländer. Scheißeuropa!" regt sich ein anderer auf.

Sie sprechen sehr leise. Offenbar, um den Sender nicht zu übertonen. Trotzdem hört man ihren Stimmen Erregung an.

„Also hat uns innerhalb weniger Stunden ganz Europa im Stich gelassen?"

„Noch nicht das ganze. Bisher liegen keine Meldungen ..."

„Dieses vermiefte alte Europa hätten wir längst umpflügen sollen. Ich sage euch, es taugt zu nichts anderem. Aber ... was wird überhaupt mit den Raketen, die wir dort haben, he?"

„Im Eimer, nehme ich an. Vielleicht richten sie sich in zwei, drei Jahren gegen uns."

„Das wird er sich nicht gefallen lassen, Männer. Er wird Konsequenzen ziehen, ihr werdet es sehen."

„Was heißt hier ‚er', he? Wir werden die Konsequenzen ziehen, wir. Schließlich kämpfen wir für unser Volk, für uns, und nicht nur für unseren Präsidenten."

„Schon gut, schon gut! Daß du meine Worte immer auf die Goldwaage legen mußt. Natürlich werden wir für unser Land kämpfen."

„Paß auf, was ich dir sage, Herb. In zwei, drei Tagen geht der Ofen an. Ich habe eine Nase dafür. Die Warterei hat ein Ende. Als wir damals vor den Azoren erfuhren, daß ..."

„Das wird aber ein Riesenfeuerwerk geben, mein Lieber. Ganz Europa, ganz Asien, Afrika bis auf den kleinen Zipfel im Süden, Lateinamerika, ein tolles Programm, wenn du mich fragst."

„Ja, die Welt wird den Atem anhalten, Männer. Und wer weiß, ob sie danach noch einmal zum Luftholen kommt."

Sie reden über den Krieg, sie sprechen von dem Entsetzlichsten, was man sich vorzustellen vermag, als handele es sich um eine Landpartie. Und als stünde das alles kurz bevor.

Da geht er an der offenen Tür vorbei. Er hört sie aufspringen und die Hacken zusammenklappen. Die Grußerweisung geht in seinen hallenden Schritten unter.

Obwohl er todmüde ist, kann er jetzt nicht schlafen. Er schaltet das Radio ein, sucht lange nach einem Sender, der Nachrichten oder Kommentare bringt, und begnügt sich dann doch mit seichter Musik und dümmlicher Reklame.

In seiner Kabine ist es sehr heiß. Er spürt, wie sich auf seiner Stirn Schweißtröpfchen bilden. Er wartet. Obwohl er sehr müde ist, wartet er, daß etwas geschieht, daß sich die Kommunikationsanlage einschaltet und der Commander die Kernmannschaft in die Zentrale befiehlt oder daß Meldungen gesendet werden, die vom Zustand der Welt künden, einer Welt, die nicht mehr die seine ist. Etwas muß sich ereignen in den nächsten Minuten, er spürt es, etwas, was in dieses Durcheinander von Gerede, Meinungen und Gerüchten wenigstens den äußeren Anschein einer Ordnung bringt.

Schließlich quält er sich hoch, regelt den Sensor der Klimaanlage herab und genießt den kühlen Luftzug, der seine feuchten Schläfen berührt.

Irgendwann in dieser Nacht knallt ihm die monotone Stimme eines Sprechers in die Ohren. Sofort ist er hellwach. Der kühle Strom aufbereiteter Luft macht ihn frösteln, er legt sich eine Decke um die Schultern und lehnt sich zurück gegen die Wandbespannung. Seine Stellung ist nicht sehr bequem, aber da er jetzt ohnehin nicht mehr schlafen könnte, stört ihn das nicht. So lauscht er dem Bericht über den Zerfall einer Welt, die für die Ewigkeit gemacht zu sein schien.

Der nördliche Teil der Allatlantischen Union ist mit der Gewalt einer Explosion zerstoben. Sofort nach Bekanntwerden der Tests aus dem Orbit haben sich in den meisten Ländern Europas spontan Demonstrationszüge gebildet, wie sie in diesem Ausmaß bisher unbekannt waren. Innerhalb einer knappen Stunde standen nahezu alle Fabriken still, der öffentliche Verkehr brach zusammen, die

Häuser und Hotels leerten sich, ungeheure Massen protestierender Menschen schoben sich wie homogene Organismen über Straßen und Plätze und drängten sich, in verbissenem, bisher unbekanntem Schweigen verharrend, vor den öffentlichen Gebäuden. In Frankreich schloß sich das Militär den Demonstranten an, in den anderen Ländern weigerte es sich einzugreifen.

Der englische Premierminister, Frankreichs Ministerpräsident

und der Staatschef Italiens erklärten unter der Last des schweigenden Drucks den sofortigen Austritt ihrer Staaten aus der Union.

In der Bundesrepublik Deutschland vermochten sich die Ministerpräsidenten der Länder auf keiner gemeinsamen Basis zu treffen. Während die einen den unverzüglichen Abzug der amerikanischen Truppen forderten, ließen die anderen die Stützpunkte der sogenannten Garantiemacht durch doppelte Kordons von Sicherungskräften abschirmen. Auch hier hüllten sich die Millionen von Demonstranten in tiefes Schweigen, das den allgemeinen Unmut deutlicher zur Kenntnis brachte als das bisher übliche Skandieren von Losungen.

Der südliche Teil der Union zerbrach, als die letzten Säulen außerhalb der USA, Südafrika und Uruguay, stürzten. In Johannesburg und Montevideo wurden die Regierungspaläste von den aufgebrachten Volksmassen kurzerhand gestürmt. Die Situation zeigte sich bereits wenige Stunden später deutlich klarer als im Norden, da sich die Völker des Südens eigene Räte gewählt hatten, hinter die sich in Uruguay sogar das Militär stellte, vor allem wohl, weil sich die Regierung seit Monaten außerstande gesehen hatte, den Sold aufzubringen. An die Befehlshaber der US-amerikanischen Militärbasen in Südafrika und Lateinamerika ergingen geheime Depeschen, in denen ihnen befohlen wurde, sich in den Objekten einzuigeln und mit dem Ausfliegen des entbehrlichen Personals und der Diplomaten zu beginnen.

Die Pazifische Union, seit Jahren nur noch durch den Einsatz enormer Mittel für Diversion und Manipulation am Leben erhalten, verschied ohne großes Aufsehen. Der Präsident befahl das Anlaufen des Planes Blau, der die schnellstmögliche Evakuierung des US-Personals und der zivilen Hilfskräfte beinhaltete. Vom Aparri Air Field auf den Philippinen starteten im Verlauf von zwei Stunden über eintausend Jagdbomber und begaben sich an Bord der acht Superträger der 9. Flotte, die seit Tagen in Sichtweite vor Luzon ankerten. Mit ihnen gingen fast zwanzigtausend Offiziere und Soldaten sowie mehr als zehntausend einheimische Spezialisten außer Landes. Sie hatten den Weg durch die Wälder der Insel zu Fuß zurücklegen müssen und schilderten danach ihre Flucht als eine Reise durch die Hölle.

Auch Japan sagt sich von seinem ungeliebten Verbündeten los. Das ist der vielleicht undramatischste Vorgang dieser Art. Der japanische Ministerpräsident begibt sich persönlich zu dem Befehlshaber der 12. Flotte und ersucht ihn, den Hafen von Kushiro mit allen Einheiten unverzüglich zu verlassen und sich außerhalb der Hoheitsgewässer zu begeben.

Gleichzeitig führt wesentlich weiter südlich die zögerliche Haltung der australischen Zentralregierung zu Ausschreitungen. Aufgebrachte Massen stürmen die Botschaft der USA in Melbourne. Obwohl die Polizei nicht eingreift, gibt es Tote und Verletzte. Das amerikanische Personal der Botschaft flieht mit Hubschraubern ins Innere des Kontinents, und zwar in das stark befestigte Ausweichquartier am Fuß des Ayers Rock.

Dies ist die vorläufig letzte Meldung, aber es ist abzusehen, daß sich die Verbündeten, bis auf wenige Ausnahmen – lossagen werden. Irgendwann innerhalb der nächsten Stunden wird der amerikanische Präsident in seiner bekannten burschikosen Unbekümmertheit erklären, daß der Starke am mächtigsten allein sei. –

Es ist sehr kalt geworden in seiner Kabine. Er hat den Thermostat viel zu weit herabgeregelt. Doch er kann sich jetzt nicht entschließen, aufzustehen und die Einstellung zu korrigieren. Statt dessen zieht er die Decke fester um seine Schultern und döst mit halbgeschlossenen Augen.

Die Welt hat sich seit der Zeit, in der er Steine gegen Campzäune warf, erheblich verändert. Denn heute verfügen die damals noch weitgehend unorganisierten Massen über die Mittel der Regie, über grundlegende Kenntnisse von Ideologie und Organisation. Sie sind stärker geworden, viel stärker. Und vor allem selbstbewußter.

Nur, wie lange können sie sich, mit nichts als dem Willen zum Leben und der organisierten Klugheit politischen Handelns versehen, gegen Laserfächer und Teilchenwerfer behaupten? Wie lange kann eine Union der Vernunft den Strategien der Gewalt trotzen? Kann sie ihr überhaupt trotzen?

Gegen Morgen trifft eine weitere Meldung ein. Sie besagt, daß gegen das Weiße Haus eine Boden-Boden-Rakete abgefeuert worden sei, die den Ostflügel des Gebäudes fast völlig in Trümmer gelegt habe. Der Präsident, der sich zu dieser Zeit, erkennbar an seiner Standarte, im Haus aufgehalten habe, sei nicht verletzt worden. Er habe sich als den Dingen gewachsen gezeigt.

Als Abschußpunkt sei ein leerstehendes Haus in einer Siedlung auf den Roosevelt Hills ermittelt worden. Hinweise auf die Täter gäbe es nicht, sie würden jedoch in den Reihen der Action Group Peace, einer militanten Organisation, die sich der Verbreitung pseudohumanistischer Ideen verschrieben habe, vermutet.

Beweis dafür seien unter anderem die demonstrativen Zusammenrottungen im ganzen Land, für die der Schuß auf das Weiße Haus, der Mordanschlag auf den Präsidenten, offenbar der Auslöser war.

„Sie werfen immer noch Steine“, murmelt Phil und erhebt sich fröstelnd. Die Kälte ist längst durch die dünn gewebten Kunstfasern gekrochen. Er schiebt den Regler der Klimaanlage ein Stück nach oben, während der Lautsprecher an der Wand von Konzentrationen größerer Truppenkontingente in den Städten der USA berichtet. Knapp eine Stunde nach dem nutzlosen Schuß scheinen die Demonstrationen bereits unter Kontrolle gebracht zu sein.

Philipp McBruns rollt sich auf der Liege zusammen, die kalte Decke hat er bis ans Kinn hinaufgezogen. So hat er früher manchmal mit Sandy gelegen, zusammengerollt auf der harten Pritsche in Picketts Dachkammer unter einer Decke aus Schafwolle, die viel, viel wärmer war als dieses Kunstfaserzeug.

Das Summen der gewaltigen Maschinerie, von der er ein winziges

Teilchen geworden ist, schleicht sich in ihn, okkupiert nach und nach jede Faser und jedes Atom seines Körpers, es ist, als werde er aufgesaugt von diesem kreisenden Todesrad, entpersönlicht, integriert, verdaut.

Nein, nur der Wille zum Überleben und das Wissen um die Zusammenhänge allein reichen nicht aus. Sich schwach und schweigend entgegenzustellen nützt nichts, der Macht ist nicht anders als mit Macht zu begegnen, das hat er oft genug erfahren müssen. Wichtig ist, daß sich das Neue durchsetzt. Und sei es mit Gewalt.

Er wehrt sich gegen das andere, gegen das Summen um und in ihm, und er taucht schließlich empor aus dem Vibrieren, jetzt ist er wieder Philipp Barrymore, der, behängt mit einer Tasche voll schwerer Steine, durch das Unterholz kriecht, um sie gegen die Gunslinger zu werfen, weil er sich anders gegen sie nicht zur Wehr zu setzen weiß, er ist wieder der Junge auf der Straße, dessen Hände den Rand eines Stahlhelms umkrampfen und ziehen, ziehen, ziehen …

„… begeben sich sofort in die Zentrale! Kampfanzüge sind anzulegen. Achtung, Achtung! Ich wiederhole: Befehl des Commanders. Die Kerndienste begeben sich sofort in die Zentrale! Kampfanzüge sind anzulegen!“

Er quält sich hoch, vertauscht seinen Overall gegen den Skaphander, schiebt die Dienstwaffe in die Schenkeltasche und nimmt den Helm vom Saughaken. Der Gang ist lang und leer. Irgendwo im Bauch der Station summt ein Lift.

Glenn Morris steht groß und kantig mitten in der Zentrale. Es wäre ein gewohntes Bild, trüge nun nicht auch er, für Philipp eine erstaunliche Neuerung, einen der modernen, goldbeschichteten Skaphander. Wer weiß, wo und wie er den so schnell aufgetrieben hat, jedenfalls muß es sein eigener sein, ein anderer würde ihm kaum passen. Die goldene Folie umschließt seinen sehnigen Körper wie eine zweite Haut. Er sieht sehr imposant aus in all dem Gold. Sogar der Klettverschluß ist bis unter das Kinn hinaufgezogen, berührt die untere Kante des Helms, dessen Visier über dem Kopf des Commanders schwebt wie eine gewölbte, bronzene Schale. Darunter das Gesicht, hager, blaß und maskenhaft starr jetzt.

Der Commander öffnet kaum den Mund, als er den Befehl erteilt, die Plätze an den Ständen und Geräten einzunehmen. Er sagt „Kampfstände“ und „Waffen“. Seit dem Schuß auf das Weiße Haus redet er Klartext.

Unter uns zieht die sonnenüberflutete Küste Floridas hindurch. Davor eine einzelne, sich über dem tiefen Blau des Meeres langsam auflösende Spur einer einsamen Rakete wie der riesige Schweif eines unsichtbaren Kometen.

Der Commander deutet mit dem Kinn auf den Bodenbildschirm. „Vor rund neun Minuten ist der Stabsshuttle des Präsidenten und seiner Berater gestartet. Vor vier Minuten hat der Präsident persönlich die Erteilung der verschlüsselten Einsatzbefehle an die beiden Raumstationen der U.S. Space Force Odin und Zeus veranlaßt. Seit diesem Zeitpunkt, meine lieben Landsleute, befinden wir uns de facto im Kriegszustand. Die Dekodierung der Weisungen wird nach Alphaorder erfolgen."

Ein schneller Blick schießt unter der Helmkante zu mir herüber. „An Bord der Station herrscht also ab sofort Kriegsrecht. Ich hoffe, ich habe mich unmißverständlich ausgedrückt. Sollte es trotzdem noch Fragen geben, so bitte ich sie unverzüglich zu stellen."

Der Funker Graves schwenkt sich halb herum. Sein dunkles Gesicht wirkt klein und verfallen. Außerdem sieht man ihm an, daß es ihn Überwindung kostet, sich direkt an den Commander zu wenden. „Soll Kontakt zur Zeus aufgenommen werden, Sir?"

„Kontakt?" wiederholt Glenn Morris. „Zur Zeus? Haben Sie eine Ahnung, was die Zeus ist, Graves?"

„Jawohl, Sir! Die Zeus ist ein Orbiter vom Typ ..."

„Die Zeus ist ein Roboter, Mister Graves. Verstehen Sie? Ein Automat. Versuchen Sie sich mit ihm zu unterhalten, wenn Sie können, Sie ..." Er läßt unvermittelt seine goldenen Schultern sinken. „Ich schätze, wir haben noch zwei Tage. Ganze zwei Tage!"

Das sagt der Commander. Ich aber habe nur noch einen Tag. Und die Erde? Wie viele Tage bleiben ihr noch?

Die Bedrohung

Es war, als seien die Saurier, deren sich die Erde vor Millionen von Jahren bis auf klägliche Reste entledigt hatte, wieder zurückgekehrt. Mit höhnischem Gedröhn traten sie ihre zweite Herrschaftsperiode an, verjüngt und stärker als je zuvor, dank ihrer künstlichen Intelligenz zu dem geworden, was heidnische Angst und Götterfurcht aus ihnen gemacht hatten: furchtbare Drachen, in deren metallenen Nüstern tödliches Feuer schlummerte. Feuer, das ausreichte, die erschrocken den Atem anhaltende Erde aus dem All zu brennen.

Sie tobten, jeweils zwei nebeneinander, über die unterirdische Piste, hoben die spitzen Nasen, die zierlichen Bugräder, und sie brüllten auf in lärmendem Triumph, wenn sie hinausjagten über die im Mittagslicht gleißende Rampe, einen Kometenschweif aus Feuer und Rauch hinter sich.

Philipp McBruns saß im Steuerstand für die beiden Führungsmaschinen, wobei sich seine Tätigkeit anfangs auf die Überprüfung der Leitanlage beschränkte. Derweil programmierte Morris die vorgeschriebene Richtung, die günstigste Flughöhe und die optimale Reisegeschwindigkeit. Die entsprechenden Manöver einschließlich Start und Steigflug veranlaßte das Gerät mit einer Exaktheit, die selbst die Steuerkünste der erfahrensten Piloten übertraf. Dabei vollzogen sich die Ruderausschläge und Schubänderungen mit weich gleitenden Korrekturen, die auch bei hohen Geschwindigkeiten und den daraus resultierenden Kräften von animalischer Eleganz waren.

Vielleicht deshalb mußte Phil an übergroße Flugsaurier denken, die sich heulend in die klare Luft über dem Golf bohrten.

Sie flogen in einen Tunnel aus blauem Glas hinein. Himmel und Meer flossen in unendlicher Ferne ohne eine auch nur angedeutete Trennlinie zusammen, die Welt bot sich ihnen als eine riesige Blase, die mit blautransparentem Dunst gefüllt war. Nur ganz selten sah man tief unten den weißlichen Fächer einer dahinziehenden Jacht.

Auf dem Heckschirm konnte Philipp die beiden folgenden Maschinen erkennen, silberne Splitter auf blauem Grund, wie auf eine Projektionswand geheftete Sternchen.

Als sie sich der Einflugschneise zwischen Cabo Catoche und Hacatibes näherten, rief Morris die folgenden Dubletten auf. Die Piloten antworteten, indem sie die Formationsnummer ihrer Maschine nannten. Danach verfügte Morris Funkstille.

Der Zug bewegte sich wie eine homogene Einheit, voran die beiden unbemannten Führungsmaschinen und dahinter, in gleichen Abständen gestaffelt, zwölf einsitzige Jagdbomber, die direkt, also von Piloten gesteuert wurden. Es war die bisher größte Welle, die gegen die Isthmus-Region in Marsch gesetzt worden war.

Als das Peilsignal von Mantua querab lag, zog Morris die Maschinen in einer weiten Linkskurve auf Südkurs. Unter ihnen lag jetzt der Eingang der Yucatánstraße. Philipp spürte den Atem des Captains im Nacken. „Alles in Ordnung!“ sagte er.

Der Captain hinter ihm schnaufte und brummte Unverständliches. Sein Atem war heiß, zweifellos fieberte er dem Kommenden entgegen. Er saß vornübergeneigt, damit er über Philipps Schulter blicken konnte, die Hände hielt er griffbereit in der Nähe der Sollwertgeber.

„Ungefähr jetzt müßten sie starten", flüsterte er irgendwann. „Behalt die Ortungsgeräte im Auge."

Ihr Fehler war, daß sie die Gegner unter sich vermuteten. Die Radaranlagen von Puerto Juárez und Mantua verfügten über keine allzu große Reichweite, zumindest bis zu diesem Zeitpunkt nicht, und so waren die kubanischen und mexikanischen Jäger immer erst aufgestiegen, nachdem man die Meerenge bereits erreicht hatte. Ein schwer auszugleichender Nachteil für sie, weil sie dadurch gezwungen waren, von unten hinten anzugreifen. So war es fast immer gelungen, sich ihnen im Fallflug zu entziehen. Und das meist ohne Verluste.

Vielleicht waren ihre Anlagen verbessert oder durch leistungsfähigere ersetzt worden, vielleicht hatten sie andere Informationsquellen erschlossen, jedenfalls kamen ihre Jäger diesmal von oben. Sie mußten schon auf der Lauer gelegen haben.

Es waren vier, und sie saßen der Formation im Nacken wie wütende Wespen. Morris erkannte die Größe der Gefahr erst, als bereits zwei der eigenen Maschinen brennend in die Tiefe gingen. Die Rauchfahnen sahen aus wie die Spuren fallender Leuchtraketen. An den Führungsmaschinen zogen zwei glühende Bälle vorbei, Jagdraketen, die ihre Ziele verfehlt hatten.

„Fallen, vierzig, Vollschub!" schrie sich Morris selbst zu, griff in die Steuerung und schaltete mit dem Daumen die Automatik aus. Dann drückte er die beiden Maschinen steil hinab. Das Bild auf dem Bugschirm veränderte sich nicht im mindesten, Himmel und Meer waren nicht zu unterscheiden. Auf dem Heckschirm erkannte Phil die silbernen Sterne der nachfolgenden Dublette, deren Piloten sich dem Manöver weisungsgemäß angeschlossen hatten. Der Computer schrieb die zulässige Annäherung an Normalnull aus, und je weiter die Geschwindigkeit stieg, um so größer wurde der ohne Gefahr nicht zu unterschreitende Abstand zum Meeresspiegel angegeben. Andernfalls hätten die Werte der Zentrifugalbeschleunigung in der Abfangphase die Festigkeit des Materials überstiegen. Die Angabe näherte sich bei zweitausendvierhundert einem konstanten Wert und blieb schließlich unverändert, in roter Warnschrift blinkend.

Bei dreitausend Meter Flughöhe war die untere Grenze erreicht.

„Wir bleiben im Fallflug!" schrie der Captain.

Obwohl er um die Gefahr wissen mußte, drückte er die Maschinen weiter. Offenbar hoffte er, die Piloten der folgenden Dubletten würden ihren Fallflug noch oberhalb der Grenzzone abbrechen. Denn sie wären der Belastung, der das tote Material der beiden Führungsmaschinen zu widerstehen vermochte, keinesfalls gewachsen.

„Ich fürchte fast, daß sie uns blindlings folgen werden", sagte Phil, doch Morris ging auf seine Warnung nicht ein.

„Wir fallen mit Vollschub bis eintausend!" erklärte er. „Dann Automatik ein!"

Eintausend Meter über Null lagen bei dieser Geschwindigkeit selbst für eine unbemannte Maschine im Grenzbereich. Glenn Morris riskierte alles. Er wollte den Isthmus erreichen. Er wollte seine Last abladen über den Kaffeeplantagen, über den Indios, die er mehr als alles andere auf der Welt haßte.

Den Führungsmaschinen gelang das Manöver. Den beiden folgenden Jagdbombern jedoch nicht. Wahrscheinlich hatten sie sich, als die Piloten die Gefahr erkannten, der Oberfläche des Meeres bereits zu weit genähert. Als Folgeeinheiten verfügten sie nicht über Bordcomputer, und ihre Kommunikationsgeräte waren befehlsgemäß blockiert worden. Sie schlugen nebeneinander in das Gekräusel, das die unbemannten Maschinen im Tiefflug auf das bis dahin stille Wasser gezeichnet hatten.

„Diese Idioten!" sagte Glenn Morris.

Sechzehn Minuten später kam die Nordküste des östlichen Isthmus in Sicht. Sie flogen wieder auf Dienstgipfelhöhe. Von der dritten Dublette war nichts zu sehen.

Auch hier an der Küste war alles anders, als sie erwartet hatten. Schon weit vor Manzanilla registrierte die Elektronik einen getakteten Peilstrahl hoher Frequenz.

„Automatischer Zielsucher!" stellte Morris verblüfft fest. „Sechzig nach Osten abfallen. Diese verdammten Indios haben neuerdings Abwehrraketen. Hoffen wir, daß sie nicht damit umgehen können."

Sie flogen in Sichtweite der Küste in Richtung auf den Mulatas-Archipel. Weit hinter ihnen tupften die krepierenden Sprengköpfe der Raketen weiße Wolkenbälle in das Blau.

An Steuerbord lag die Gegend, durch die Glenn Morris von einem verbissenen Indio geschleppt worden war. Es war abzusehen, daß der Captain nicht aufgeben würde.

Sie hockten in den Sesseln ihres Leitstandes, ein rachebesessener Captain und ein verzweifelter Mann, der nicht wußte, in welcher Weise er sich gegen das Verhängnis zur Wehr setzen sollte.

Hin und wieder ließ Glenn Morris die beiden Maschinen nach Süden einschwenken und befahl, die Küstenregion unter Beschuß zu nehmen. Wenn er glaubte, die günstigste Position sei erreicht, dann langte er an Philipp vorbei nach der Auslösetaste und feuerte eins der mit Luft-Boden-Raketen bestückten Register leer. Meist gelang es Philipp, die Register im geeigneten Moment um einen winzigen Betrag abzusenken, so daß die Projektile, da sie nicht zielprogrammiert waren, kurz vor der Küste ins Meer schlugen, wo sie nur gewaltige Sand- und Wasserfontänen verursachten. Einige wenige erreichten die Nordseite des Küstengebirges und rissen bräunliche, qualmende Wunden in die unter der mittäglichen Brise träumenden Hänge.

Glenn Morris fluchte. „Wir müssen näher an die Küste heran und ein ganzes Stück tiefer gehen", sagte er schließlich.

Philipp wies auf den blaßrötlich zuckenden Schmetterling unter dem Auge der Radarkontrolle. Der getaktete Peilstrahl war noch immer gegenwärtig, wenn er den beiden Maschinen auch nur noch schwach zu folgen vermochte. „Wir riskieren abgeschossen zu werden, wenn wir ..."

„Ich trage hier die Verantwortung!" zischte Morris. Aber er konnte sich anscheinend nicht zu dem Entschluß durchringen, die beiden Maschinen in den Gefechtsbereich der neuen Küstenbatterien einfliegen zu lassen. Dazu waren sie viel zu dicht unter Land. Stürzte eine von ihnen ab, man hätte sie möglicherweise aus dem flachen Wasser bergen und anhand der Elektronik ihre Herkunft nachweisen können. So schoß Morris die Register leer, ohne seinem Zorn etwas anderes bieten zu können als umgepflügte Berghänge.

Als sie sich querab von Dorién befanden, kam der Befehl, die Aktion zu beenden.

Von da an schwieg Glenn Morris verdrossen.

Bei der offiziellen Auswertung am Abend erfuhren sie, daß es sich bei dem am Vormittag geflogenen Angriff um den verlustreichsten gehandelt hatte, der jemals gegen die Isthmus-Region unternommen worden war. Von den vierzehn gestarteten Maschinen waren nur vier zurückgekehrt, nämlich außer den beiden von Morris gesteuerten Führungsflugzeugen nur noch zwei der bemannten Jagdbomber. Trotzdem wurde auf eine Gedenkminute zu Ehren der Gefallenen verzichtet, da erfahrungsgemäß mit der Heimkehr des einen oder anderen der abgeschossenen Piloten gerechnet werden durfte.

Sie erfuhren aber auch, daß zur selben Zeit, als die vierzehn Maschinen der Gordon Eagles in das Abwehrfeuer der Luft- und Küstenschutzjäger gerieten, dic 6. Flotte vor der Insel Mores aufgetaucht war, inmitten des Bahama-Archipels, dessen Bevölkerung seit mehreren Jahren deutliche Unabhängigkeitsbestrebungen erkennen ließ. Zur selben Minute also, in der den Flugzeugen der Weg in die Yucatánstraße verlegt wurde, begann an anderer Stelle die Vernichtung eines winzigen Eilands, auf dem sich das Hauptquartier der „Bewegung Freies Bahama" etabliert hatte. Mit Raketen und Granaten wurde die Insel förmlich umgepflügt. Vier Stunden später, die kläglichen Reste der Jagdbomberstaffel befanden sich bereits auf dem Rückflug, gingen auf Mores die Marines der 6. Flotte an Land und nahmen eine rauchende Trümmerstätte in Besitz.

Ihr Sieg war äußerst enttäuschend, denn sie fanden nur einen einzigen Überlebenden, einen Ziegenhirten, der sich in einer Höhle oberhalb der Klippen an der Westküste verkrochen hatte, und drei Tote, die bis zur Unkenntlichkeit verstümmelt waren.

Das Exekutivkomitee mußte die Insel schon vor Tagen verlassen haben, wahrscheinlich unmittelbar nach der Rede des Präsidenten, in der er unter anderem die damals vor den Azoren liegende 6. Flotte in den Westatlantik beordert hatte.

Immerhin wehte zu dem Zeitpunkt, da die vier entkommenen Maschinen im Tunnelmund der Basis Gordon Point untertauchten, über Mores bereits die Flagge der Ledernacken. Man hatte bewiesen, daß man imstande war, eine kleine, unbedeutende Insel zu vernichten.

Der Angriff auf die Isthmus-Region war also nichts anderes als ein Ablenkungsmanöver gewesen, dessen erhebliche Risiken zudem einkalkuliert worden waren. Denn daß die Einsatzleitung über die neuen, weitreichenden Ortungsgeräte an der Yucatánstraße ebenso informiert gewesen war wie über die Installation der Raketenbatterien an der Nordküste, konnte keinem Zweifel unterliegen.

Ein Ablenkungsmanöver, bei dem zehn Menschen verschollen waren, vielleicht sogar ihr Leben gelassen hatten, zehn seiner Kameraden. Den Begriff „Kameraden" zu denken fiel ihm nicht leicht, aber hatte er diese Männer in den vergangenen Wochen nicht ziemlich gut kennengelernt? Schienen ihm nicht manchmal, vor allem, wenn sie abends beim Spiel oder bei ein paar Büchsen Bier zusammengesessen hatten, alle Unterschiede zwischen ihnen aufgehoben zu sein?

Zehn Menschen, die unter anderen als den gegebenen Umständen seine Kameraden hätten sein können.

In einer außergewöhnlich kurzen Erklärung versuchte der Präsident, die „Befriedung" der Insel Mores, wie er deren völlige Vernichtung nannte, zu rechtfertigen. Die „Bewegung Freies Bahama" bedrohe wenn auch nicht sein Land insgesamt, so doch die Küste Floridas, ganz sicher aber seine auf den Bahamas wohnenden oder sich erholenden Landsleute, für deren Schutz er Verantwortung trage. Mit der Inbesitznahme der Insel sei ein wesentlicher Unruheherd im Westatlantik ausgeräumt worden. Es sei ein guter Schritt auf dem richtigen Weg gewesen, auf einem Weg, der zugegebenermaßen noch sehr lang und beschwerlich sein werde.

Doch der erwartete Jubel über den hochgelobten Sieg der 6. Flotte blieb aus. Die Diskrepanz zwischen der tatsächlichen Gefahr und dem militärischen Aufwand war zu offensichtlich. Zu mehr als einem peinlich wirkenden Schweigen war das Volk jedoch nicht imstande. Es zweifelte zwar, aber es wehrte sich nicht.

Ganz anders hingegen reagierte die Welt. Es hagelte Proteste, öffentliche und diplomatische. In jene Zeit fiel die Kündigung der Nutzungsrechte für die Militärbasen auf Haïti und in der Türkei.

Den Angriff auf die Isthmus-Region erwähnte der Präsident selbstverständlich nicht, aber von Stund an galten Glenn Morris und Philipp McBruns als das beste Team der Gordon Eagles. Allerdings blieb ihnen nicht mehr viel Zeit, ihren neugewonnenen Ruhm zu genießen, denn bereits am übernächsten Tag trafen zwei Fernschreiben ein, die sie nach Houston zum Büro der Space Force beorderten.

Die beiden im Wortlaut übereinstimmenden Weisungen wurden zum Thema Nummer eins in Gordon Point. Vor allem wohl, weil sie der Geheimhaltungsstufe grau unterlagen. Nichts gelangt schneller und umfassender zur Kenntnis der Öffentlichkeit als Informationen, die sichtbar als vertraulich klassifiziert sind.

Die Schreiben enthielten detaillierte Anweisungen. Zeit und Ort des Treffens waren festgelegt und Zimmer in Warner's Palace in Claridge gebucht. Die Verantwortlichen der Space Force legten offenbar Wert auf exakte Vorbereitung. Philipp nahm sich vor, sein Verhalten entsprechend einzurichten.

Sie nahmen den Florida Highway in nördlicher Richtung bis Jacksonville, bogen noch vor der Stadt nach Westen ab und überquerten bei Blountstown den Apalachicola River. Die Straßen waren, nachdem sie Jacksonville hinter sich gelassen hatten, nicht mehr besonders gut. Schmale Asphaltbänder, die man direkt auf den festgewalzten Mergelboden aufgetragen hatte. Allerdings störte sie das kaum, die Luftfederung des übergroßen Elektro-GM, den Glenn Morris gemietet hatte, schluckte die Unebenheiten fast vollständig. Was davon übrigblieb, war wie das langsame Wiegen eines Schiffes in der Dünung.

Hinter Tallanassee wurde die Gegend ziemlich öde, Zypressensümpfe wechselten sich mit riesigen Maisfeldern ab, manchmal sahen sie rechts und links nichts als die eintönig vor den Fenstern vorbeihuschenden gelbgrünen Halme, deren Federbüsche ihnen zunickten.

Hin und wieder rasteten sie in einem der kleinen, unmittelbar an der Straße gelegenen Restaurants, zumeist Holzhäusern, die nur aus schreiend bunten Reklameschildern zu bestehen schienen und durch ebenso kindische Prahlereien bereits viele Kilometer vorher angekündigt worden waren. Sie tranken Cola, aßen einen der geschmacklich nicht sehr gelungenen Macs und betrachteten die an dieser Straße offenbar beliebten Radkappensammlungen, eine nicht unbeträchtliche Einnahmequelle der Pächter, von denen die Rede ging, sie hielten die Schlaglöcher absichtlich „instand", um auf diese Art das Sortiment aufzubessern.

Danach fuhren sie weiter, dahindösend im eintönigen Summen des großen Elektromotors und gewiegt vom Geschaukel ihres Straßenschiffes. Gegen Mittag verstärkte sich das bis dahin fast unhörbare Rauschen der Pneus auf dem Asphalt, die Sonne begann den Belag aufzuweichen.

Sie hatten den Alabama River eben nördlich von Mobile passiert, vom Anblick des tiefen, wildzerklüfteten Cañons und der spinnwebdünnen Brücke darüber beeindruckt, als Philipp am Straßenrand zwei Mädchen stehen sah. Sie trugen knielange helle Hosen und farbenfreudige T-Shirts. Ihre Arme und Beine waren braungebrannt, und ihr Haar leuchtete hell wie Stroh in der Mittagssonne. Sie standen seitlich der Straße auf dem gelben Streifen heißen Sandes, und eine der beiden hielt den abgespreizten Daumen der rechten Hand in die hitzeflirrende Luft über dem Asphalt.

Morris bremste den Wagen langsam ab, und Philipp sah im Rückspiegel, wie sich die beiden in Bewegung setzten.

„Die werden schön schwitzen", sagte Morris hämisch. „Pfui Deibel!"

Als die Mädchen keuchend neben dem Wagen standen, erkundigte er sich nach ihrem Ziel.

„Houston!" sagte die Kleinere, und Morris öffnete grinsend die hintere Wagentür. Die andere, ein wenig größere, stand auf langen, schlanken Beinen neben dem Wagen und ließ ihre Umhängetasche am Schultergurt baumeln.

„Wo habt ihr euer Gepäck?" fragte Glenn Morris.

Das Mädchen schwenkte die Tasche heftiger. „Das ist alles", sagte sie. Dann tippte sie Philipp durch das geöffnete Fenster kurz auf die Schulter. „Geh nach hinten. Ich sitze lieber vorn neben dem Fahrer."

Sie behaupteten, Studentinnen aus Madison zu sein und sich auf einem Trip durch den Süden zu befinden. Als Morris verwundert fragte, ob man denn auf einer solchen Reise tatsächlich mit diesem Minimum an Gepäck auskommen könne, lachten sie. –

Warner's Palace in Houston Claridge erwies sich als ein weitläufiges Areal verstreut stehender Bungalows, die in der nachmittäglichen Brise inmitten eines graugrünen Kuschelgeländes dösten. Sie waren durch gewundene Wege untereinander verbunden und ungefähr gleich weit von einem großflächigen Swimmingpool entfernt. Die Wagen wurden unter den auskragenden Dächern der Apartments geparkt.

Im einzigen Restaurant des Komplexes, einer klimatisierten Riesenhalle mit zentralem Atrium, in dem Palmen wuchsen und ein Brunnen plätscherte, wurden ausgezeichnete Speisen und teure Getränke serviert.

Sie luden die beiden Mädchen zum Essen ein.

Die kleinere der beiden hatte Philipp anvertraut, sie heiße Betty, studiere Sozialpsychologie und habe bis kurz vor den Ferien in der Nähe von Madison als Mitglied einer Herde von Pavianen gelebt, was sie als ungeheuer aufregend bezeichnete. Er hatte sie weder nach ihrem Namen noch nach ihren Lebensumständen gefragt, und es interessierte ihn auch nicht, ob ihre Darstellung den Tatsachen entsprach. Allerdings war ihm bekannt, daß solch verrückte Experimente wie das von ihr geschilderte durchaus nicht zu den Seltenheiten gehörten.

Während des Essens bemerkte er, daß sie über akzeptable Umgangsformen verfügte. Nur die feine Staubschicht, die ihre Arme bedeckte, störte ihn.

„Du solltest bald duschen", sagte er.

Sie nickte schweigend.

„Ich glaube, daß ich lieber schwimmen werde", sagte die Größere. „Duschen mit vollem Magen bekommt mir nämlich nicht." Und sie lachte so laut, daß sich die wenigen Gäste nach ihr umblickten.

Später sahen sie, daß sie vom Swimmingpool hinüber zu Glenns Apartment ging. Sie war nackt. Das T-Shirt und die Kniehose trug sie über dem Arm. Offenbar hatte sie ihre Kleidung beim Baden gleich mitgewaschen. Ihr schlanker Körper war gleichmäßig gebräunt, und sie lief mit langen und dabei gleichsam schleichenden Schritten.

„Sieht aus, als hätte auch sie mit Affen zusammen gelebt", sagte Morris und verzog das Gesicht. Dann ging er ihr nach.

Phil zögerte, sein Apartment aufzusuchen. Er glaubte zu wissen, was ihn dort erwartete. Sein Urteil über diese Art von Mädchen stand fest. Sie sind oberflächlich, genußsüchtig, sagte er sich, weil ihnen die Zeitumstände gebieten, nur an das Heute zu denken. Denn sie haben weder Hoffnungen noch Perspektiven. Sie leben heute, ob sie morgen noch leben werden, das wissen sie nicht. Mehr noch, sie bezweifeln nicht ohne Grund, daß es für sie ein Morgen geben wird. Deshalb sind sie so. Weil sie Hunger auf das Morgen haben und nicht glauben, daß sie lange genug leben werden, ihn zu stillen.

Solche Zufallsbekanntschaften mochte er nicht. Er fürchtete die Risiken. Außerdem ließ ihn die Erzählung des Mädchens über ihr Zusammenleben mit den Affen nicht los. Seine Phantasie gaukelte ihm Situationen vor, die er mehr als grotesk fand.

So setzte er sich an die Bar, bestellte einen Gin und nahm sich vor, schlafen zu gehen, wenn das Glas leer war. Um das Mädchen würde er sich einfach nicht kümmern. Mochte sie von ihm denken, was sie wollte.

Als er sein Apartment betrat, saß Glenn Morris im Liegesessel und rauchte, das Zimmer war blau von Zigarettenqualm. Betty war nirgends zu sehen. Auch im Bad, dessen Tür weit offenstand, war sie nicht mehr.

Er mußte wohl sehr verdutzt aussehen, denn Morris zog eine Grimasse, von der man nicht wußte, ob sie Zorn oder Heiterkeit ausdrücken sollte. „Das sind vielleicht prüde Ziegen", sagte er. „Laufen splitternackt herum, und wenn du ..." Er winkte ab. Danach warf er die Zigarette in den fast schon vollen Aschenbecher, kippte den Sessel nach hinten und war nach kaum einer Minute eingeschlafen.

Unter der Dusche spürte Phil das Bedürfnis, laut zu pfeifen. Daß die Mädchen Glenn Morris aus dessen eigenem Apartment vertrieben hatten, empfand er als äußerst belustigend.

Als er am nächsten Morgen mit Glenn Morris beim Frühstück saß, kamen die beiden Mädchen zu ihnen an den Tisch, grüßten und langten kräftig zu. Nichts deutete darauf hin, daß vom Abend zuvor Spannungen geblieben waren. Sogar Morris versuchte ein freundliches Lächeln.

Die Besprechung im Büro der Space Force war für den Nachmittag angesetzt, und so schlenderten sie nach dem Frühstück zu viert durch den Villenvorort Claridge, eine der Siedlungen, mit denen sich Houston immer tiefer in die Colorado-Wüste hineinfraß.

Sie gingen langsam und ohne ein anderes Ziel, als die Zeit bis zum Nachmittag herumzubringen. Hin und wieder kauften sie sich ein Eis, eine Cola oder irgendwelchen Tand.

Gegen Mittag äußerten die Mädchen den Wunsch, in die City zu fahren.

Doch Glenn Morris lehnte rundweg ab. „Das kommt überhaupt nicht in Frage. Zumindest für Phil und mich nicht. Wenn ihr fahren wollt, niemand hält euch hier fest."

Es gab mehrere Gründe, die dagegen sprachen. Abgesehen davon, daß sich das Gebäude der Space Force auf halbem Weg zwischen Claridge und der City befand, war es zwischen den Beton- und Glastürmen der Stadt in dieser Jahreszeit heiß und stickig. Weder die Palmen noch die unzähligen Springbrunnen vermochten das Klima Houstons so zu verbessern, daß man es als angenehm empfinden könnte.

Vielleicht aber hätte auch das sie nicht abgehalten, dem Wunsch der Mädchen nachzukommen, wenn es nicht noch ein Weiteres gegeben hätte, das ihnen verbot, sich an diesem Tag in der City aufzuhalten. Für die Stunden der Siesta, der heißesten Zeit des Tages also, war der Beginn einer Demonstration angesagt, die eine der größten in der Geschichte der USA werden sollte. Man rechnete mit der Teilnahme von mehr als zwei Millionen Menschen, vorwiegend jungen Leuten, die sich auf diese Weise gegen die Indienststellung des ersten Testsatelliten der Space Force zu äußern gedachten. Für potentielle Angehörige dieser Institution war es selbstverständlich absolut unmöglich, an derartigem teilzunehmen, auch nicht zwei hübschen Mädchen zuliebe.

Schon jetzt, am späten Vormittag, war es, als hole die Stadt tief Luft. Von den acht Spuren der Schnellstraße waren sieben in Richtung auf die City geschaltet. Und doch schob sich auf diesen sieben Spuren ein nicht abreißender Strom von Fahrzeugen nach Westen, wo die Bürotürme von Houston City wie ein dräuendes Gebirge aus grauen, gelben und schwärzlichen Felsen über die Bäume des Claridge-Parks ragten. Die Luft in der Nähe der Straße war erfüllt vom Gesumm und von der hitzeflirrenden Abluft der Elektroantriebe.

„Euch ist es also einerlei, ob sie uns dieses Mistding an den Himmel hängen oder nicht", sagte die Größere, von der Philipp noch immer nicht wußte, wie sie hieß. Sie versuchte, Glenn am Arm festzuhalten.

Phil spürte, wie sich Bettys Hand in seine Rechte schob. Es war eine Geste, die ihm gleichzeitig hilflos und zutraulich erschien.

„Aber nein!" erklärte Morris wahrheitsgemäß. „Das ist es uns ganz und gar nicht."

„Dann solltet ihr mit uns kommen und etwas gegen diese Schweinerei unternehmen", forderte das Mädchen.

Morris machte sich los und trat einen Schritt zurück. „Ich habe gesagt, daß es mir nicht einerlei ist. Nicht, daß ich dagegen bin."

„Du ...!" schimpfte das Mädchen.

Morris lachte. „Ganz richtig", bekannte er. „Ich bin dafür. Sehr sogar. Und mein Freund Phil auch."

Das Mädchen holte tief Luft, und einen Moment lang sah sie aus, als wollte sie die Diskussion fortsetzen. Dann aber besann sie sich und schüttelte den Kopf. „Was geht mich deine Meinung an", sagte sie schulterzuckend und hakte sich bei Glenn ein. „Ich hätte jetzt gern einen großen Mac."

Phil fühlte, wie sich Bettys Händedruck verstärkte. „Die dort sehen mir nicht ganz geheuer aus", flüsterte sie. „Geht jetzt bloß nicht dort hinüber."

Drüben an der Bushaltestelle, direkt neben der Hot-Dog-Bude, standen vier junge Männer und blickten ziemlich auffällig herüber. Es sah aus, als interessierten sie sich sehr für die beiden Mädchen. Sie trugen dunkle Jeans und schwarze T-Shirts, die mit silbernen Emblemen in der Form herabstoßender Adler bedruckt oder bestickt waren. Ihre Füße steckten in abgetragenen Sandalen. Sie setzten ihre Musterung auch dann noch ungeniert fort, als Philipp und Glenn sich nach ihnen umblickten. Der Kleinste von ihnen, ein untersetzter Bursche mit pechschwarzem Haar und Sonnenbrille, winkte herüber.

„Kommt, laßt uns gehen!" bat Betty.

Aber ihre Freundin widersprach. „Ich habe gesagt, daß ich einen Big Mac möchte", erklärte sie.

Aus der City stieg ein erstes, offenbar nicht allzuweit entferntes Rauschen auf, Millionen skandierender Stimmen, deren Chor durch Häuserwände und Straßenschluchten zu einem undefinierbaren Gemurmel, ähnlich dem des Meeres nach einem Sturm, deformiert wurde. Einer der jungen Männer an der Haltestelle sagte etwas, und die anderen brachen in Gelächter aus.

„Selbstverständlich bekommst du deinen Mac", sagte Morris. „Daran können uns solche Typen wie diese da nicht hindern." Und er ging hinüber zu der bunten Bretterbude, auf deren Tresen der Verkäufer mit einem nicht ganz sauberen Papiertuch herumfuhrwerkte.

Philipp blieb an Glenns Seite, Betty nach sich ziehend. Ihre Hand war plötzlich hart und kalt.

Die vier an der Haltestelle folgten ihnen mit den Augen, es wirkte, als zöge jemand die Köpfe von Marionetten an Fäden herum. Keinem von ihnen hätte Phil nachts in der U-Bahn begegnen mögen.

„Sieh dich vor, Phil!" flüsterte Betty.

Wieder stieg das gar nicht so ferne Rauschen in die hitzeflirrende Luft über der Stadt.

Als sie ihre Macs vom Tresen nahmen, das fettige Papier vorsichtig zwischen zwei Fingern haltend, war Glenns Freundin verschwunden. Während der kurzen Zeit, die sie vom Rand des Parks bis hier herüber zur Haltestelle benötigt hatten, war sie untergetaucht, als hätte sie sich in Luft aufgelöst. Wahrscheinlich hatte sie sich nach rückwärts in den Park abgesetzt.

„Sie wird gehen und mit den Spatzen pfeifen", sagte Morris und deutete mit einer Kopfbewegung zur Stadt. Den Mac hielt er, als hätte ihm jemand eine Vogelspinne in die Hand gedrückt.

Die vier Typen an der Haltestelle lachten schallend.

„Ich werde ihnen ein Ding aufs Maul geben", versprach Morris. „Die sollen sich gefälligst um ihren eigenen Dreck kümmern." Er legte den Mac auf den Tresen zurück, ging aber dann doch nicht hinüber. Er begnügte sich mit einem wütenden Blick.

Dann ging alles ziemlich schnell.

Plötzlich standen die vier neben und hinter ihnen. Der eine nahm den Mac vom Tresen und biß hinein, ein anderer griff nach Bettys Mac, und der Dunkle mit der Sonnenbrille umfaßte Betty von hinten und legte ihr beide Hände auf die Brüste. Dabei machten sie Gesichter, als verrichteten sie irgendeine uninteressante Arbeit.

Betty stieß einen Schrei aus.

Es dauerte mindestens zwei Sekunden, ehe sich Philipp gefaßt hatte. Er spürte weder Zorn noch Ärger, er war nur sehr verblüfft. Mit einem nicht allzu heftigen, von oben geführten Hieb schlug er die Hände des Dunklen herunter und stieß ihn an der Schulter zur Seite. Der Mac rollte ein Stück über den staubigen Asphalt. Es sah ziemlich komisch aus.

„Hau ab!“ sagte Philipp. Noch immer war er ruhig.

Das änderte sich sofort, als ein anderer eingriff. Der Mann sprang ihn von hinten mit hochgezogenem Knie an. Philipp spürte einen dumpfen Schmerz in der Nierengegend. Er sagte sich, daß es sinnlos wäre, gegen alle vier gleichzeitig zu kämpfen. Er wußte aus Erfahrung, daß man sich besser auf einen einzelnen konzentrierte. Er wählte den mit der Sonnenbrille, den Gefährlichsten wahrscheinlich, den Listigsten aber auf alle Fälle.

Die Hände, die sich um seinen Hals gelegt hatten, lösten sich, offenbar hatte Glenn Morris eingegriffen.

Phil ging zielstrebig zu Werke. Er riß den Dunklen an der Schulter herum und wiederholte: „Haut ab!“

Er glaubte genau zu wissen, was geschehen würde, und er sah sich nicht getäuscht.

Sein Gegner versuchte einen rechten Haken zu landen und entblößte dabei die linke Seite, weil er mit dem anderen Arm den Schwung ausglich. Philipp drehte sich aus dem Schlag heraus und traf den Mann mit der Fußspitze unter dem Kinn. Er fühlte den harten Stoß durch den Schuh hindurch und wußte, daß mindestens ein Viertel der Arbeit getan war. Dann hörte er sich hastig entfernende Schritte und Schmerzenslaute, die in seiner Nähe blieben.

Sie hatten nur noch einen Gegner. Und auch der war, soweit Philipp das mit einem schnellen Seitenblick festzustellen vermochte, kaum noch wert, als solcher bezeichnet zu werden. Der Dunkle lag am Boden, offenbar schwer k. o., und die silbernen Embleme von zwei anderen sah er im Dämmerlicht zwischen den Parkbäumen untertauchen. Den letzten aber hatte sich Glenn Morris vorgenommen. Er bearbeitete ihn vor dem Tresen der Hot-Dog-Bude. Glenn hatte den Burschen mit beiden Händen am Hals gefaßt, stieß ihn vor und zurück und traf ihn dabei abwechselnd mit der Stirn ins Gesicht und mit dem Knie in den Leib.

„Hör auf!“ schrie Philipp. „Du bringst ihn um!“

Aber Glenn Morris schien unzugänglich für äußere Eindrücke. Er schlug weiter auf sein Opfer ein.

Da ging Philipp dazwischen. Er riß Morris an beiden Schultern zurück, hatte große Mühe, dessen Hände vom Hals des anderen zu lösen, und schüttelte den Rasenden heftig. „Du bringst ihn um, Mensch!" schrie er abermals.

Glenns Augen sahen aus, als befände er sich in Trance. Sein rechtes Knie zuckte mehrmals ins Leere. „Diese Schweine!" brabbelte er. „Diese verdammten Indioschweine."

„Komm zu dir, Glenn! Er ist kein Indio."

„Sie sind alle Indios, diese gottverfluchten Verbrecher!" Plötzlich überlief Glenn Morris ein Zittern. „Ist er ..., habe ich ihn ...? Sag doch was, Phil!"

„Mein Gott! Haben Sie den zugerichtet", sagte der Hot-Dog-Verkäufer, während er sich weit über seinen Tresen nach draußen beugte.

Der Bursche im schwarzen T-Shirt lag quer über dem Fußweg. In seinem zerschlagenen Gesicht zuckte es, seine Hände waren über dem Leib verkrampft.

„Er lebt!" sagte Morris aufatmend. Und dann, schon wieder mit einem abfälligen Lächeln um den Mund: „Ich kenne diese Sorte. Die krepieren nicht so leicht."

Philipp McBruns schwieg. Er hatte das Gefühl, in einen Abgrund voller Bestien geblickt zu haben. Und eine solche Welt wollte er vor dem Untergang bewahren? War sie das denn überhaupt wert? Eine absurde Frage, sagte er sich, kaum daß sie gestellt war. Dies war nicht seine Welt. Er trat für eine andere ein.

Der Hot-Dog-Verkäufer telefonierte, mit der freien Hand heftig gestikulierend. Hin und wieder beugte er sich über den Tresen und sah nach dem Mann, der noch immer quer über dem Fußweg lag.

„Komm weg hier!" sagte Morris, ergriff Philipp am Arm und zog ihn mit sich in Richtung Park. „Was wir uns jetzt überhaupt nicht leisten können, ist Ärger mit der Polizei." Er grinste. Sein Zorn schien von einer Art heiterer Gelassenheit abgelöst worden zu sein.

Sie rannten über die Grünfläche neben der Straße und zwischen den äußersten Bäumen des Parks hindurch.

Nun war auch Betty verschwunden. Sie wird, dachte Phil, wie Morris das nannte, mit den Spatzen pfeifen wollen. Und er hatte das Gefühl, etwas Wichtiges verloren und etwas noch Wichtigeres unterlassen zu haben.

Aus der Stadt stieg abermals ein Ruf Tausender von Stimmen in den heißen Himmel.

Als sie Glenns Apartment in Warner's Palace betraten, wurden sie bereits erwartet. Phil kannte den unscheinbaren Mann, der sich bei ihrem Eintritt aus dem Sessel erhob und „Hallo!" sagte.

Der Mann lächelte freundlich, aber als aus der Stadt erneut ein ungeheurer Ruf aufrauschte, gefror das Lächeln auf seinem Gesicht.

„Wissen Sie, was es mit diesem Geschrei auf sich hat?" fragte der Mann, dem sie in bequemen Sesseln im vierundzwanzigsten Stock des Bürogebäudes der Space Force gegenübersaßen. Er wartete die Antwort nicht ab und bestellte über die Rufanlage drei Tassen Kaffee und Sandwiches.

Sie hatten das Haus nur durch den langen Tunnelzugang erreichen können, der schon jenseits von Claridge, am Rand der Colorado-Wüste, begann. Die Straßen zwischen dem Vorort und der City waren seit dem Morgen durch eine unübersehbare Menschenmenge blockiert. Und sie schien sich noch immer zu vergrößern. Sie brandete um den Fuß des turmhohen Hauses wie Meereswogen um eine Klippe. Hin und wieder hörte man Sprechchöre, die den Abbruch der Montagearbeiten für den Testsatelliten forderten.

Und da stellte der Mann eine solche Frage.

„Wenn wir auch sicherlich nicht so gut informiert sind wie Sie, Sir", antwortete Morris und betrachtete seine Handknöchel, „was die da unten von uns wollen, wissen wir."

„Ich werde Sie nicht fragen, was Sie davon halten", sagte der Mann.

„Müssen Sie auch nicht, Sir", bestätigte Morris, immer noch in die Begutachtung seiner Hände vertieft.

Ein weiblicher Sergeant brachte Kaffee und belegte Brote. Die junge Frau trug eine knappe Uniform in der Khakifarbe der Space Force und cin vorschriftsmäßig gerade sitzendes Käppi, unter dem blonde Locken hervorquollen. Sie ähnelte Betty, blond und gebräunt, wie sie war, aber sie wirkte ungleich steifer. Sie verzog keine Miene, als sie die Tassen ordnete und den Teller mit Sandwiches in Reichweite ihres Chefs plazierte. Als sie den Raum verließ, salutierte sie exakt.

„Genieren Sie sich nicht, meine Herren", sagte der Mann kauend. „Greifen Sie zu!"

Sie tranken schweigend Kaffee und aßen ihre Sandwiches.

Gut eine Viertelstunde mochte vergangen sein, als das Fräulein Sergeant ungerufen ein zweites Mal erschien und das Geschirr zusammenräumte.

„Einen Augenblick noch, Sergeant!" befahl der Mann, als sie sich entfernen wollte. „Lieutenant McBruns wird Sie begleiten."

Phil wertete es als gutes Zeichen, daß er mit seinem Dienstgrad benannt wurde. Gewiß aber deutete es darauf hin, daß der offizielle Teil begonnen hatte.

Er wartete über eine Stunde im Vorzimmer, ehe er wieder hereingerufen wurde. Morris hatte den Raum bereits verlassen, durch eine Tür auf der anderen Seite. Philipp nahm Haltung an und meldete sich vorschriftsmäßig zur Stelle.

„Setzen Sie sich, Lieutenant“, sagte der Mann. „Obwohl wir es kurz machen können.“

Etwas in Phils Brustkorb zog sich schmerzhaft zusammen. Furcht, versagt zu haben, überfiel ihn. Wenn alles, was er bisher getan hatte, umsonst gewesen sein sollte, er würde sich selbst zu hassen beginnen.

Er hörte die Stimme des Mannes wie aus weiter Ferne: „... die Indienststellung der Forschungsstation Odin kurz bevor. Sie werden ab sofort mit dem Spezialtraining beginnen. Nach Gordon Point werden Sie also nicht zurückkehren.“

Es war ein überwältigendes Gefühl, wie er es zuvor noch niemals erlebt hatte. Er hatte sein erstes, großes Ziel erreicht. Der Hebel, mit dem man die Vernichtung der Erde aufhalten konnte, würde sich in seiner Reichweite befinden.

Seltsames geschah mit ihm. Er begann in ein Vakuum zu fallen. Und aus der Leere tasteten sich Gedanken an ihn heran, die angesichts dessen, was sich da eben ereignet hatte, unbedeutend wie winzige Stäubchen im Wind waren. Aber im Moment gab es für ihn keine anderen.

„Der Wagen“, hörte er sich sagen. „Ich habe mir einen Wagen geliehen. Was wird mit dem geschehen, wenn wir nicht nach Gordon Point zurückkehren?“ Und er wußte doch im selben Augenblick, daß es die abwegigste Frage war, die er überhaupt stellen konnte. Nur, andere Fragen hatte er nicht.

Der Mann lachte lautlos.

„Keine Sorge, Lieutenant“, sagte er. „Um den werden wir uns kümmern. Wenn Sie keine anderen Probleme sehen ...“

„Nein, Sir! Nicht daß ich wüßte.“

Langsam, ganz langsam tastete sich die Realität wieder an ihn heran. „Vielleicht sollte ich mich bei Ihnen bedanken, Sir.“

Der Mann lachte noch immer auf seine ungewöhnliche Art. „Das müssen Sie nicht, Lieutenant! Wenn Sie schon Ihren Dank abstatten wollen, dann nur Ihrer eigenen Zielstrebigkeit. Es waren allein Ihre Entwicklung und die daraus resultierenden Daten, was uns bewogen hat, Sie in das Kernteam der Odin aufzunehmen.“

Es hatte also wirklich funktioniert. Er hatte sie getäuscht und gewonnen, alles gewonnen.

Er stand auf und salutierte. „Darf ich wegtreten, Sir?"

Auch der Mann erhob sich. Er kam um seinen Schreibtisch herum und reichte Phil eine kleine und dabei sehr feste Hand. „Sie treten Ihren Dienst in der Space Force im Rang eines Captains an. Ihr Aufgabengebiet wird die Bedienung der Laserleitanlage an Bord der Station Odin sein." Er machte eine kleine Pause. „Ich gratuliere und danke Ihnen, Captain, und ich wünsche Ihnen Erfolg in unser aller Interesse. In der Tiefgarage wartet ein Wagen, der Commander Morris und Sie zum Stützpunkt bringen wird. Sergeant Baker wird Sie hinunterbegleiten." Er klingelte.

„Danke, Sir!"

Philipp war wie in Trance. Selbstvergessen ging er an der Seite des blonden Fräulein Sergeant. Hin und wieder wehte ihn ein herber Duft an. Doch er hatte kein Ohr für ihre Stimme, kein Auge für das schimmernde Blond ihres Haares und keine Nase für ihren Duft. Im Lift stand er unbewegt wie ein Stein neben ihr.

Glenn Morris saß schon im Fond des Wagens.

„Mensch, Glenn!" sagte Philipp. „Wir haben es geschafft."

Morris blickte ihn von der Seite her an. Seine Brauen zogen sich ein wenig zusammen. „Sie werden sich eine neue Form des Umgangs angewöhnen müssen, Captain", sagte er schleppend. „Ich räume Ihnen zwei Möglichkeiten ein: Sie nennen mich ‚Sir' oder, was mir lieber wäre, ‚Commander'. Sie können wählen, Captain!"

Er brauchte nicht erst im Gesicht des anderen zu lesen, er wußte, daß die Worte ernst gemeint waren.

Das Ende der Drachen

„Lageberatung!" befiehlt der Commander und deutet mit einer knappen Handbewegung zur Stirnwand der Zentrale, auf der die Generalstabskarte erscheint. Über den Atlantik zieht ein kleiner roter Punkt dahin, die Ortsprojektion der Odin. Als sich Glenn Morris in seinen Sessel schiebt und die Gurte befestigt, sprüht sein vergoldeter Skaphander Funken.

Der Commander beginnt die Beratung sehr konzentriert. Der eingespiegelte Lichtpfeil wandert über die Karte, als werde er nicht von der Hand eines Menschen, sondern durch die emotionslose Elektronik des Ortungsgerätes gelenkt.

„Das Territorium unseres Gegners ist", erklärt Glenn Morris, „was seine Lage und Ausdehnung anbetrifft, für einen überraschenden Angriff mit dem Ziel optimaler Wirkung, also schnellstmöglicher Verteidigungsunfähigkeit, denkbar ungeeignet. Sie sehen, daß sich das zu bekämpfende Gebiet etwa vom zehnten Grad östlicher bis zum einhundertsiebzigsten Grad westlicher Länge erstreckt, das ist nahezu exakt die Hälfte des Erdumfangs. Als weiteres, für unsere Absichten ungünstiges Merkmal kommt die subarktische Lage hinzu, zwischen ungefähr vierzig und achtzig Grad nördlicher Breite."

Der Lichtpfeil gleitet mehrmals von Nordosten nach Südwesten über das langgestreckte Abbild des Zielterritoriums, als wolle man es mit einem spitzen gelben Messer in schräge Streifen schneiden.

„Wenn wir davon ausgehen, daß das Ziel eines Angriffs mit modernen Waffen immer in der vollständigen Vernichtung des Gegners besteht, dann sind unter Berücksichtigung der Wirkungsbreite unserer Fächerlaser und der im Orbit physikalisch möglichen optimierten Bahnkurven mindestens neun Überflüge notwendig, was einem Gesamtzeitraum von ungefähr sechzehn Stunden entspräche. Daraus abgeleitet, ergibt ..."

„Präzise fünfzehn Komma vier eins Stunden, Sir!" unterbricht der kleine Graves.

„... kann mit der ..., muß mit der Möglichkeit gerechnet ..." Morris verhaspelt sich und läuft rot an. „Verdammt noch mal, Mister Graves! Diese Lageberatung leite ich. Und ich leite sie allein. Sie reden gefälligst nur, nachdem ich Ihnen das Wort erteilt habe. Ist das klar, Graves?"

„Jawohl, Commander! Ich habe verstanden."

„Wir müssen also damit rechnen, daß der Gegner spätestens ab Beginn des zweiten Überfluges mit Gegenmaßnahmen antwortet, was unsere Operation erheblich erschweren dürfte. Trotzdem kann es für uns kein anderes Ziel geben als die vollständige Vernichtung des Gesamtterritoriums innerhalb der technisch möglichen Zeit von sechzehn ..., fünfzehn Komma vier Stunden."

Ich habe das Gefühl, daß sich Glenn Morris jetzt, nachdem ihn der kleine Graves unterbrochen hat, nur noch mit äußerster Mühe zu konzentrieren vermag. Vielleicht resultiert daraus diese seltsame Logik. Obwohl er die Vernichtung des Gegners als kaum möglich bezeichnet, akzeptiert er sie als Ziel der Operation, weil es ein anderes für ihn nicht geben kann, nicht für einen Hai, wie er einer ist.

Dabei stellt er die Situation dar, als handle es sich bei der Odin um die einzige zur Zeit einsetzbare Waffe seines Landes, als stände unsere Station allein den kriegerischen Mitteln der ganzen Welt gegenüber. Das ist schwer zu begreifen, denn Morris scheint mir nicht der Mann zu sein, der eine so prekäre Lage total falsch beurteilen würde. Es muß also Gründe geben, die ihn hindern, die Zeus und all die anderen Fernkampfmittel, über die sein Land verfügt, mit ins Kalkül zu ziehen.

„Die Zeus wird uns unterstützen", sagt jemand hinter mir. „Mindestens die Zeus, wenn nicht auch ..."

„Die Zeus?" fragt der Commander gedehnt. Seine Kombination knistert, als er sich im Sessel bewegt. „Die Zeus wird das von uns überflogene und zerstörte Territorium knapp eine Stunde später passieren. Jeweils eine Stunde später. Korrigieren Sie mich jetzt bloß nicht, Graves! Vielleicht werden sie auch ein wenig Nachlese halten, die Automaten der Zeus. Oder später, nachdem es uns erwischt hat, unser Werk fortsetzen. Wenn sie das können. Aber direkt unterstützen werden sie uns nicht. An diesen Gedanken solltet ihr euch gewöhnen."

Aus seinen Worten ist deutlich eine gewisse Ratlosigkeit herauszuhören. Oder gar eine Spur von Verzweiflung. Zumindest aber die tiefgehende Besorgnis eines Menschen, der sich einer ebenso unlösbaren wie unvermeidlichen Aufgabe gegenübersieht. Der erkannt hat, daß er, beweist er Loyalität, höchstens noch zwei Tage leben wird.

Mag sein, daß seine Überlegungen längst nicht so weit gehen, wie ich es ihm unterstelle, vielleicht opfert er sich und uns freudigen Herzens, weil er glaubt, dieses Opfer sei notwendig, oder weil er hofft, auf diese Weise doch noch zum Helden werden zu können. Aber all dieses Hoffen und Wollen kann ja nicht verhindern, daß er dem eigenen Untergang mit Grausen entgegensieht. Selbst in Menschen wie ihm ist immer noch ein Rest animalischen Selbsterhaltungstriebes vorhanden.

„Wenn der Präsident den Angriff befiehlt, dann wird er ihn in derselben Sekunde auch allen anderen Fernkampfeinheiten erteilen. Nicht nur uns. Denn der Einsatz allein unserer Station wäre ein sinnloses Opfer an Menschen und Material. Das wird er nicht wollen, unser Präsident."

Ich glaube Newmans Stimme erkannt zu haben, aber ganz sicher bin ich mir dessen nicht. Die Worte klangen gepreßt und nicht sehr deutlich.

Wieder knistert der Skaphander des Commanders. „Hoffen wir es!" sagt Glenn Morris, und ich, der ich ihn kenne, besser sicherlich, als alle anderen hier an Bord ihn kennen, kann hören, daß er dieser Hoffnung nicht traut, daß sie für ihn eigentlich nicht existiert.

Danach ist lange nichts als ein tiefes Schweigen, in dem nur die elektronischen Apparate summen, die Ortungsgeräte leise zirpen und manchmal eine Blende klickt.

Ich glaube nicht, daß die anderen bereits begriffen haben, was sie erwartet, sonst hätten sie über das, was da auf uns zukommt, nicht geredet, als handle es sich um die Besteigung eines Berges in der Sierra Nevada und nicht um das Leben von Millionen Menschen. Nun ja, für sie ist das Leben anderer nicht besonders wichtig. Und wenn sie sich doch hin und wieder Gedanken machen, dann nur über das eigene.

Vielleicht aber sind auch schon Spuren der Erkenntnis in den einen oder anderen eingedrungen, und sie haben so geredet, weil sie sich vor dem Überfall der eigenen Gedanken fürchten, weil Nachdenken sie am Ende doch auf den Kern des Entsetzens bringen müßte. Jetzt, da sie schweigen, werden sie sich ihm nähern, mehr und mehr, bis sie ihn in seiner ganzen Ungeheuerlichkeit erfassen werden. Denn es geht längst nicht mehr nur um das Leben der anderen, es geht vor allem um ihr eigenes.

So, wie es damals um das Leben von zwölf Piloten ging, die ausgeschickt worden waren, um die Augen der Öffentlichkeit und das Feuer der Gegner auf sich zu lenken. Zehn Tote! Keiner von den Vermißten war zurückgekehrt. Diesmal werden es mehr Tote sein.

Erstaunlich, wie wenig mich dieser Gedanke stört. Heute fühle ich mich viel weiter von ihnen entfernt als damals, als ich sie Kameraden nannte. Nein, meine Kameraden sind tot oder übergelaufen auf die andere Seite. Bergerson und Dora. Ach, Dora! Wie gut ich sie verstehen kann.

Diese hier aber kümmern mich nicht. Mögen sie verbrennen.

Und ich? Nun, ich werde bei ihnen sein, wenn es zu Ende geht. Auch ich werde ein Opfer sein. Doch, gemessen an der Zahl der Überlebenden, ein unbedeutend kleines.

Sie sind die Kaninchen, von denen Glenn Morris sprach, die Ratten, denen man beigebracht hat, ihre ureigenste Lebenssphäre zu hassen. Ich werde sie töten, bevor sie imstande sind, andere zu töten.

Es ist ein seltsames Gefühl, wenn man überdeutlich zu spüren vermag, wie in einem tiefen Schweigen langsam Erkenntnisse heranreifen. Vielleicht macht die Nähe des Todes den Menschen wirklich hellsichtig.

Die Atmosphäre in der Zentrale scheint sich an bestimmten Stellen zu verdichten, bisher noch unbewußte Einsichten kristallisieren zu Wahrheiten. Plötzlich, nach mehr als einer halben Stunde des Grübelns, sehen sich die Männer in der Zentrale als das, was sie übermorgen sein werden, als Tote.

Der kleine Funker Walter Graves beginnt vor sich hin zu flüstern, ganz leise anfangs noch, aber ich weiß, daß er der erste ist, in dem sich Vermutungen zur Gewißheit verdichtet haben.

Und plötzlich sein Schrei, wie eine Explosion: „Nein, nein! Das dürfen Sie uns und der Welt nicht antun, Commander! Mein Gott! Wir sind doch alle Menschen!“ Und dann wieder flüsternd: „Es wäre Mord, Commander, millionenfacher Mord!“

Glenn Morris erhebt sich gelassen. Groß und golden schimmernd wie eine Statue, schwebt er inmitten der Zentrale, die Kniekehlen gegen die Kante seines Sessels gestützt. „Graves! Nehmen Sie sich gefälligst zusammen, Mann!“ Seine Stimme ist voll von eiskaltem Hohn. „Bis heute war ich überzeugt, daß Sie den Tod nicht fürchten. Wollen Sie mir beweisen, daß es auch unter Leuten wie Sie Feiglinge gibt?“

Graves schweigt. Sein Gesicht ist ganz grau geworden unter der Bräune. Aus seinen dunklen Augen zuckt ein Blick hinüber zu Glenn Morris.

Der hat sich unterdessen, noch immer vor seinem Sessel stehend, das Mikro der Rufanlage gegriffen. In seiner Stimme schwingt ein Rest von Genugtuung: „Hier spricht der Commander! Ich rufe Doktor Warren. Doktor Warren bitte sofort in die Zentrale. Und bringen Sie Ihre Spritzen mit, Doktor. Ich glaube, unser Erster Funker braucht dringend ein Beruhigungsmittel. Beeilen Sie sich!“

Es ist eine seiner kleinen Bosheiten, die sich so schnell bis zur psychischen Vernichtung eines Opfers steigern können. Er hätte es nicht nötig gehabt, die allgemeine Kommunikationsanlage zu benutzen. Er weiß genau, wo Doktor Warren zu finden ist.

Graves aber sitzt noch immer in seinem Sessel und blickt auf den goldschimmernden Mann in der Mitte der Zentrale. In seinen schwarzen Augen brennt ein Feuer, dessen Ursprünge ich nicht zu erkennen vermag.

Als in der unteren linken Ecke des Bodenbildschirms das Blaugrün der Insel Sachalin das Ochotskische Meer zu verdrängen beginnt, schiebt sich der Commander von seinem Sessel ab und blickt sich in der Zentrale um. „Lieutenant Brake! Leitung übernehmen!“ befiehlt er. „Und passen Sie mir gut auf unseren Funker auf. Captain McBruns, Captain Newman! Sie kommen mit mir.“ Und er gleitet aus der Zentrale, ohne sich noch einmal umzublicken.

Entgegen seiner Gewohnheit führt er uns weder in seine Kammer noch in eine der kleinen Kaffeeküchen im Außenring, sondern in den Schaltraum der Zentrale, in den die Rückseiten der Geräte hineinragen und dessen Wände mit Kabeln, Leitungen und Instrumenten übersponnen sind. Es ist einer der ungemütlichsten Räume an Bord überhaupt, für den Aufenthalt von Menschen nicht eingerichtet, aber offenbar möchte sich der Commander in dieser Situation nicht allzuweit von den Geschehnissen entfernen. Mir geht der Gedanke durch den Kopf, daß Glenn Morris in der vergangenen Nacht zum letztenmal in seinem Leben geschlafen haben dürfte.

Irgendwo zwischen der Wand und dem davor angeordneten, flächenhaften Gewirr der Installationen tickt ein Puls. Der Atem der elektronischen Geräte. Sein Pochen scheint von Sekunde zu Sekunde lauter zu werden.

Vor etwa fünf Minuten haben wir die Küste Sachalins überflogen. Rund einundsechzig Stunden werden vergehen, ehe wir dieselbe Position erneut erreichen. Eine Galgenfrist.

Ich muß diese entsetzliche Station mit all den an Bord versammelten Narren endlich aus dem Orbit sprengen.

„Dieser Mister Graves scheint mir der einzige zu sein, der die Situation im Detail erkannt hat", sagt Glenn Morris und löst seinen Blick von der Wand. Seine Stimme ist sehr leise und klingt, als spräche er mit geschlossenen Lippen. Er irrt sich, denn auch ich bin mir seit einigen Stunden sicher, daß er die Welt mit einem Alleingang zu überraschen gedenkt.

„Der Start des Stabsshuttles hatte nichts mit dem Beginn des Planes Alpha zu tun, meine Herren", fährt er fort, und dabei kräuseln sich seine Lippen in plötzlicher Geringschätzung. „Es war eine Flucht, nichts anderes. Der Präsident und seine Berater sind aus Angst vor ein paar tausend Ignoranten und einer Babyrakete geflohen. Das ist die Situation!"

Wir schweigen. In dem breiten, normalerweise nahezu unbeweglichen Gesicht Harold Newmans kann ich deutlich lesen, daß auch er dabei ist, zu begreifen, wie es um uns steht. Er blickt zu Boden auf das kunstvolle Muster der ineinander verschachtelten Metallplastplatten.

Ich lausche dem Puls der Odin, der scheinbar immer lauter und lauter tickt. Jeder dieser einzelnen Töne hackt mir eine nutzlose Sekunde meines Lebens ab.

„Abgehauen?" sagt Newman nach einer langen Zeit atemlosen Schweigens, und ich stelle fest, daß in seiner Frage nicht die Spur von Verwunderung mitschwingt. Sie hört sich eher an, als habe er mit nichts anderem gerechnet. „Er hat also uns, Amerika, im Stich gelassen, Sir?"

Glenn Morris bläst die Wangen auf. „Er hat die Welt im Stich gelassen, Newman, die ganze Welt. Von einer Sekunde zur anderen ist die Erde führerlos. Das ..."

„Laut Gesetz übernimmt in einem solchen Fall der Vizepräsident die Geschäfte. Und wenn auch der nicht zur Verfügung steht, der Kongreß oder ..." Newman bricht ab. Sogar er weiß, daß der Commander mit derartigen Erwägungen nicht von seinem Plan abzubringen ist. Der Vizepräsident dürfte sich ebenfalls an Bord des Stabsshuttles befinden, und der Kongreß, in dem seit mehreren Jahren die Republikaner über die Mehrheit verfügen, setzt sich – zumindest nach des Commanders Überzeugung – aus Schwächlingen und Versöhnlern zusammen. Auf den Kongreß zählen zu wollen könnte ihn höchstens zu lautem Gelächter veranlassen.

Glenn Morris zieht es vor, Newmans Bemerkung nicht zur Kenntnis zu nehmen. Er strafft sich. „Sie sollten begreifen, daß wir vielleicht die letzten sind, denen sich die Chance bietet, unser System, unsere Welt zu retten, Newman."

Das klingt pathetisch, aber ich glaube, es ist genau das, was Glenn Morris in diesem Augenblick fühlt.

„Woher, Commander, wollen Sie wissen, daß er wirklich geflohen ist?" schalte ich mich ein. Abermals habe ich das absurde Gefühl, daß es um den Gewinn von Sekunden geht, daß jeder Moment, um den ich das Ende hinauszögern kann, eine Ewigkeit an Leben bedeutet.

Der Commander würdigt mich nicht einmal einer Antwort, und sein Blick sagt mir, daß jedes weitere Wort verloren wäre.

Wieder nur das Schweigen und der Takt des Pulses. Und in diesem Schweigen wächst das Grauen heran, zornig zur Kenntnis genommenes Grauen, das sich träge, aber unaufhaltsam ausbreitet, begleitet und stimuliert von dem tickenden, toten Puls der Maschinen.

Wir warten. Warten auf ein Wort des anderen, auf einen Hinweis, daß es irgendwo eine bisher übersehene Nische der Rettung gibt, einen Strohhalm, an den man sich klammern könnte. Und wir wissen doch, daß wir eigentlich bereits ertrunken sind. Wir befinden uns schon außerhalb der Welt. Wir alle.

Seltsam, daß man in einer solchen Situation weniger Angst als Zorn empfindet. Ich vermochte mir bisher nicht vorzustellen, daß ein Ertrinkender wütend auf das Wasser sein könnte, das ihn am Atmen hindert.

Ein Knacken im Kommunikator. Und gleich darauf Brakes Stimme, die in letzter Zeit immer ein wenig maschinenhaft klingt, fast ohne Intonation: „Achtung! Sofort Kampfstände besetzen! Annäherung unidentifizierter Flugkörper aus Quadrant neunzehn Nord. Höhe schnell fallend. Geschwindigkeit ..."

„Kollisionskurs!" hackt die scharfe Stimme Donald Morgans dazwischen.

„Gefechtsbereitschaft herstellen!" befiehlt Morris, klappt das Visier seines Helms herunter und stürzt zur Tür.

Newman und ich folgen ihm auf dem Fuß. Der Skaphander mit der geschlossenen Helmscheibe schirmt mich ab gegen die Welt dort draußen, gegen alles und jeden. Ich bin allein.

Als ich hinaus in den Gang zur Zentrale haste, schaltet sich die Warnanlage ein, das an- und abschwellende Heulen des Rotalarms tobt durch alle Räume der Station, und die roten Warnscheiben an Decken und Wänden verstrahlen flackernd blutiges Licht. Aber all das berührt mich kaum.

Mein erster Blick gilt selbstverändlich dem Kampfstand. Balmein sitzt vornübergeneigt in meinem Sessel, die Augen an die Okularmuscheln des Sichtgerätes gepreßt. Er hat den Kopf so weit zwischen die Schultern gezogen, daß sein blonder Haarschopf auf der Dichtungsmanschette seines Skaphanders aufliegt. Die Farbe seines Skaphanders ist ein verwaschenes Graugrün wie die meines eigenen.

„Gefechtsbereitschaft ist befohlen!" zischt Glenn Morris. „Setzen Sie die Helme auf und schließen Sie die Visiere, verdammt noch mal! Und Sie geben mir das Bild auf den Hauptschirm, Lieutenant Balmein!"

Der junge Mann am Feuerleitstand zeigt Spuren von Konfusion. Er nimmt mit der Rechten den Helm auf und versucht mit der Linken das Bildgerät umzuschalten, ein unmögliches Beginnen, weil sich die Bedienungselemente ebenfalls rechts von ihm befinden. Schließlich legt er den Helm auf der schrägen Platte des Bedienpultes ab und stellt die von Morris verlangte Verbindung her. Danach bekommt er den ins Rutschen geratenen Helm eben noch zu fassen und stülpt ihn sich über die blonden Locken. Da er die Helmscheibe zu schließen vergißt, handelt er sich einen weiteren Rüffel ein.

Der Großbildschirm zeigt fünf winzige silbrige Splitter, die auf einer ziemlich exakten Kreislinie angeordnet zu sein scheinen.

„Vielleicht Meteoriten", sagt jemand unsicher, und Morris schnauft verächtlich.

Dann schwenkt sich Balmein, der meine Anwesenheit endlich bemerkt hat, mit seinem Sessel herum und macht Anstalten aufzustehen.

„Bleiben Sie am Gerät, Lieutenant!" faucht der Commander, und Balmein schwingt zurück, ein indifferentes Gemisch aus Verwunderung und Triumph auf dem Gesicht.

Ich bin nicht sicher, ob sich diese Weisung des Commanders gegen mich oder Balmein richtet, tendiere aber zu ersterem. Morris traut mir nicht mehr. Und es ist abzusehen, daß mir die Hände gebunden bleiben werden, wenn Balmein nicht ein schwerwiegender Fehler unterläuft. Der kleine, kaum daumennagelgroße Schalter ist anders als aus der Position des Feuerleitoffiziers kaum zu erreichen, es sei denn, ich kletterte auf das linke Seitenpult. Die Reaktion des Commanders auf eine solche Eskapade kann ich mir ausmalen.

Die silbernen Punkte auf dem Hauptbildschirm sind zwar optisch nicht größer geworden, aber dafür wechseln die Entfernungsangaben jetzt schneller. Die Raumkörper nähern sich. Und ich zweifle nicht, daß es sich um künstliche Körper handelt. Ihre Formation ist viel zu exakt und ihre Bewegungsrichtung viel zu genau auf uns fixiert, als daß es sich um natürliche Brocken handeln könnte, die zufällig in unsere Bahn geraten sind.

Mag sein, daß sich in den nächsten Minuten alles von selbst erledigt. Niemand besitzt die Fähigkeit, diese fünf winzigen, überschnellen Raketen auf einmal zu vernichten. Auch mir würde das nicht gelingen. Selbst bei größter Konzentration nicht. Zudem habe ich nicht den geringsten Grund, mich einzumischen.

Eine außergewöhnliche, eigentlich kaum glaubhafte Situation: Du befindest dich mitten im Zentrum einer Schießscheibe und hoffst, daß der Schütze sein Ziel nicht verfehlen wird. Und du bist dabei ganz ruhig, du spürst sogar etwas, was man mit dem Begriff fröhliche Erwartung definieren könnte. Ist so etwas denn überhaupt möglich?

„Geben Sie ihm Hinweise, Captain McBruns!“ Die Stimme des Commanders, ungeduldig und scharf.

„Röntgenortung, Balmein!“

Eine automatische Reaktion. Der Befehl hat eine Kette von Vorgängen ausgelöst, die des rationalen Denkens in keiner Weise bedürfen, die antrainiert sind, vorprogrammiert. Du kannst einfach nichts dagegen tun, wenn der Befehl nur überraschend genug kommt. Und Glenn Morris weiß das genau. Er hat dich überrumpelt, mein Lieber. Gleich werden sie wissen, was es mit den fünf „Meteoriten“ auf sich hat.

Ein Stöhnen geht durch die Zentrale. Der Bildschirm zeigt die Linearprojektion eines langgestreckten, torpedoförmigen Gegenstandes, zwei Sekunden lang, dann sind da wieder nur die fünf silbrigen Punkte. Aber sie haben sich nun auch optisch deutlich genähert. Die Splitter sind zu kleinen Körpern geworden.

„Klar am Fächerlaser!“ befiehlt Glenn Morris und läßt sich in Erwartung der notwendigen Manöver in seinen Sessel fallen.

Die feindlichen Raketen nähern sich der Station auf unverändertem Kollisionskurs, nämlich senkrecht zur Rotationsebene.

„Minimale Auslenkung, Balmein!“

Und Luis Balmein schaltet den Computer, ungewöhnlich konzentriert jetzt.

Ich aber weiß, daß er die Aufgabe nicht lösen wird. Auch dann nicht, wenn der Fächer die Angreifer genau zu fassen bekäme. Eine heranrasende Rakete mit dem Fächer frontal so zu treffen, daß die aufprallenden Energien den Bugschild zum Schmelzen bringen, ist nahezu unmöglich, selbst bei größter Wellendichte. Und hier nähern sich fünf. Die einzig erfolgversprechende Lösung wäre die kombinierte Abwehr mittels Kernladung, die genau im Zentrum der Angreifer zur Explosion gebracht werden müßte, und nachfolgender Laseremission. Alles andere ist zum Mißerfolg verurteilt. Kaum begreiflich, daß sich Glenn Morris zu dieser uneffektiven Taktik entschlossen hat.

Aber eine ganz andere Chance bietet sich dir, eine, die vielleicht niemals wiederkehren wird. Drei, vier Schritte müßtest du an Balmein herantreten, um in die Nähe des kleinen Schalters zu gelangen, dessen Stellung über alles entscheidet. Du müßtest einen Grund finden, dich weit genug über das Seitenpult zu beugen, eine Korrektur an irgendeiner Einstellung vielleicht, und dabei müßtest du unbemerkt das Hebelchen umlegen. Du könntest es mühelos unter der aufgestützten Hand verbergen. Niemand würde das bemerken. Laß dir schnellstens einen unverfänglichen Grund einfallen, regle die Projektionsgröße nach oder irgend etwas …, irgend etwas.

Damit wäre deine Aufgabe erfüllt, Philipp Barrymore.

Die ungezügelte Wärmeenergie des nächsten Schusses würde sich im Inneren der Odin austoben, Hitzewände würden die gesprengten Zwischenschotte wie Papierfetzen vor sich her wirbeln, ein tödlicher Kreisel aus weißer Lava würde durch die Sektionen toben und alles und jeden vernichten. Nichts würde bleiben, nicht ein Bröckchen Materie, in Sekunden wäre alles zu Energie zerstrahlt, alles Leben und alle Mechanismen dieser todbringenden Maschinerie.

Es würde sehr schnell gehen, Philipp Barrymore, ungeheuer schnell. Eine weiße, tobende Wand, und aus!

Beweg dich, Philipp Barrymore!

„Feuer!“

Zu spät! Eine gute, die vielleicht beste Chance ist vertan.

Sekundenlang steht die Projektion des Fächers wie eine rötliche Kreisfläche auf dem Ortungsschirm, die fünf Punkte mit blutigem Pinsel übertünchend.

Der Schuß dauert viel zu lange. In der Tiefe der Station ächzt überhitztes Material, irgendwo laufen Kühlaggregate an, und aus den Lüftungsschlitzen der Klimaanlage kriecht der Gestank versengter Dichtungsmasse. Die Luft in der Zentrale ist plötzlich zum Schneiden dick. Eine Serie deutlich spürbarer Stöße zittert wie ein Fieberschauer durch die angespannten Körper der Menschen in den Sesseln.

Dann zeigt der Schirm dasselbe Bild wie eben: fünf silberglänzende Bällchen, die sich jetzt sehr schnell vergrößern.

„Feuer!“

Abermals der blutige Kreis, das Ächzen des Materials und die zitternden Stöße.

„O verflucht!“ ruft jemand stöhnend, als die Angreifer erneut aus dem Rot tauchen, so nahe jetzt, daß jeder weitere Schuß Selbstmord wäre.

Gleich darauf hüllt der Blitz reflektierter Energien die Station in gleißendes Licht, das wie eine neue Art von Materie aus den Bildschirmen in die Zentrale hereinbricht.

Als sich unsere Augen so weit erholt haben, daß wir auf dem Hauptschirm wieder Einzelheiten erkennen können, gibt es diese Details nicht mehr. Der Spuk ist vorbei, Quadrant neunzehn Nord wie leer gefegt.

Glenn Morris spricht mit leiser Stimme Weisungen in eins der Nebenmikrofone. Der Klettverschluß seines goldenen Skaphanders hat sich, obwohl der Helm fest auf der Halsmanschette sitzt, ein wenig geöffnet. Er bemerkt es nicht. Er jagt die mittleren Dienste in alle Sektionen der Odin. Offenbar befürchtet er, daß es infolge der überlangen Laseremissionen Havarien im Gefechtsbereich gegeben haben könnte.

Und dann plötzlich die Stimme Graves’, immer noch vor Entsetzen flatternd: „Sie sind unter uns! Dort! Sehen Sie nur, Sir!“

Balmein programmiert augenblicklich das Ortungsgerät um. Er reagiert schneller und sicherer, als ich ihm zugetraut hätte.

Da sind sie, alle fünf, nein, nur noch vier. Der fünfte treibt als winziger Glutball von der Formation weg. Von ihm wird nicht mehr als ein heißer Lufthauch die Erde erreichen, wahrscheinlich in der Nähe der australischen Nordwestküste. Ein kurzer, aber heftiger Hitzesturm wird über die Reservate der Aborigines hinwegfegen, ein trockenes Sommergewitter, von dem die Meteorologen nicht wissen werden, woher es gekommen ist und weshalb es entstand. Mag auch sein, daß für ein paar Tage die Radioaktivität der Atmosphäre die normalen Werte überschreitet, mehr aber wird nicht geschehen.

„Treffer!“ sagt Balmein und blickt sich nach mir um. Auf seinem Gesicht beginnt der Ausdruck der Besorgnis dem der Genugtuung zu weichen.

Besorgt waren wir alle. Wieder sind die Raketen, wie schon vor Tagen, zwischen den Speichen unserer Station hindurchgerast. Ein Manöver, dessen Sinn wir nicht begriffen haben, vielleicht nie begreifen werden. Es mag eine Warnung gewesen sein oder auch nur der Beweis fliegerischen Könnens, wir wissen es nicht. Wahrscheinlich hat dabei einer der Flugkörper den Hitzeschild eines anderen gerammt und ist explodiert. Um den genauen Hergang zu ermitteln, würden wir viele Stunden benötigen. Alle Aufzeichnungen müßten mit verzögerter Bildfolge abgefahren und ausgewertet werden.

Diese Zeit haben wir nicht. Uns bleiben noch rund neunundfünfzig Stunden.

„Sagten Sie: ‚Treffer', Lieutenant Balmein?" fragt der Commander eisig. „Ich weiß nicht, woher Sie Ihren Optimismus nehmen, wirklich. Mein Gott, mir ist, als hätten wir versucht, Falken mit einem Fön zu erlegen. Wissen Sie, was mit dem da geschehen ist, Balmein?" Er deutet auf den Bildschirm, wo sich ein kleines weißes Wölkchen auf die Küste Australiens niedersenkt. „Ich glaube, daß er sich über uns totgelacht hat. Das wird es sein."

Die anderen vier aber sind längst untergetaucht in der glasigen Bläue über dem Ozean.

Nach und nach melden sich die mittleren Dienste aus dem Bauch der Station. Die Beschädigungen halten sich in Grenzen. Man wird sie in Kürze mit bordeigenen Mitteln behoben haben.

Trotzdem wird die Odin in der nächsten Stunde nicht einsatzfähig sein, ein toter Brocken, der um die Erde kreist, ein Stein, unter dessen zernarbter Haut Menschen dahinvegetieren.

Denn der Energieverbrauch für die sekundenlangen Laseremissionen war viel zu hoch, um durch unseren Reaktor in einer akzeptablen Zeit ausgeglichen zu werden. Die Anzeige unter dem Hauptschirm zeigt auf weniger als sieben Prozent vom Maximum. Die Bordbatterien sind also praktisch erschöpft.

Unter uns zieht das Atlantisch-Indische Südpolarbecken hindurch. Wir haben Glück im Unglück. In etwa fünfzehn Minuten werden wir in den Tankbereich der Versorgungsstation achtzehn in der Astronautenbucht einfliegen. Der Strahlspiegel der dortigen Anlage steht in einer Höhe von rund zweitausend Metern auf dem Mount Napier, eingesprengt in die vereisten Granitfelsen des Nordhanges. Sein Schwenkbereich überstreicht mehr als die gesamte Antarktische Scholle vom Südaustralischen Becken bis zur Ruppertküste und von den südlichen Orkney-Inseln bis hinüber zur D'Urville-See.

Die Station achtzehn auf dem Mount Napier ist eine der aufwendigsten Anlagen des Zusatzversorgungssystems, dessen einzelne Komplexe sich in der Nähe der beiden Pole, des südlichen und nördlichen Wendekreises und des Äquators konzentrieren. Diese einzige Station der Antarktis wird von mehr als vierhundert Menschen betreut, fast ausschließlich hochbezahlten Mitarbeitern, die über eine Spezialausbildung verfügen und dementsprechend hohe Ansprüche an die Lebensumstände im ewigen Eis stellen.

Doch selbst das ist kaum der Rede wert, denn allein der Energieverbrauch der Napierstation benötigt ein Vielfaches an Aufwand, entspricht er doch etwa dem einer Großstadt wie New York an einem kalten Wintertag. Für nichts anderes als die Möglichkeit optimierter Vernichtung von Millionen Menschen werden diese Mittel eingesetzt. Es ist unbegreiflich und deprimierend zugleich.

Und trotzdem muß ich mir eingestehen, daß jener aus der Nacht der Erde zu uns heraufstechende Balken energiereichen Lichtes eins der beeindruckendsten Schauspiele bietet, die ich jemals gesehen habe.

Es ist, als habe die Odin einen gewaltigen, leuchtenden Arm ausgestreckt, mit dem sie das Mark aus dem Planeten saugt, ein phantastischer Krake, der sich mit glühendem Tentakel an den Hort allen Lebens klammert und nun langsam über sein sterbendes Opfer hinweggleitet.

Ein so grausig-schönes Bild, daß es das Blut in den Adern erstarren läßt. Welch eine Perversion des Verhältnisses von Gefühl und Vorgang!

Die Ziffern der Anzeige lösen einander ab, unsere Bordbatterien beginnen sich mit neuer Energie aufzuladen.

Doch der leuchtende Tentakel des Kraken verlischt, bevor wir den Tanksektor des Mount Napier auch nur halb überquert haben. Der Commander steht wie erstarrt und blickt auf die Instrumente, in deren Fenstern die Ziffernkolonnen zum Stehen gekommen sind.

„Verflucht!“ murmelt er schließlich. Und dann, sich straffend und mit der Hand zwischen die Verschlußleisten seines Goldskaphanders fahrend: „Geben Sie mir unverzüglich den Diensthabenden der Station achtzehn, Lieutenant Graves!“

Auf einem der Bildschirme taucht ein junges Gesicht auf. Ein wenig unsoldatisch sieht es aus mit den vollen Wangen, dem weichen Mund und den sehr hellen Augen, in denen etwas wie Besorgnis ist. Der Dienstgrad des jungen Mannes ist nicht zu erkennen, seine Uniform weist weder Rangabzeichen noch das obligatorische Namensschild auf.

Glenn Morris benötigt mehr als eine Sekunde, um das alles zu registrieren, zu verarbeiten und wahrscheinlich auch erste Schlüsse zu ziehen. Dann beginnt er zu brüllen. Ein zu Tode verwundetes Tier, das seine ganze Wut und alle Ängste aus sich herausschreien muß, wenn es nicht an ihnen ersticken will. Ich vermag kaum ein Wort zu verstehen, ich weiß nur, daß Morris alle Teufel der Hölle auf diese pflichtvergessenen Lumpen in den Katakomben des Mount Napier herabruft.

Der junge Mann auf dem Bildschirm bleibt erstaunlich ruhig. „Nein, Sir!“ sagt er, als sich Morris, endlich gezwungen, Atem zu holen, für einen Moment unterbricht. „Wir werden weder der Odin noch der Zeus Energie liefern. Wir haben die schriftliche Weisung, daß ...“

„Eine Weisung haben Sie? So? Und von wem haben Sie die erhalten, wenn ich fragen darf?“

Der Zornausbruch scheint Glenn Morris' gesamte Wut und Kraft aufgebraucht zu haben. Er steht, über die Magnetsohlen dem Boden verhaftet, schwankend inmitten der Zentrale. Seine Stimme ist jetzt sehr leise geworden.

Dann streckt er, ohne die Antwort abzuwarten, die Hand aus und schaltet den Monitor ab.

„Diese Idioten!“ murmelt er. „Diese hirnverbrannten Idioten.“

Beim Überfliegen der schwimmenden Versorgungsstation in der Nähe der Süd-Shetlands kommt der Energieübertragungsstrahl gar nicht erst zustande. Und Glenn Morris, der sich wohl bereits mit der Situation abgefunden hat, erspart sich die Demütigung, von einem jungen Mann ohne Namen und Rangabzeichen gesagt zu bekommen, daß Leute wie er nun endgültig überflüssig geworden seien.

Ich sehe ihm an, daß er sich durchaus nicht überflüssig fühlt.

Die Batterien der Odin sind knapp zur Hälfte aufgeladen.

Wir haben noch etwa vierundzwanzig Stunden vor uns. Die Zeit ist trotz der Tatenlosigkeit doch schneller vergangen, als es mir mein Gefühl vermittelt hat. Und da sitze ich nun noch immer mit den anderen Leuten der Kernmannschaft in der Zentrale herum, und noch immer in einem Nebensessel der Laserleitanlage. Meinen eigentlichen Platz hat Luis Balmein eingenommen. Auf Befehl des Commanders. Und der kleine Schalter außerhalb meiner Reichweite steht noch immer in der Stellung „Aus“.

Gegen Abend richtet sich Glenn Morris auf. Er scheint eine lange Kette unerfreulicher Überlegungen abgeschlossen zu haben. Jedenfalls glaube ich ihm anzusehen, daß er sich endlich entschlossen hat, uns die Weisungen zu erteilen, die sich mit dem letzten Teil des

Auftrags der Odin befassen werden. Sein Gesicht ist ungewöhnlich blaß, aber der alte Zug von Konzentration und Härte ist zurückgekehrt. Sein goldbeschichteter Skaphander ist wieder bis zum Hals hinauf geschlossen.

Unwillkürlich setzen auch wir uns in den Sesseln auf.

„Ihnen dürfte nicht entgangen sein, meine Herren", beginnt er, „daß der Gegner bisher noch keinen einzigen wirklichen Angriff gegen uns geflogen hat. Wenn es überhaupt Angriffshandlungen waren, dann doch nur Scheinattacken ohne den Einsatz von Waffen. Gibt es zu dieser Feststellung Fragen oder Bemerkungen?"

Wir schweigen, verblüfft über die ungewöhnliche Art der Einleitung, die mich einen Augenblick lang hoffen läßt, die Überlegungen des Commanders könnten ihn zu völlig neuen Schlußfolgerungen geführt haben.

„Zweimal sind gegnerische Flugkörper bis in unmittelbare Nähe der Odin vorgestoßen", fährt er fort. „Es wäre ihnen ein leichtes gewesen, Kernladungen abzusetzen. Das aber ..."

„Vielleicht haben sie es getan", sagt Harold Newman schleppend. „Nur eben um einige Zehntelsekunden zu spät. Die fünfte Maschine ..."

Der Commander bringt ihn mit einem vernichtenden Blick zum Schweigen. „Dann hätten sie doch wohl eine andere Formation gewählt, wie? Niemals aber den Parallelflug, bei dem sie sich gegenseitig gefährden würden. Halten Sie diese Leute nicht für dumm, Newman. Und Sie sollten zu denken versuchen. Ich bin sicher, daß wir es gut gebrauchen könnten."

Es ist eine seiner taktischen Varianten, jeden Widerspruch bereits im Keim zu ersticken. Fahre dem ersten ordentlich in die Parade, und die anderen werden sich hüten, eine andere Meinung zu äußern. Das ist seine Devise. Und sie hat sich immer bewährt.

„Nein", erklärt er weiter. „Ich glaube, daß sie einfach nur abwarten. Gewiß kann es sein, daß sie noch einige ihrer Scheinangriffe fliegen, zum Äußersten, zum Angriff, zum ersten Schlag werden sie sich aller Wahrscheinlichkeit auch in Zukunft nicht entschließen. Die Gründe dafür, scheint mir, liegen auf der Hand. Sie werden bis zuletzt versuchen, sich den Anschein der Makellosigkeit zu bewahren. Weil sie in ihr eine ihrer Hauptwaffen sehen. Das ist es! Ein einziger Akt der Aggression könnte zum Verlust ihres Prestiges führen, denn dann hätten sie mit einem einzigen Schlag offenbart, was sie wirklich wollen. Die absolute und uneingeschränkte Macht auf Erden.

Und da sie sich jetzt auf dem besten Weg glauben, diese Macht ohne den Einsatz von Waffen, sprich: ohne Verluste zu erringen, werden sie alles vermeiden, was das bereits Erreichte noch im letzten Moment aufs Spiel setzen könnte.

Diese vorgebliche Friedensliebe, meine Herren, ist durchaus nicht ohne praktische Gründe. Sie dient der Schaffung eines Images, und der größte Teil der Menschheit ist, wie ich zugeben muß, darauf hereingefallen.

Ich sehe also beim besten Willen keinen Anlaß, unsere Marschroute auch nur im mindesten zu ändern. Im Gegenteil, denn diese Konstellation bietet uns gute Chancen, die Verhältnisse umzukehren. Ich hoffe, ich bin verstanden worden."

Wie konnte ich nur annehmen, der Commander sei imstande, zu einer neuen Einstellung zu gelangen? Ich hätte es nach allem besser wissen müssen. Denn seine Überlegungen sind vorprogrammiert wie seine Entschlüsse. Er ist ein Hai. Nein, er ist schlimmer. Denn Haie sind, wie man hört, bis zu einem gewissen Grad lernfähig. Der Commander ist es nicht. Und das Furchtbarste dabei ist, daß er aus tiefster Überzeugung handelt.

Dabei hat er doch längst nicht mehr die geringste Chance, sein Ziel zu erreichen. Und wir stehen mit ihm auf verlorenem Posten, abkommandiert zum Sterben, Kaninchen, Ratten.

Und dieser Glenn Morris schwatzt davon, die Verhältnisse umkehren zu wollen. Sie sind längst unumkehrbar. Nicht derentwegen, die er als seine Todfeinde betrachtet, die mit uns zu spielen scheinen, auftauchend und verschwindend, wann und wo sie wollen, sondern wegen der Milliarden Friedwilliger, zu denen ich auch die „paar tausend Ignoranten" zähle, die seinen Präsidenten zur Flucht gezwungen haben.

Vielleicht wird er sich die Genugtuung verschaffen können, einen fürchterlichen Schlag geführt zu haben, zu einem zweiten wird er die Gelegenheit nicht mehr finden, denn diese kleinen silbrigen Vögel werden den Adler nach dem ersten Angriff zerreißen.

Nur einen Ausweg gäbe es, den Rückzug. Doch der ist ihm versperrt. Durch Strukturen, die er nicht zu beeinflussen vermag. Oder kann man Herrschsucht und Überheblichkeit abstreifen wie ein zerrissenes Hemd?

Nein, die Odin wird angreifen und untergehen. Jeder hier in der Zentrale weiß das, kennt den Zeitpunkt seines Todes, und doch spricht niemand davon. Ich weigere mich, ein solches Verhalten als vernünftig zu akzeptieren, von dem ich nicht weiß, wie ich es nennen soll. Vielleicht sind wir noch am ehesten den Lemmingen vergleichbar, die unbeeindruckt in den Tod ziehen. Aber auch das stimmt nicht, denn Lemminge ertränken sich selbst, nicht die anderen.

Dabei wäre es viel zu einfach, von Dummheit zu sprechen. Und vor allem wäre es falsch. Denn dieses Verhalten geht auf Strukturen unseres Bewußtseins zurück, die sich vor Jahrtausenden in dieser Art ausgeprägt haben. Möglicherweise waren sie in grauer Vorzeit notwendig, heute sind sie gefährlich.

Aber solche Strukturen sind nicht über Nacht zu korrigieren, vor allem nicht, wenn sie sich dazu eignen, Herrschaft auszuüben.

Wir stehen über Westeuropa. Die Nacht ist vorbei. Das, was wir hier an Bord Nacht nennen. Europa liegt im strahlenden Glanz der Vormittagssonne.

„Hat jemand der Herren einen Vorschlag, wie unsere neue Taktik aussehen könnte?" Der Commander streicht ein paar Falten aus seinem neuen Skaphander und richtet sich im Sessel auf. Selbst im Sitzen ist er einige Zentimeter größer als die Größten von uns anderen. Er überragt selbst Brake beträchtlich.

Ebensogut hätte er fragen können, welche Art zu sterben wir bevorzugen, die Auswahl ist nicht eben gering. Man könnte verbrennen, atomisiert werden, langsam verdorren, wie ein an die Oberfläche des Meeres geförderter Tiefseefisch platzen, man könnte zerstrahlt werden, zerschellen … Sie haben die Wahl, meine Herren, ziehen Sie Ihre Lose aus dem Hut. Oh, mein Gott!

„Nun gut! Dann werde ich Ihnen einen entsprechenden Vorschlag unterbreiten. Ich hoffe, Sie honorieren meine Methode, in dieser ungewöhnlichen Situation keine Befehle zu erteilen, sondern einen Vorschlag zu unterbreiten."

Als ob das nicht einerlei wäre. Sein Vorschlag wird wie ein Befehl sein. „Reden Sie endlich, Commander!"

Er mustert mich aus wachen grauen Augen. Er spürt, daß die Decke meiner Selbstbeherrschung sehr dünn geworden ist.

„Wir werden die Arrow starten. Spätestens eine Stunde vor dem Zeitpunkt Null. An Bord werden sich zwei Mann befinden. Sie werden sich in einem konstanten Abstand von etwa zehntausend Metern neben oder über der Odin halten und alles bekämpfen, was sich ihr zu nähern versucht. Es darf keinen Fehlschuß geben. Das bedeutet, daß unsere besten Leute an Bord der Arrow sein werden."

Ich spüre einen heftigen Krampf in der Brust. Denn ich bin augenblicklich überzeugt, daß er mir in diesem seinem Spiel eine Hauptrolle zugedacht hat. Ein entsetzlicher Gedanke: Ich an Bord der Arrow, kaltgestellt, außerstande einzugreifen, in die Position eines Zuschauers gedrängt.

Dann kommt mir der abstruse Einfall, daß sich Morris selbst gemeint haben könnte, daß er an Bord der Arrow gehen will und den

Kampf von dort aus, wie von einem Feldherrnhügel herab, zu leiten gedenkt. War derartiges früher nicht durchaus üblich?

Aber doch nicht Commander Morris! Nein, Glenn Morris wird sich nicht heimlich davonstehlen, denn er ist ein Held, ein brutaler, konventionell erzogener Held. Nein, Morris wird niemals kneifen. Auch in der Sekunde Null nicht.

„Aber der Befehl zum Angriff ist doch überhaupt nicht erteilt worden, Glenn!“ schreit etwas aus mir heraus. „Dort unten hat …“

Ich sehe die Köpfe zu mir herumzucken, und ich sehe das schiefe Grinsen des Commanders.

„Nein!“ unterbricht er mich. „Noch nicht. Aber er wird in weniger als einer Stunde erteilt werden. Von mir, verstehst du?“ Er springt auf, seine Sohlen knallen auf die Bodenplatten der Zentrale. „Von mir, Captain McBruns! Und dafür wird man uns alle auf den Schild heben.“

Er blickt einen nach dem anderen an, lächelnd, sicher, daß man ihm dereinst Heldengesänge widmen wird. Dieser Mann ist nicht umzustimmen.

„Ich bitte um die Meldung Freiwilliger“, sagt er.

Selbstverständlich wird sich niemand melden. Das hat er von vornherein einkalkuliert.

Er genießt das betretene Schweigen. „Niemand?“ bohrt er boshaft nach. Und dann, nach einer peinlichen Stille: „Gut! Dann wähle ich kraft meiner Dienststellung zwei Leute aus. Captain Newman!“

„Commander?“

„Sie übernehmen das Kommando der Arrow. Sagen wir, in zwanzig Minuten. Danach haben Sie zwei Stunden Zeit, die Funktionsfähigkeit aller Navigations-, Antriebs- und Waffensysteme überprüfen zu lassen. Ist das geschehen, melden Sie mir die Maschine einsatzbereit. Haben Sie einen Vorschlag, wer Sie als Bordschütze begleiten sollte?“

„Nein, Commander! Das möchte ich Ihrer Entscheidung überlassen, Sir!“ Sein Blick geht über mich hin, aber er irrt sofort wieder ab. Glenn Morris hat es wohl nicht wahrgenommen.

Eine andere, tiefer gehende Regung vermag ich Harold Newman nicht anzusehen. Er versteht sich ausgezeichnet zu beherrschen. Dabei ist ihm soeben die Chance des Überlebens gegeben worden. Jetzt erst färben sich seine Wangen. Vielleicht hat er erst jetzt die Tragweite begriffen.

„Lieutenant Luis Balmein!“

Der blonde Balmein springt auf, schnarrt sein: „Sir!“ und steht steil aufgerichtet zwischen Pult und Sessel, ein wenig schwankend in der minimalen Gravitation.

Ich sehe mich außerstande, Ordnung in das Durcheinander meiner Gefühle zu bringen. Eine Spur von Bedauern, endgültig zum Tode verurteilt zu sein, und die Genugtuung, nun doch wieder in die Nähe dieses verfluchten, winzigen Hebels zu gelangen, der allein über den Erfolg meiner Mission entscheiden kann. Mein Tod wird gleichzeitig mein Sieg sein und damit der Sieg der Humanität über die Unmenschlichkeit.

Ich atme auf.

Und erkenne im selben Moment die Impertinenz des Commanders, der meine Reaktionen genau beobachtet hat.

„Sie, Lieutenant Balmein, werden den Leitstand der Odin auch weiterhin bedienen. Und du, Philipp McBruns, gehst mit an Bord der Arrow. Und du wirst treffen, Philipp, hörst du? Du wirst sie vernichten, sobald sie sich in unsere Nähe wagen. Sonst gnade dir Gott!" Er lächelt hämisch. „Haben Sie eine gute Waffe, Captain Newman?"

„Jawohl, Sir!" Newman schlägt sich mit der flachen Hand an den linken Oberschenkel. Die Batterie seines großkalibrigen Lasers gibt ein klapperndes Geräusch von sich.

„Ich hoffe, Sie werden sich im Bedarfsfall nicht scheuen, sie einzusetzen, Captain."

„Aber nein, Sir! Wenn es sich als notwendig erweisen sollte, immer, Sir!"

Dieser Glenn Morris ist ein Schakal. Man sollte ihn auf der Stelle umbringen. „Man müßte ihm den Schädel einschlagen", würde Danny Clearwater sagen.

Ach Danny! Wie viele solcher Schädel sind schon eingeschlagen worden, und nichts hat sich geändert.

Wir stehen über der Wüste Gobi. Haben noch annähernd zwölf Stunden vor uns. Jetzt müßte man tief und traumlos schlafen können. Doch wer kann das schon, wenn er weiß, daß die restlichen Stunden seines Lebens keinen einzigen Tag mehr ergeben.

Aus dieser Höhe wirkt die Erde wie ein von Meisterhand geschaffenes Kunstwerk. Dies ist wieder einer der Momente, in denen ihr Anblick dir den Atem stocken läßt, so schön ist sie. Sie ist wirklich ein Kunstwerk. Eine erstaunliche, vielleicht einmalige Schöpfung, an der die Künstlerin Natur jahrmillionenlang geformt und immer wieder verbessert hat, bis all die verschiedenen Komponenten so genau aufeinander abgestimmt waren, daß ein exakt funktionierendes System miteinander korrespondierender und einander bedingender Details entstanden ist, deren jedes die anderen im Gleichgewicht hält.

Von hier oben, aus dem Orbit, erkennst du erst richtig, wie verletzlich sie ist.

Du glaubst ganz deutlich zu sehen, daß die Schale dieser pastellenen Kuppel da unter dir hauchdünn ist, nicht dicker als die Hülle des Balls, mit dem du als Kind gespielt hast. Nur spröder ist sie, viel, viel spröder.

Wirf einen Ball gegen die Wand, und es wird ihm nicht schaden, aber ritze nur die dünne Schale der Erde, etwa da, direkt unter dir, wo die Wasser des Kongo sich mit denen des Golfs von Cabinda vermählen, und sie wird aufreißen wie die Haut eines geschundenen Tieres zu einer entsetzlichen Wunde, und ihr glühendes Blut wird hervortreten, Länder und Meere unter feuersprühendem Schorf erstickend.

Wir haben noch eine knappe Stunde bis zur Zeit Null. Die Westküste des afrikanischen Kontinents weicht dem Blau des Südatlantiks. Einem unglaublich glasigen Blau, von dem man meint, daß es den Grund des Meeres nicht verbergen könnte. Doch entzieht nicht auch das Blau des Himmels die Sterne unseren Blicken? Wie lange wird der Himmel unseres Planeten noch so wundervoll blau sein?

Eine einzige, aus einer Laune heraus so und nicht anders getroffene Entscheidung des Commanders hat vielleicht das Todesurteil über unsere Erde verhängt. Jedenfalls sind meine Chancen, die Odin an der Eröffnung ihres Vernichtungsfeldzuges zu hindern, nur noch verschwindend gering.

Es ist wirklich grotesk. Ohne es auch nur im geringsten zu ahnen, hat Glenn Morris eine Situation geschaffen, in der ich praktisch nichts gegen ihn auszurichten vermag. Gewiß, die Arrow verfügt über mehrere mit Kernladungen bestückte Jagdraketen, von denen schon eine einzige ausreichen würde, diese waffenstarrende Festung aus dem All zu sprengen, aber um sie mit einiger Aussicht auf Erfolg abfeuern zu können, müßte ich mich der Mitwirkung Harold Newmans versichern. Oder zumindest seiner Loyalität. Denn er steuert ja die Arrow. Und ich halte es für ein absolut aussichtsloses Unterfangen, ihn auf meine Seite ziehen zu wollen. Er ist nicht der Typ, der die zur Auflehnung notwendigen Gedankengänge vollziehen könnte. Er gehorcht einem während seiner Ausbildung eingeprägten Programm, das später noch vertieft worden ist und das sich, zumindest von seiner Warte aus gesehen, recht gut bewährt hat. Ein solches Programm ist nur durch Gewalt oder einen tiefgreifenden Schock zu modifizieren, grundlegend zu verändern ist es überhaupt nicht.

Nein, auf Harold Newman kann ich nicht zählen. Vielleicht gelingt es mir, ihn auszuschalten, zu überzeugen vermag ich ihn bestimmt nicht.

Die Odin befindet sich im optischen Bereich. Wir fliegen zur Zeit auf einer geringfügig erdferneren Bahn als sie, die sich, wenn man unsere Bewegungsrichtung zugrunde legt, hinter uns befindet. Sie nähert sich weiter, wird schließlich unter uns hindurchtreiben, und bald danach werden wir abbremsen, um einen kleinen Betrag zwar nur, aber das wird ausreichen, um uns tiefer sinken zu lassen, worauf wir wieder eine höhere Geschwindigkeit über Boden als die Station erreichen werden.

Es ist ein Spiel mit Keplerschen Bahnen, das Harold Newman seit Stunden mit Hingabe betreibt.

Ab und zu meldet sich Glenn Morris über Funk und erkundigt sich, ob an Bord unserer Arrow alles in Ordnung sei und ob wir denn noch immer keine Angreifer entdeckt hätten. Er unterhält sich ausschließlich mit Newman. Ich bin für ihn nicht mehr vorhanden.

Nach einem solchen Anruf fragt mich Newman, ob der Commander denn wirklich Grund habe, mir zu mißtrauen. Dabei blickt er mich nicht an, er tut, als nehme ihn die Steuerung völlig in Anspruch.

Seine Frage überrascht mich nicht. Ich habe mit ihr gerechnet. Mich wundert, daß er sie erst jetzt stellt, eine knappe Stunde vor der Nullzeit.

„Wenn jemand Gründe braucht, dann findet er sie. Er hätte sie auch bei dir gefunden, Harold.“

Meine Antwort gefällt ihm nicht. Er ist ein loyaler Staatsbürger, daß ihn jemand der Konspiration bezichtigen könnte, liegt außerhalb seines Vorstellungsvermögens.

„Bei mir doch nicht!“ wehrt er ab.

Ich hebe nur schweigend die Schultern. Es hat keinen Sinn, mit ihm zu diskutieren. Er ist so fest in seinen aus jahrelanger Erziehung gewebten Kokon eingesponnen, daß es ihm nie gelingen wird, sich daraus zu befreien. Mehr noch: Zerstörte man diesen Kokon gewaltsam, was immerhin möglich sein müßte, Harold Newman würde es nicht verkraften. Zusammen mit seiner Schutzhülle aus überkommenen Vorstellungen und Denkgewohnheiten würde er selbst zerstört werden. Es gibt Menschen, die dem Larvenstadium niemals ganz entwachsen. Newman ist einer von ihnen.

Da ich das weiß, erscheint mir jedes weitere Wort überflüssig. Außerdem habe ich soeben etwas entdeckt, was mich fasziniert.

Die Arrows sind viersitzige Jagdmaschinen, Pilot und Bordschütze haben ihre Plätze vorn nebeneinander an den Leiteinrichtungen. Newman sitzt also rechts neben mir. Sein großkalibriger Henderson steckt lose in der linken Schenkeltasche des vergoldeten Skaphanders. In Reichweite meiner Rechten. Zwischen uns ragen nur die spannenlangen Hebel meines Ortungsgerätes aus einer waagerechten Konsole. Wenn ich einen der Schalter bediene, dann nähert sich meine rechte Hand dem Kolben seiner Waffe bis auf wenige Zentimeter.

„Du hast meine Frage nicht beantwortet, Phil."

Was, zum Teufel, hat er denn gefragt? Mindestens zwei Sekunden benötige ich, um mich in unser Gespräch zurückzuversetzen. Ob der Commander Gründe hätte, mir zu mißtrauen, wollte er wissen. Der Commander hat eine Menge Gründe. Aber nicht einen einzigen wirklichen Beweis.

„Nicht einen, Harold. Aber er hatte einen Grund, nach Gründen zu suchen."

„Das solltest du erklären, Phil!"

„Denk nach, Harold. Du wirst selbst daraufkommen."

Er denkt wirklich intensiv nach. Ich sehe es ihm an. In Gedanken erlebt er all das, was sich in den vergangenen Tagen an Bord der

Odin ereignet hat, noch einmal. Irgendwann wird er einen Anhaltspunkt gefunden haben. Mir ist einerlei, welchen. Mag er sich sein träge funktionierendes Hirn nur zergrübeln und dabei alles andere um sich her vergessen.

Noch ist es zu früh, Philipp Barrymore! Wenn du ihn jetzt ausschaltest, wird dich der nächste Anruf des Commanders unweigerlich entlarven. Und dann? Glenn Morris wird unverzüglich die Konsequenzen ziehen, verlaß dich darauf. Übereile nichts, Phil! Der Feuerkraft der Odin ist die Arrow nicht gewachsen. Laß dir Zeit! Du hast noch mehr als eine halbe Stunde.

Unter euch zieht der antarktische Eiskontinent hindurch.

„Lieutenant Taylor?"

Die Kette seiner Überlegungen ist also abgeschlossen. Und da er zwar langsam, aber sehr genau zu denken pflegt, ist er den Tatsachen zumindest nahe gekommen.

„Richtig, Harold!"

„Weil sie übergelaufen ist, nimmt er an, daß auch du …?"

Danach schweigt er.

Viel Zeit, darüber nachzudenken, hat er nicht mehr.

Die Spitze des südamerikanischen Kontinents kommt in Sicht. Feuerland. Die Odin hat uns vor kurzem unterflogen. Jetzt steigt sie wieder vor uns auf, und dabei wird sich eine Situation ergeben, in der sie das Zentrum des Zielsuchers durchläuft. Wenn ich jetzt den roten Auslöseknopf um dreißig Grad nach links und danach wieder um fünfzehn Grad zurückdrehen würde, wäre die Ladung der ersten Jagdrakete scharf gemacht. Danach nur ein ganz leichter Druck des rechten Zeigefingers, und …

Aber noch ist es zu früh.

Wir haben noch fast dreißig Minuten bis zum Zeitpunkt Null, die gesamte Länge des amerikanischen Doppelkontinents. Ich warte auf den nächsten, den voraussichtlich letzten Anruf des Commanders.

Meine Geduld ist auf eine harte Probe gestellt worden. Und mein in vielen Jahren mühsam aufgebautes Selbstverständnis ebenfalls.

Ich habe den Bordcomputer befragt, welche Auswirkungen ein atomarer Schlag gegen die Odin auf das darunter liegende Gebiet der Erde haben würde. Ich bin sicher, daß meine eingegebenen Daten stimmen. Das Ergebnis ist schockierend. Zwar wird der epizentrale Bereich der Detonation den Erdboden aller Voraussicht nach nicht erreichen, und auch die Druckwelle wird von der Leere des Orbits aufgesaugt werden, aber die Hitze wird auf einem Gebiet von der Fläche einer Großstadt so hoch werden, daß alles Leben zu Asche verbrennen wird. Hinzu wird eine vernichtende Radioaktivität kommen, deren Strahlungsdichte überhaupt nicht abzusehen ist. Sie übersteigt mein Vorstellungsvermögen beträchtlich.

Unter diesen Bedingungen kann ich mich nicht entschließen, die Odin anzugreifen.

Am meisten betroffen aber macht mich der Umstand, daß sich mir jetzt immer häufiger die Gesichter von Dora und Jarina aufdrängen, beide, obwohl sie doch so wenig miteinander gemeinsam haben, mit dem gleichen, traurigen Ausdruck, den ich nicht zu deuten weiß. Und dabei bin ich doch sicher, daß diese beiden Menschen, denen ich einst näher gestanden habe als irgend jemandem sonst, nicht anders handeln würden, sähen sie sich in eine ähnliche Situation gestellt.

Der letzte Anruf des Commanders ist erfolgt.

Ich konnte Glenn Morris, wenn ich die Augen schloß, direkt vor mir sehen, steil aufgerichtet zwischen Sessel und Pult schwebend, den goldenen Skaphander bis zum Hals hinauf geschlossen. Er brachte sein Erstaunen darüber zum Ausdruck, daß sich der Gegner noch immer nicht zum Angriff entschlossen hat.

Danach hat er uns von seinem Entschluß, die Odin auf eine höhere Bahn zu führen, in Kenntnis gesetzt. Er nannte eine durchaus rationale Begründung. Er wolle so eine wesentlich breitere Fächerwirkung erzielen, erklärte er. Das aber glaube ich ihm nicht. Vielmehr nehme ich an, daß dabei der wenn auch sicherlich unbewußte Wunsch, dem Tod einige Kilometer ferner zu sein, eine Rolle gespielt hat.

Am Ende hat er sich dann von uns verabschiedet. Er weiß so gut wie wir, daß es der letzte Gruß war. Trotzdem hat er mich wieder nicht direkt angesprochen. Selbst bei diesem letzten Gespräch nicht.

Es wird tatsächlich der letzte Kontakt gewesen sein. Meine Chance ist gekommen. Der Commander selbst bietet sie mir. Nun, da er die Odin weiter von der Erde wegführt, gelten meine Bedenken nicht mehr. Auch wenn die Explosionswelle die Erdoberfläche erreichen sollte, sie wird kaum noch Verheerungen anrichten können.

Die großen nordamerikanischen Seen, von weißlichen Wolkenballen übertupft, liegen unter uns. Es wird Zeit.

Harold Newman ist von der Steuerung der Arrow voll in Anspruch genommen. Er hebt uns auf eine höhere Bahn, der Odin nach, die noch immer in Sichtweite vor uns rotiert, ein silbriger Balken mit einer unförmigen Verdickung in der Mitte vor dem pastellenen Regenbogen des Horizonts. Weit vor uns tauchen die ersten Blöcke des arktischen Eises auf. Dahinter liegt das Zielgebiet.

Meine Bewegung in Richtung Ortungsmanual ist unauffällig. In den vergangenen Stunden habe ich mehrmals die Einstellung verändert, und Harold Newman hat es nie bemerkt. Er beachtet meine Bewegung auch jetzt nicht. Diesmal jedoch geht meine Hand über den Hebel hinaus und umfaßt den Kolben seines Henderson.

Nicht mehr als einen halben Zentimeter rucken seine Hände mit den Steuerungshebeln nach vorn, als ich ihm den Lauf der Waffe gegen die linke Lende presse, dann hat er sich schon wieder in der Gewalt. Diese stoische Ruhe macht mir mehr Sorgen als alles andere.

„Schalte die Automatik ein und nimm die Hände hoch, Harold."

Ein wenig beeindruckt scheint er doch zu sein. Ich sehe es an seinem Gesicht, das plötzlich blaß geworden ist.

Er blickt mich an, als sähe er mich jetzt zum erstenmal „Laß den Unsinn, Mensch!" sagt er. Dann hebt er langsam beide Hände und kneift die Lippen ein. „Also doch!"

Jetzt kann eigentlich nur noch dadurch alles verdorben werden, daß er den abenteuerlichen Versuch unternimmt, mich zu überlisten. Zuzutrauen wäre es ihm.

Dann bliebe mir nichts, als ihn umzubringen, und das nur wenige Minuten bevor uns ohnehin das nukleare Feuer fressen würde. Es wäre mir trotzdem nicht einerlei. Irgendwie mag ich ihn. Und wenn ich es mir genau überlege, dann muß ich mir eingestehen, daß mir eigentlich keiner von ihnen ganz gleichgültig geblieben ist. Selbst Glenn Morris nicht.

„Du wirst dich jetzt auf die hinteren Sitze legen, die Gurte befestigen und deinen schönen goldenen Skaphander aufblasen, Harold", erkläre ich ihm.

Obwohl er längst eingesehen haben muß, daß es sinnlos wäre, sich nicht zu fügen, kommt er meiner Aufforderung nicht nach. Er hockt zusammengekrümmt in seinem Sessel, schnauft und würdigt mich weder eines Blickes noch eines Wortes. Er denkt überhaupt nicht daran, sich zu bewegen.

„Nun mach schon!" dränge ich ihn und verstärke den Druck des Lasers.

„Nein!" zischt er, ohne dabei den Kopf zu wenden.

„Dann, Harold, bleibt mir keine Wahl. Leider!" Ich nehme den Laser auf kleinste Schußentfernung zurück und hebe ihn so weit an, daß der Kühlkopf des Laufes auf den Brustkorb gerichtet ist.

Vielleicht war es der Ton, vielleicht die Bewegung, jedenfalls öffnet er jetzt seine Gurte und schiebt sich vom Sessel ab. Dies ist ein sehr kritischer Moment, er schwebt seitlich über mir, jetzt auf ihn zu schießen wäre auch für mich tödlich. Doch nun, da er einmal

nachgegeben hat, ist seine Kraft wohl gänzlich verbraucht. Ich kann ihn wie einen Gegenstand über mich hinweg auf die hinteren Sitze bugsieren, und als ich „Hinlegen!“ kommandiere, streckt er sich gehorsam aus. Ich lasse die Verschlüsse beider Gurte einrasten, einer hält seinen Oberkörper und der andere seine Beine. Newman hat die Augen geschlossen, als könnte er es nicht mehr ertragen, mein Gesicht zu sehen.

Nachdem ich seinen Skaphander über das Handventil aufgeblasen habe, liegt er auf den hinteren Sesseln wie eine in Gold getauchte Riesenraupe. Er kann jetzt nicht einmal mehr die Finger rühren.

Als ich ihn ein letztes Mal betrachte, schlägt er die Augen auf, und sein Gesicht verzerrt sich in ohnmächtigem Zorn.

Dann wechsle ich hinüber auf seinen Sitz. Ich höre seinen Atem überlaut hinter mir, verstärkt durch die schalltragende Atmosphäre seines Skaphanders.

Tief unter mir kommt die Küste Ostsibiriens in Sicht. Die Odin liegt fast genau im Zentrum des Zielsuchers. Ich drehe den roten Auslöseknopf um etwa dreißig Grad nach links, spüre den Widerstand der Raste und drehe ihn um fünfzehn Grad zurück. Mein Finger liegt leicht auf der kühlen Wölbung des Tasters.

Wenn du mit Unerwartetem, Außergewöhnlichem konfrontiert wirst, dann kann es geschehen, daß die Zeit an dir vorbeiläuft, ohne dich zu berühren. Für eine gewisse Spanne ist es, als existiertest du nicht; kaum die Zeit eines Lidschlages scheint vergangen zu sein, und wenn du erwachst, dann sind doch viele Sekunden dahin.

Als das Land unter mir verschwand, muß ich wohl – der emotionalen Belastung nachgebend – aus der Zeit hinausgetreten sein, und als ich zurückkehrte, war es bereits zu spät.

Ich konnte diesen ungewöhnlichen Vorgang, der sich dort tief unter mir auf der Erde abspielte, zumindest am Anfang sehr genau verfolgen. Solche Ereignisse sind dazu angetan, die Sinne zu schärfen. Trotzdem fällt es mir schwer, zu beschreiben, was geschah, denn ich habe noch nie in meinem Leben Vergleichbares gesehen.

Aus der Flughöhe der Arrow wirkte das Land wie eine in sich stark gegliederte Fläche aus dem Weiß der schneebedeckten Berge, dem bräunlichen Grau des gefrorenen Tundrabodens und den Mäandern einiger weniger Flüsse, deren Wasser mehr schwarz als blau war. Begrenzt wurde mein Blickfeld durch das weißlichblaue Meer im Norden und das stumpfe Grün der Wälder im Süden. Mir fiel auf, daß sich der pastellene Regenbogen am Horizont auf den Bereich im Norden und Westen beschränkte.

Dann geschah unter mir etwas, was entfernt an das Farbenspiel erinnerte, das Öltropfen auf einer unbewegten Wasserfläche hervorrufen. Sie breiten sich sehr schnell aus, wobei sie in allen Farben schillern, und wenn sie schließlich ineinandergeflossen sind, dekken sie die ganze Fläche mit einem glänzenden Film ab.

Ähnlich war es hier. Von mehreren Zentren ausgehend, überzog sich das Land mit einer Art Nebel, der zwischen mattem Grau und leuchtendem Violett irisierte. Es war ein Schauspiel, das mir den Atem benahm.

Im selben Augenblick wußte ich, daß Glenn Morris versuchen würde, mit uns Funkkontakt aufzunehmen. Er mußte wissen, daß diese Schicht hellvioletten Nebels, oder was es sonst sein mochte, die Strahlen unseres Facettenlasers schlucken und praktisch wirkungslos machen würde. Dem Commander blieben also nur noch die Kernladungsraketen. Auch die unseren.

Ich rechnete mit dem entsprechenden Befehl innerhalb der nächsten Sekunden, Morris würde kaum mehr Zeit benötigen als ich, um sich über die neue Situation klarzuwerden. Ich stellte mir vor, wie sich sein Gesicht verändern würde, wenn er sähe, daß ich das Kommando über die Arrow führte und Newman hinter mir gefesselt auf den Rücksitzen lag. Der erste Schuß der Odin würde nicht die Erde, sondern die Arrow treffen.

Aber als dann nach zwei oder drei Sekunden die Odin im Kreuz des Zielmonitors lag, da ließ sich der Auslöseknopf nicht mehr betätigen. Seit ich die beiden Drehungen ausgeführt hatte, waren mehr als zehn Sekunden vergangen, die Starttore hatten sich demzufolge längst wieder geschlossen. Ich hätte das Manöver wiederholen müssen, aber dazu kam ich nicht mehr.

Genau in dem Augenblick, in dem ich die Rechte auf den roten Drehgriff legte, begannen Funken über den Bildschirm der Kom-Anlage zu huschen und malten blitzschnell ein Gesicht. Ich erwartete den Commander zu sehen, und ich war ein wenig verwirrt, als ich den kleinen Graves erkannte, dieses dunkle, spitznasige Gesicht, das der Commander aus ganzem Herzen haßte, und die schwarzen Augen, in denen ich jetzt ein fast irres Leuchten zu sehen glaubte.

„Achtung, Arrow!“ rief Graves. „Achtung, Arrow! Ich übermittle Ihnen einen Befehl von Commander Brake mit der Dringlichkeit Alpha!“

Zuerst dachte ich, er sei wirklich verrückt geworden. Er wäre nicht der erste gewesen, aus dem die Angst einen Narren gemacht hat. Doch dann fuhr er fort, jedes einzelne Wort mit Genuß betonend: „Die Leitung der Forschungsstation Odin ist von Commander Brake übernommen worden. Der Commander befiehlt die unverzügliche Rückkehr der Arrowbesatzung. Die Kampfhandlungen werden nicht eröffnet."

Und dann hatte dieser kleine Mann da drüben die Augen plötzlich voller Tränen.

„Habt ihr gehört? Harold, Phil!" schrie er. „Wir machen schon die Schießscharten dicht. Wir werden nicht angreifen, wir werden leben!"

Es war ungeheuer. Es war wie eine Explosion in meinem Inneren. Plötzlich war alles anders. Die Welt würde nie wieder so sein, wie sie noch vor einer Sekunde gewesen war.

Und ich fragte dümmlich: „Was ist mit Glenn Morris, Graves?"

Der kleine Funker lachte noch immer. „Was soll schon mit ihm sein? Er hat das Kommando abgegeben und ist gegangen. Sitzt vielleicht in seiner Bude und heult. Was weiß ich denn?" Dann bemühte er sich um einen sachlichen Ton. „Ihr sollt unverzüglich zur Odin zurückkehren", sagte er. „Das ist ein Befehl!"

Ich fühlte mich noch immer leer. Das Wissen, daß wir, die Welt, die Menschen, alles gerettet waren, drang nur ganz langsam in mich ein. Und auch die Zweifel, daß das alles wirklich endgültig sein könnte. Eins aber war gewiß, die Menschheit hatte sich eine weitere Frist erkämpft.

Auf der Odin gibt es einen neuen Kommandanten, dachte ich, und das Land, aus dem sie kommt, wird einen neuen Präsidenten haben. Gewiß, einige Jahre lang wird der Schock, den Millionen von Demonstranten und die Abkehr fast aller Staaten verursacht haben, wirken, aber kein Schock währt ewig, und die Ordnung in diesem Land hat sich nicht gewandelt. Man wird den Leuten neue Leitbilder geben, und heute ist noch nicht abzusehen, ob es wirklich bessere sein werden. Nein, es ist nur eine Frist, von der ich allerdings hoffe, daß sie genutzt werden wird.

Und ich? Was hatte ich noch an Bord der Odin zu schaffen? „Ich werde nicht zurückkehren", sagte ich. „Holt Newman ab. Er liegt auf den Rücksitzen."

Ich sah noch das Gesicht des kleinen Graves, auf dem sich Erstaunen ausbreitete, dann schlug ich auf den Katapultauslöser.

Danach war ich lange bewußtlos.

Ich bemerkte weder, daß sie mich irgendwo über dem Ochotskischen Meer einfingen wie ein goldenes Stäubchen, noch, was in den ersten Stunden mit mir geschah. Das einzige Gefühl, das ich mit hinübergenommen habe in das tagelange Nichtsein, war der Ärger darüber, daß ich eigentlich nichts hatte tun können, daß ich am Ende doch versagt hatte.

Nur, konnte ich als einzelner den Tod besiegen?

Epilog

Ein graubärtiger Mann im Rollstuhl und eine dunkelhaarige Frau, die eine Decke um seine steifen Beine ordnet.

„Nein, Phil. Als einzelner konntest du gegen die Gewalt nichts ausrichten. Aber als einer von Millionen hast du Anteil an unserem Sieg über sie.“

Die Frau dreht ihn mit dem Gesicht zur Sonne, die, noch ein wenig blaß, über das weiße Gebäude des Sanatoriums heraufsteigt.

„Wir alle haben getan, was wir tun konnten“, sagt sie und streicht versonnen über die rötliche Narbe auf ihrer Stirn. „Wir alle. Sonst gäbe es uns wohl nicht mehr.“

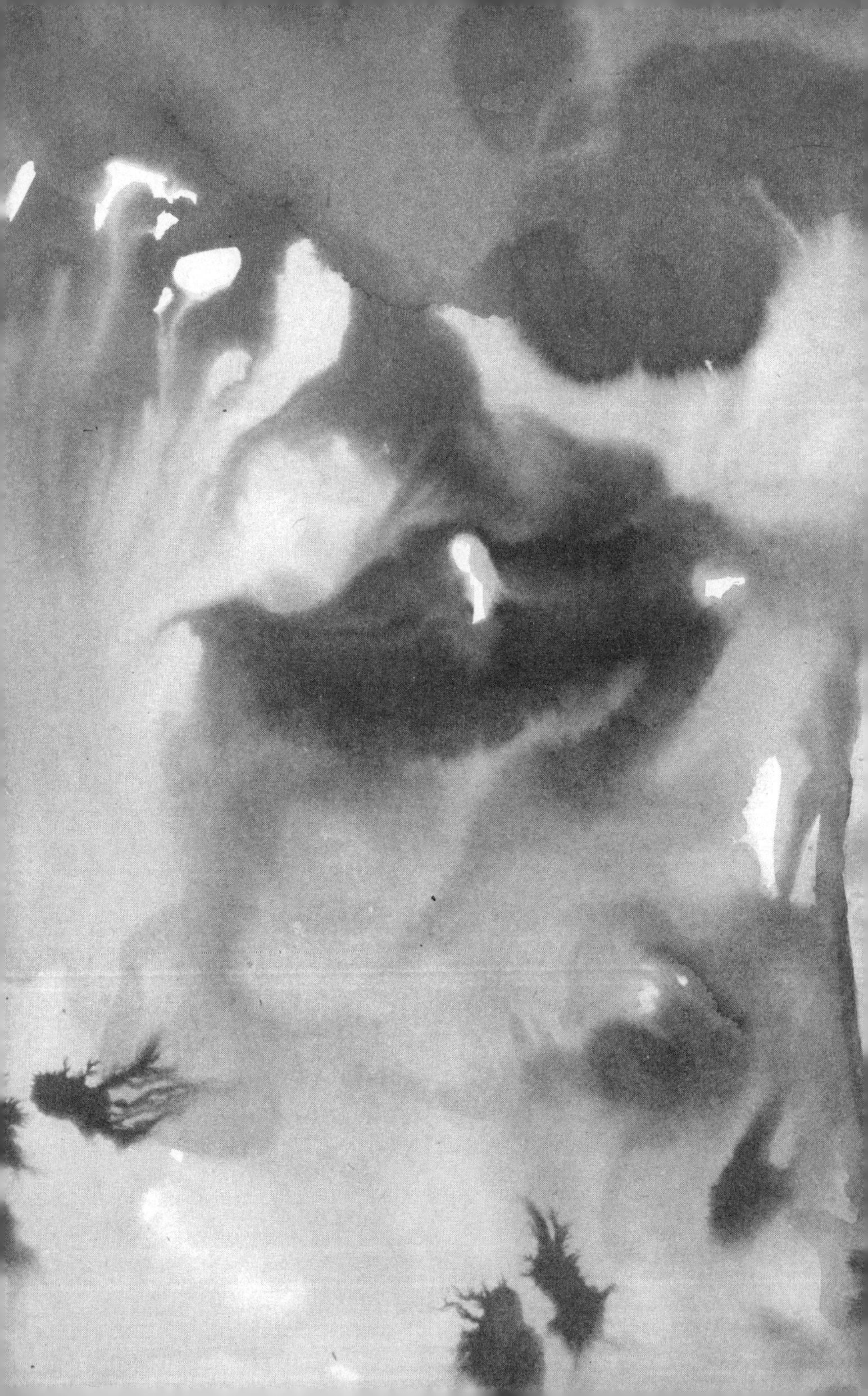